Lecture Notes in Mathematics

Edited by A. Dold and B. Eckmann

Series: Scuola Norma
Adviser: E. Vesentini

735

Bernard Aupetit

Propriétés Spectrales des Algèbres de Banach

Springer-Verlag
Berlin Heidelberg New York 1979

Author

Prof. Dr. Bernard Aupetit
Département de Mathématiques
Université Laval
Québec G1K 7P4
Canada

AMS Subject Classifications (1970): Primary: 46Hxx, 46Jxx, 46Kxx
Secondary: 31Axx, 46Lxx, 43A20, 47-XX

ISBN 3-540-09531-4 Springer-Verlag Berlin Heidelberg New York
ISBN 0-387-09531-4 Springer-Verlag New York Heidelberg Berlin

CIP-Kurztitelaufnahme der Deutschen Bibliothek
Aupetit, Bernard:
Propriétés spectrales des algèbres de Banach /
Bernard Aupetit. – Berlin, Heidelberg, New York : Springer, 1979.
(Lecture notes in mathematics ; Vol. 735)
ISBN 3-540-09531-4 (Berlin, Heidelberg, New York)
ISBN 0-387-09531-4 (New York, Heidelberg, Berlin)

Printing and binding: Beltz Offsetdruck, Hemsbach/Bergstr.
2141/3140-543210

A la mémoire de mon père
Marcel AUPETIT (1903-1964),
humble travailleur. Avec toute
ma reconnaissance et toute mon
admiration.

TABLE DES MATIERES

Alors que ce livre était terminé, quelques remarques concernant les pages 2,15,20,21,35 ont été ajoutées. On les trouvera après la bibliographie.

INTRODUCTION

Cet ouvrage est une synthèse de tous les résultats obtenus jusqu'à maintenant sur les propriétés du spectre des éléments d'une algèbre de Banach. Bien qu'une grande partie de ce travail soit constituée par nos résultats personnels publiés dans diverses revues [12 à 27], nous avons voulu présenter au lecteur ayant une connaissance des textes classiques de la théorie des algèbres de Banach [45,85, 156,177,231], mais non au courant des développements récents de ce domaine, un tout qui se tienne et qui soit aisément lisible. Aussi nous n'avons pas hésité à introduire, malgré l'embonpoint qui en résulte, tous les anciens résultats et exemples nécessaires à la compréhension, ainsi que les nouvelles présentations de vieux théorèmes, qui se distinguent par leur simplicité (voir chapitre 4). Afin d'aider le lecteur, dans l'appendice I, nous avons rappelé les remarquables théorèmes de N. Jacobson, B.E. Johnson et I. Kaplansky, et, dans l'appendice II, les propriétés des fonctions sous-harmoniques et de la capacité qui sont souvent peu connues par les analystes modernes.

Historiquement les premières études des propriétés du spectre sont liées aux opérateurs intégraux - au début du siècle avec H. Weyl, R. Courant, F. Rellich. Dans la direction des opérateurs sur un espace de Hilbert ou des opérateurs différentiels, la théorie a été depuis très développée (voir par exemple [135] et l'article de T. Kato *Scattering theory and perturbation of continuous spectra* dans les Actes du Congrès international des mathématiciens de 1970, tome I, pp. 135-140). Mais dans la direction générale des opérateurs sur un espace de Banach quelconque, le problème des propriétés spectrales a été peu étudié. C'est J.D. Newburgh qui, en 1951, a obtenu les premiers résultats et depuis personne n'a semblé vouloir les améliorer.

A l'origine nos recherches sur ces questions avaient commencé sur deux sujets qui semblaient peu voisins: la généralisation des résultats de J.D.

Newburgh sur la continuité du spectre et la généralisation du théorème de R.A. Hirschfeld et W. Żelazko sur la caractérisation des algèbres commutatives. Les méthodes du premier, bien que calculatoires, étaient purement élémentaires, celles du second avaient nécessité l'introduction des fonctions sous-harmoniques. Cependant, par la suite, ces deux études se rejoignirent de façon surprenante, puis là-dessus vient se greffer notre travail sur la caractérisation des algèbres de dimension finie, où les résultats les plus profonds de la théorie du potentiel classique étaient utilisés. C'est tout cela qui nous donna l'idée d'écrire un texte où l'*utilisation des fonctions sous-harmoniques donnerait des résultats intéressants dans la théorie des opérateurs*, voie nouvelle qui jusqu'à présent n'avait été exploitée que de façon très rudimentaire par E. Vesentini. Nous sommes maintenant convaincus que la théorie du potentiel a un rôle important à jouer dans l'analyse fonctionnelle et nous pensons que les résultats qui suivent n'en sont que les prémices. Pour persuader ceux qui en doutent il suffit de savoir que la méthode développée dans le chapitre 3 a permis, selon une remarque de J. Wermer, de fortement améliorer le théorème d'E. Bishop sur la structure analytique du spectre des algèbres de fonctions donc, en particulier, de simplifier les démonstrations de G. Stolzenberg, H. Alexander et J.-E. Björk sur l'approximation polynomiale dans $\mathbb{C}^n$.

Même si les contenus des chapitres sont commentés au début de chacun d'eux, peut-être est-il bon d'expliquer ici rapidement ce qu'ils englobent.

Le chapitre 1 contient toutes les nouvelles propriétés de sous-harmonicité du spectre, en particulier le théorème de variation holomorphe des points isolés du spectre et le théorème de pseudo-continuité qui permet d'avoir des renseignements sur le spectre d'un élément limite d'éléments de spectre connu, même si la fonction spectre est discontinue. Nous y incorporons également de très nombreuses applications et de récents exemples de discontinuité spectrale.

Le chapitre 2 améliore de façon définitive toutes les caractérisations des algèbres de Banach commutatives en en donnant une purement spectrale (à savoir l'uniforme continuité de la fonction spectre), de cette propriété algébrique. Il contient un contre-exemple à une conjecture de R.A. Hirschfeld et W. Żelazko et quelques généralisations du théorème de H. Behncke et A.S. Nemirovskiĭ sur la commutativité des algèbres de groupes.

Dans le chapitre 3 le résultat fondamental est celui sur la *rareté* des opérateurs de spectre fini sur un arc analytique. Comme corollaires on obtient des caractérisations purement spectrales et locales des algèbres réelles et des algèbres involutives de dimension finie. Les importants travaux de B.A. Barnes sur les algèbres modulaires annihilatrices y sont fortement améliorés. On y trouve également des applications de diverses sortes pour les algèbres de Banach (en particulier la résolution d'un cas particulier de la conjecture de Pełczyński) et les algèbres de fonctions, notamment les généralisations des théorèmes de structure analytique de E. Bishop et R. Basener.

Le chapitre 4 ne sert surtout que pour rappeler les propriétés nouvelles, dues à J.W.M. Ford, S. Shirali et V. Pták, des algèbres symétriques, les très belles caractérisations données récemment des algèbres stellaires et les résultats les plus nouveaux sur la symétrie de $L^1(G)$. En particulier on y développe la remarquable méthode analytique de L.A. Harris qui permet de démontrer non spatialement le théorème de Russo-Dye et de prouver, sans utiliser l'image numérique, le théorème de Vidav-Palmer. Notre contribution personnelle s'y réduit à la généralisation du théorème de Russo-Dye dans certains cas où l'involution n'est pas continue.

Le chapitre 5 utilise ce qui précède pour prouver l'uniforme continuité de la fonction spectre sur l'ensemble des éléments normaux des algèbres stellaires, des algèbres symétriques (donc de certaines algèbres de groupes), des algèbres involutives à rayon spectral sous-multiplicatif sur l'ensemble des éléments normaux. Les techniques utilisées sont très simples, mais les résultats obtenus sont entièrement nouveaux.

Dans tout ce travail nous ne nous sommes pas intéressés à l'extension de ces résultats à des catégories d'algèbres plus générales, par exemple à certaines algèbres topologiques ou bornologiques, ou bien aux algèbres de Banach-Jordan, où subsiste cependant une grosse difficulté liée au radical qui n'est pas l'intersection des noyaux des représentations irréductibles (voir [152,163]). Cependant nous sommes certains qu'un bon nombre d'entre eux s'y généralisent sans difficulté, par exemple dans le cas des algèbres de Banach alternatives.

Pour conclure, disons que plusieurs des conséquences obtenues dans cet ouvrage paraîtront peut-être quelque peu artificielles au lecteur peu familier avec le domaine, mais, à notre avis, ce qui les sauve c'est, d'une part l'étonnante harmonie qui se dégage de leurs énoncés, d'autre part l'utilisation assez surprenante de méthodes aussi belles que celles de la théorie des fonctions analytiques et de la théorie du potentiel dans leurs démonstrations.

Aussi nous souhaitons que cette contribution à la toujours aussi vivante théorie inventée par I.M. Gelfand en 1939 n'aura pas été vaine.

****

Bien sûr de nombreuses personnes contribuèrent directement ou indirectement à ce texte, par leurs lettres, leurs conversations, leurs travaux non publiés qu'ils nous envoyèrent, les remarques qu'ils firent sur le brouillon de ce livre. La liste de ces collègues est longue aussi il nous est impossible de la donner *in extenso*, mais que ceux-ci sachent que nous les remercions très sincèrement de leur aide précieuse.

Tout spécialement nous exprimons notre reconnaissance à John Wermer et Jean-Pierre Kahane pour leurs encouragements, à Vlastimil Pták pour son invitation dans la merveilleuse ville de Prague et à Wiesław Żelazko pour son hospitalité généreuse lors du semestre de théorie spectrale organisé au Centre international de mathématiques Stefan Banach de Varsovie, de septembre à décembre 1977. Nous remercions aussi Edoardo Vesentini de nous avoir invité pendant ce mois de mai à la Scuola Normale Superiore de Pise et de nous avoir encouragé à publier ce travail dans les Lectures Notes in Mathematics de Springer-Verlag. Enfin nous rendons grâce au Conseil National de Recherches du Canada, au Ministère de l'Education de la Province de Québec et à l'Université Laval de Québec pour leurs multiples aides pécuniaires qui nous ont permis un grand nombre de rencontres et de voyages sans lesquels cet ouvrage n'aurait jamais vu le jour.

Québec, fin mai 1978.

NOTATIONS ET MODE D'EMPLOI

$\mathbb{N}$	ensemble des entiers positifs ou nuls
$\mathbb{Z}$	anneau des entiers positifs, négatifs, ou nuls
$\mathbb{R}$	corps des nombres réels
$\mathbb{C}$	corps des nombres complexes
$\mathbb{K}$	corps des quaternions
A	à moins de précision contraire, c'est une algèbre de Banach complexe
$\tilde{A}$	c'est A si elle a une unité, sinon c'est l'algèbre avec unité construite à partir de A
$\|\| \ \|\|$	norme complète de l'algèbre
Rad A	radical de Jacobson de A
$S(A)$	ensemble des éléments non inversibles de A
$X(A)$	ensemble des caractères de A si A est commutative
Sp x	spectre de x, quand il sera nécessaire de préciser par rapport à la sous-algèbre B on écrira $\mathrm{Sp}_B\, x$
$\sigma(x)$	spectre plein de x (voir chapitre 1, § 2)
$\rho(x)$	rayon spectral, quand il sera nécessaire de préciser par rapport à la sous-algèbre B on écrira $\rho_B(x)$
$\delta(x)$	diamètre spectral de x, quand il sera nécessaire de préciser par rapport à la sous-algèbre B on écrira $\delta_B(x)$
$\delta_n(x)$	n-ième diamètre spectral de x (voir chapitre 1, § 2)
$c(x)$	capacité spectrale de x
c^+, c^-	capacité extérieure, capacité intérieure

$d(z,K)$	distance de z à un compact K de $\mathbb{C}$
$\# E$	cardinal de E
∂E	frontière de E
$B(z,r)$	boule ouverte de centre z et de rayon r
$\overline{B}(z,r)$	boule fermée de centre z et de rayon r
Δ	distance de Hausdorff pour les compacts de $\mathbb{C}$, sauf dans l'appendice II où cela signifie le laplacien
$[x,y]$	commutateur de x et y , c'est-à-dire $xy - yx$
$A_{\mathbb{C}}$	complexifiée d'une algèbre réelle (voir chapitre 3)
$M_n(A)$	algèbre de Banach complexe des matrices $n \times n$ sur A
$\mathcal{C}(K)$	algèbre de Banach complexe des fonctions continues qui s'annulent à l'infini sur l'espace localement compact K
$\mathcal{L}(X)$	algèbre de Banach complexe des opérateurs linéaires bornés sur l'espace de Banach complexe X
$\mathcal{LC}(X)$	algèbre de Banach complexe des opérateurs compacts sur l'espace de Banach complexe X
$L^1(G)$	algèbre de Banach complexe, pour la convolution, des fonctions intégrables pour la mesure de Haar à gauche du groupe localement compact G
$\ell^1(S)$	algèbre du semi-groupe discret S
$\ell^2(\mathbb{N})$	espace de Hilbert des suites de carré sommable indexées par $\mathbb{N}$
$\ell^2(\mathbb{Z})$	espace de Hilbert des suites de carré sommable indéxées par $\mathbb{Z}$
$\ell^p(\mathbb{N})$	espace de Banach des suites de puissance p-ième sommable
c_0	espace de Banach des suites tendant vers 0 quand n tend vers $+\infty$
$co(K)$	enveloppe convexe de K
$h(I)$	ensemble des idéaux primitifs contenant I
$kh(I)$	intersection des idéaux primitifs contenant I
$soc(A)$	socle de l'algèbre de Banach A (voir chapite 3)
$A \hat{\otimes} B$	produit tensoriel projectif des algèbres de Banach A et B

Le chapitre 1 est fondamental pour toute la suite. Les autres chapitres sont relativement indépendants, sauf le cinquième qui dépend en grande partie du 4e. [ ] renvoie à la bibliographie. MR 44 # 5779 indique le résumé 5779 du tome 44 des Mathematical Reviews. Théorème 1.2.3 signifie le 3e théorème du § 2 du chapitre 1. Théorème I.5 signifie le 5e théorème de l'appendice I.

1 PROPRIÉTÉS GÉNÉRALES DU SPECTRE

Afin de faciliter la lecture de cet ouvrage, nous commencerons par donner un certain nombre de résultats classiques, qu'on pourra trouver, pour la plupart dans les livres de références [45,85,156,177,231], à l'exception cependant de ceux de J.D. Newburgh qui, malgré leur importance, sont seulement mentionnés de façon très brève dans [177], page 37. Le deuxième paragraphe étudie la sous-harmonicité du spectre: en particulier, comme résultat nouveau qui améliore ceux d'E. Vesentini [211,212], nous y montrons la sous-harmonicité de $\lambda \to \text{Log}\ \delta(f(\lambda))$, où δ est le diamètre du spectre et f une fonction analytique de $\mathbb{C}$ dans une algèbre de Banach et nous donnons de nombreuses applications. Nous indiquons également l'importance de ces résultats dans leur rapport avec la capacité du spectre introduite par P.R. Halmos [97]. Le troisième paragraphe applique la sous-harmonicité pour résoudre divers problèmes de la théorie. Le quatrième paragraphe donne une "espèce de théorème de continuité", même dans le cas où le spectre n'est pas continu. Ce résultat, qui est une généralisation du théorème de continuité de J.D. Newburgh, sera fondamental dans le chapitre 3 pour étudier le problème de la "rareté" des opérateurs de spectre fini. Quant au cinquième paragraphe il donne un grand nombre d'exemples de discontinuité spectrale.

§1. *Propriétés classiques.*

Sauf mention expresse du contraire, on supposera dans toute la suite que les algèbres de Banach sont complexes. Si A est une algèbre de Banach et si x est dans A, le *spectre* de x, noté $\text{Sp}\ x$, est l'ensemble des $\lambda \in \mathbb{C}$ tels que $x - \lambda$ soit non inversible dans A ($x - \lambda$ est un abus de notation pour $x - \lambda 1$, où 1 est l'unité de A). Si A est sans unité, $\text{Sp}\ x$ désigne le spectre de x dans $\tilde{A}$, l'algèbre obtenue de A par adjonction d'une unité. Le célèbre théorème de Gelfand affirme que $\text{Sp}\ x$ est un compact non vide de $\mathbb{C}$. Comme corollaire immédiat on obtient le théorème de Gelfand-Mazur qui montre que toute algèbre de Banach complexe, qui est un corps, est isomorphe à $\mathbb{C}$. Le *rayon spectral* $\rho(x)$ est défini par $\operatorname{Max}|\lambda|$, pour $\lambda \in \operatorname{Sp} x$. A cause du calcul du rayon de convergence des séries entières, c'est aussi $\lim_{n\to\infty} ||x^n||^{1/n}$, donc en particulier $\rho(x) \leq ||x||$. Le *spectre plein*, noté $\sigma(x)$, est l'ensemble obtenu en bouchant les trous de $\operatorname{Sp} x$, autrement dit l'enveloppe polynomialement convexe de $\operatorname{Sp} x$. Lorsque $\rho(x) = 0$ on dira que x est *quasi-nilpotent*, de plus si dans l'algèbre A on a $\rho(x) = 0$ qui implique $x = 0$, on dira que A est *sans éléments quasi-nilpotents*.

LEMME 1 (Jacobson). *Soit A une algèbre de Banach, si $x,y \in A$ alors on a $\operatorname{Sp}(xy) \cup \{0\} = \operatorname{Sp}(yx) \cup \{0\}$.*

Démonstration.- Soit $\lambda \neq 0$, si $xy - \lambda$ est inversible dans $\tilde{A}$, dénotons par u son inverse alors on vérifie que $yx - \lambda$ est inversible à cause de la relation $(yx-\lambda)\ (yux-1) = y(xyu)x-yx-\lambda yux+\lambda = y(\lambda u+1)x-yx-\lambda yux+\lambda = \lambda$. □

COROLLAIRE 1. *Si $x,y \in A$ alors on a $\rho(xy) = \rho(yx)$.*

Dans tout ce travail nous utiliserons souvent le résultat qui suit.

COROLLAIRE 2. *Si A est sans unité, avec $x \in A$ et $y \in \tilde{A}$ inversible, alors $y^{-1}xy \in A$ et $\rho(y^{-1}xy) = \rho(x)$.*

Démonstration.- Il suffit de remarquer que y est de la forme $u + \lambda$ et que y^{-1} est de la forme $v + \mu$, avec u,v dans A et λ,μ dans $\mathbb{C}$, ainsi que A est un idéal bilatère de $\tilde{A}$. En plus $\operatorname{Sp}_A(y^{-1}xy) = \operatorname{Sp}_{\tilde{A}} x = \operatorname{Sp}_A x$. □

Pour les définitions et les principales propriétés du radical de Jacobson et des représentations irréductibles, voir l'appendice I.

LEMME 2. *Soit $x \in A$, si $\dot{x}$ désigne la classe de x dans $A/\operatorname{Rad} A$, alors $\operatorname{Sp} x = \operatorname{Sp} \dot{x}$.*

Démonstration.- Comme $x \to \dot{x}$ est un morphisme d'algèbres on a $\operatorname{Sp} \dot{x} \subset \operatorname{Sp} x$. Soit $\lambda \notin \operatorname{Sp} \dot{x}$, alors il existe y dans A tel que $u = 1-(x-\lambda)y \in \operatorname{Rad} A$ et tel que $v = 1-y(x-\lambda) \in \operatorname{Rad} A$, mais alors $1-u$ et $1-v$ sont inversibles donc on a $(x-\lambda)y(1-u)^{-1} = (1-v)^{-1}y(x-\lambda) = 1$, ce qui prouve que $x-\lambda$ est inversible, donc que λ n'est pas dans $\operatorname{Sp} x$. □

Si A est commutative les représentations irréductibles sont de dimension 1 , ce sont donc les *caractères* de A , auquel cas $\operatorname{Sp} x$ est l'ensemble des $\chi(x)$ et $\rho(x) = \operatorname{Max} |\chi(x)|$, pour tous les caractères χ .

LEMME 3. *Si x,y commutent dans A alors $\rho(x+y) \leq \rho(x) + \rho(y)$ et $\rho(xy) \leq \rho(x)\,\rho(y)$.*

Démonstration.- Si B désigne la sous-algèbre fermée commutative engendrée par x

et y il suffit de remarquer que $\rho(a) = \mathrm{Max}\ |\chi(a)|$, pour tous les caractères χ de B , où a est dans B . □

LEMME 4. *Soit A sans unité, alors quels que soient x dans A et λ dans $\mathbb{C}$, pour $x + \lambda$ dans $\tilde{A}$ on a $(\rho(x)+|\lambda|)/3 \leq \rho(x+\lambda) \leq \rho(x)+|\lambda|$.*

Démonstration.- La deuxième inégalité résulte du lemme 3. Posons $\mathrm{Inf}\ \rho(x+\lambda) = m$, pour $|\lambda|+\rho(x) = 1$. Il est clair que $m \geq 0$. Soient deux deux suites (λ_n) et (x_n) telles que $|\lambda_n|+\rho(x_n) = 1$ et $\rho(x_n+\lambda_n)$ tende vers m . La suite (λ_n) est bornée par 1 , donc admet une sous-suite convergente qu'on peut noter de la même façon. Alors (λ_n) tends vers λ_0 et $\rho(x_n)$ tend vers $1-|\lambda_0|$ de plus $\rho(x_n+\lambda_n) \leq \rho(x_n)+|\lambda_n| = 1$, donc $m \leq 1$. De même on a $\rho(x_n) \leq \rho(x_n+\lambda_n)+|\lambda_n|$, donc $1-|\lambda_0| \leq m+|\lambda_0|$, soit $0 \leq 1-m \leq 2|\lambda_0|$. Si $\lambda_0 = 0$ alors $m = 1$. Si $\lambda_0 \neq 0$ alors $\lambda_n \neq 0$ pour n assez grand et l'on a $\rho(1 + \frac{x_n}{\lambda_n})$ qui tend vers $m/|\lambda_0|$. Si on avait $m < |\lambda_0|$, on aurait alors $x_n/\lambda_n = -(1 - (1 + \frac{x_n}{\lambda_n}))$ qui serait inversible dans $\tilde{A}$, ce qui est absurde car A aurait alors une unité, donc $|\lambda_0| \leq m$, soit $1-m \leq 2m$, c'est-à-dire $m \geq 1/3$. Si maintenant on prend $x+\lambda$ quelconque dans $\tilde{A}$, alors en posant $\lambda' = \frac{\lambda}{|\lambda|+\rho(x)}$ et $x' = \frac{x}{|\lambda|+\rho(x)}$, dans l'hypothèse où $\lambda \neq 0$ ou $\rho(x) \neq 0$, on obtient $|\lambda'|+\rho(x') = 1$, donc $\rho(x'+\lambda') \geq 1/3$ soit l'inégalité $\rho(x+\lambda) \geq (\rho(x)+|\lambda|)/3$. Si $\lambda = 0$ ou si $\rho(x) = 0$ l'inégalité est alors évidente. □

LEMME 5. *Si (x_n) est une suite d'éléments inversibles de A , qui converge vers x , avec $\sup_n ||x_n^{-1}||$ fini, alors x est inversible.*

Démonstration.- Posons $M = \mathrm{Sup}\ ||x_n^{-1}||$. Comme $x = x_n(1+x_n^{-1}(x-x_n))$ on voit que x est inversible pourvu que $M\ ||x-x_n|| < 1$. □

COROLLAIRE 3. *Si λ est un point frontière de $\mathrm{Sp}\ x$ alors il existe une suite (x_n) dans A telle que $||x_n|| = 1$ et $\lim_{n\to\infty} (x-\lambda)x_n = 0$.*

Démonstration.- Comme $\lambda \in \partial\mathrm{Sp}\ x$, il existe une suite (λ_n) tendant vers λ , avec $\lambda_n \notin \mathrm{Sp}\ x$. On pose $x_n = (x-\lambda_n)^{-1}/||(x-\lambda_n)^{-1}||$. Il est clair que $||x_n|| =$ D'après le lemme précédent, quitte à remplacer (x_n) par une sous-suite, on peut supposer que $\lim_{n\to\infty} ||(x-\lambda_n)^{-1}|| = +\infty$. Mais alors $(x-\lambda)x_n = (x-\lambda_n)x_n-(\lambda-\lambda_n)x_n =$

$$\frac{1}{||(x-\lambda_n)^{-1}||} - (\lambda-\lambda_n)x_n$$ tend vers zéro. □

Dans ce cas on dit que $x - \lambda$ est un *diviseur de zéro topologique.* Dénotons par $S(A)$ l'ensemble des éléments non inversibles - ou singuliers - de A .

COROLLAIRE 4. *Si B est une sous-algèbre fermée avec unité de A alors $B \cap S(A) \subset S(B)$ et $\partial S(B) \subset B \cap \partial S(A)$.*

Démonstration.- La première inclusion est évidente. Si $x \in \partial S(B)$ alors, par un raisonnement identique à la démonstration précédente on déduit que x est non inversible dans A, ainsi il est dans $B \cap S(A)$. A cause de la première inclusion, il ne peut être dans la trace sur B de l'intérieur de $S(A)$, donc il est dans $B \cap \partial S(A)$. □

Dans la suite nous dirons que p est un *projecteur* si l'on a $p = p^2$.

LEMME 6. *Si p est un projecteur de A, différent de 0 et 1, alors pAp est une sous-algèbre fermée de A, ayant p comme unité, telle que pour $x \in pAp$ on ait $Sp_A\, x = Sp_{pAp}\, x \cup \{0\}$.*

Démonstration.- Il est clair que pAp est une sous-algèbre de A. Elle est fermée car si px_np tend vers x alors px_np tend vers pxp, d'où $x = pxp \in pAp$. Si $x \in pAp$, comme $x(1-p) = 0$ alors $0 \in Sp_A\, x$. Comme pAp est une sous-algèbre on a $Sp_A\, x \subset Sp_{pAp}\, x$. Soit $\lambda \in Sp_{pAp}\, x$ et supposons $x - \lambda$ inversible dans A, alors de $p(x-\lambda) = (x-\lambda)p$, on déduit $p(x-\lambda)^{-1} = (x-\lambda)^{-1}p$, donc $(x-\lambda p)p(x-\lambda)^{-1}p = p(x-\lambda)^{-1}p(x-\lambda p) = p$, ce qui est absurde. □

Le résultat qui suit va être utilisé de façon systématique dans toute la suite. C'est le *théorème fondamental du calcul fonctionnel holomorphe*. Nous n'en donnerons pas la démonstration, qui est liée aux propriétés élémentaires de l'intégrale de Cauchy, renvoyant, pour plus de détails, le lecteur à [85], pp. 41-43, où elle est très clairement exposée.

THEOREME 1. *Soient A une algèbre de Banach avec unité et x dans A. Si U est un ouvert contenant $Sp\, x$ et si Γ est un contour rectifiable, contenu dans U, orienté positivement et contenant $Sp\cdot x$ dans son intérieur, alors l'application de l'algèbre $H(U)$ des fonctions holomorphes sur U dans une sous-algèbre fermée B de A, commutative, avec unité et contenant x, définie par:*

$$f \to \hat{f}(x) = \frac{1}{2\pi i}\int_{\Gamma} (x-\lambda)^{-1} f(\lambda)\, d\lambda$$

a les propriétés suivantes:

-1° C'est un morphisme injectif d'algèbres.

-2° Si $f(\lambda) = 1$ sur U alors $\hat{f}(x) = 1$.

-3° Si $f(\lambda) = \lambda$ sur U alors $\hat{f}(x) = x$.

-4° Si la suite (f_n) converge uniformément sur tout compact de U vers f alors $\hat{f}_n(x)$ tend vers $\hat{f}(x)$ dans B.

-5° $Sp_B\, \hat{f}(x) = f(Sp_B\, x)$.

Dans la pratique on prendra pour B une sous-algèbre commutative maximale contenant x et 1, auquel cas on aura $Sp_A\, x = Sp_B\, x$, donc $Sp_A\, \hat{f}(x) \subset Sp_B\, \hat{f}(x) = f(Sp_A\, x)$.

Dans [85] on montre facilement que les conditions 1° à 4° dans le théorème 1 suffisent à caractériser de façon unique le calcul fonctionnel holomorphe à l'aide de la formule intégrale de Cauchy. En posant des conditions plus faibles G.R. Allan a pu définir un calcul fonctionnel plus général, qui la plupart du temps n'est pas unique donc non continu. Cependant H.G. Dales a pu montrer que ce calcul fonctionnel général est unique si le radical de A est de dimension finie (voir [59]). On verra dans le chapitre 4, § 3, le rapport de cela avec l'unicité de l'exponentielle correspondant à des normes d'algèbres différentes.

Donnons maintenant le théorème de R. Harte [101] qui est peu connu et cependant remarquable, malgré sa démonstration très simple. Soit A une algèbre de Banach avec unité, dénotons par $\exp(A)$ l'ensemble des produits $e^{x_1} \dots e^{x_n}$, où $x_1, \dots, x_n$ sont dans A. Le lemme qui suit est bien connu, voir par exemple [45], page 41.

LEMME 7. *L'ensemble $\exp(A)$ est la composante connexe de l'unité dans le groupe des éléments inversibles de A.*

Démonstration.- a) Si $a = e^{x_1} \dots e^{x_n} \in \exp(A)$ il est évident que la fonction $t \to e^{tx_1} \dots e^{tx_n}$ définit une application continue f de $[0,1]$ dans $\exp(A)$ donc, puisque $f(0) = 1$ et $f(1) = a$, que $\exp(A)$ est contenu dans la composante connexe de l'unité du groupe des éléments inversibles.
b) Montrons que $\exp(A)$ est un ouvert du groupe des éléments inversibles. Soit $a \in \exp(A)$, si $\|x-a\| < 1/\|a^{-1}\|$, $\|1-a^{-1}x\| = \|a^{-1}(a-x)\| \le \|a^{-1}\|.\|a-x\| < 1$, donc $\rho(1-a^{-1}x) < 1$, ce qui implique que $Sp(a^{-1}x)$ est dans $B(1,1)$. En appliquant le théorème du calcul fonctionnel holomorphe à la branche du logarithme qui est holomorphe pour $\mathrm{Re}\, z > 0$, on obtient qu'il existe y tel que $a^{-1}x = e^y$, d'où $x = aa^{-1}x \in \exp(A)$.
c) Montrons que $\exp(A)$ est un fermé du groupe des éléments inversibles. Si $a_n \in \exp(A)$ et (a_n) converge vers a, alors $(a_n^{-1}a)$ converge vers 1, donc $\|1-a_n^{-1}a\| < 1$, pour n assez grand, d'où par le même argument que précédemment $a \in \exp(A)$. □

Pour x dans A, notons $\tau(x)$ l'ensemble des λ tels que $x - \lambda$ soit un diviseur de zéro topologique. D'après le corollaire 3, on a $\partial Sp\, x \subset \tau(x) \subset Sp\, x$. Introduisons le *spectre exponentiel* de x comme étant l'ensemble des λ tels que $x - \lambda \notin \exp(A)$, qu'on note $\varepsilon(x)$.

LEMME 8. *Pour x dans A le spectre exponentiel de x est un compact non vide qui vérifie $\partial\varepsilon(x) \subset \tau(x) \subset Sp\, x \subset \varepsilon(x) \subset \sigma(x)$.*

Démonstration.- Comme $\exp(A)$ est un ouvert, $\varepsilon(x)$ est un fermé. Le fait qu'il soit non vide va résulter des inégalités qui suivent. Il est évident que $\mathrm{Sp}\, x \subset \varepsilon(x)$, puisque tout élément de $\exp(A)$ est inversible. Montrons que $\partial\varepsilon(x) \subset \tau(x)$. Soit $\lambda \in \varepsilon(x)$ qui est limite de $\lambda_n \notin \varepsilon(x)$, en particulier $x - \lambda_n$ est inversible et nous allons montrer que $|\lambda_n-\lambda|.||(x-\lambda_n)^{-1}|| \geq 1$, pour n entier supérieur ou égal à 1. Dans le cas contraire on aurait $(x-\lambda)(x-\lambda_n)^{-1} = 1 - (\lambda-\lambda_n)(x-\lambda_n)^{-1}$ qui serait dans $\exp(A)$, d'où aussi $x - \lambda$, ce qui contredit l'hypothèse. Ainsi si on pose $(x-\lambda_n)^{-1}/||(x-\lambda_n)^{-1}|| = y_n$, on voit que $||y_n|| = 1$ et que $||(x-\lambda)y_n|| \leq 2|\lambda-\lambda_n|$ tend vers 0, donc que $\lambda \in \tau(x)$. Les autres inclusions sont évidentes. □

THEOREME 2 (Harte). *Soient A et B deux algèbres de Banach avec unité, T un morphisme d'algèbres de A sur B, alors $T(\exp(A)) = \exp(B)$ et en plus $\varepsilon_B(Tx)$ est l'intersection des $\varepsilon_A(x+y)$, pour y dans le noyau de T.*

Démonstration.- Soit $b \in \exp(B)$, alors $b = e^{b_1} \ldots e^{b_n}$, avec $b_i = Ta_i$, où a_i est dans A, pour $i = 1,\ldots,n$, ainsi $b = Ta$, avec a de la forme $e^{a_1} \ldots e^{a_n}$. Si $\lambda \notin \varepsilon_B(Tx)$ alors $Tx - \lambda = Tu$, pour un $u \in \exp(A)$, alors en posant $y = u - x + \lambda$ on voit que $x + y - \lambda \in \exp(A)$ et que $Ty = 0$. □

COROLLAIRE 5. *Avec les mêmes hypothèses sur T on a:*

$$\mathrm{Sp}\, Tx \subset \bigcap_{y \in \mathrm{Ker} T} \mathrm{Sp}(x+y) \subset \sigma(Tx) .$$

Démonstration.- Il suffit d'appliquer le fait que $\mathrm{Sp}\, Tx = \mathrm{Sp}\, T(x+y)$ soit inclus dans $\mathrm{Sp}(x+y)$ et le lemme précédent. □

Ce corollaire s'applique en particulier si I est un idéal bilatère fermé de A et T le morphisme canonique de A sur A/I, ce qui montre que $\mathrm{Sp}\, \bar{x} \subset \bigcap_{y \in I} \mathrm{Sp}(x+y) \subset \sigma(\bar{x})$, où $\bar{x}$ est la classe de x dans A/I.

R. Harte a donné divers exemples montrant qu'en général on a $\bigcap_{y\in I} \mathrm{Sp}(x+y)$ différent de $\mathrm{Sp}\, Tx$. M.R.F. Smyth et T.T. West [194] se sont posé la question de savoir quand $\rho(\bar{x}) = \mathrm{Inf}\, \rho(x+y)$, pour $y \in I$. Ils ont montré que le résultat est vrai si A est commutative, sans radical, régulière au sens de Ditkin (voir chapitre 2, § 3) et symétrique (dans le sens où f dans A implique $\bar{f}$ dans A, quand on représente A comme sous-algèbre de $\mathcal{C}(K)$, d'après la théorie de Gelfand). Cela s'applique donc en particulier si $A = \mathcal{C}(K)$ ou $A = L^1(G)$, pour G localement compact et commutatif. Dans le cas général non commutatif on sait seulement que ce résultat est vrai pour les algèbres stellaires [167].

Nous utiliserons très souvent le résultat de semi-continuité supérieure du spectre qui suit.

THEOREME 3. *Si x est dans A et si U est un ouvert contenant le spectre de x*

alors il existe $r > 0$ *tel que* $||x-y|| < r$ *implique* $Sp\, y \subset U$.

Démonstration.- Quitte à raisonner dans $\tilde{A}$ on peut supposer que A a une unité. Supposons le résultat faux, alors quel que soit $n \geq 1$ il existe $x_n \in A$ et $\lambda_n \in \mathbb{C}$ tels que $||x-x_n|| < 1/n$ et $\lambda_n \in Sp\, x_n$, avec $\lambda_n \notin U$. Comme $\rho(x_n) \leq ||x_n|| \leq ||x|| + \frac{1}{n}$, la suite (λ_n) est bornée donc admet une sous-suite convergente, qu'on peut noter de la même façon, et qui converge vers $\lambda \notin U$. En particulier $\lambda \notin Sp\, x$. Si $\lambda = 0$ alors x est inversible donc $x_n - \lambda_n$ est inversible pour n assez grand, ce qui est absurde. Si $\lambda \neq 0$ alors pour n assez grand $1 - \frac{x_n}{\lambda_n}$ est voisin de $1 - \frac{x}{\lambda}$, qui est inversible, donc est lui-même inversible, ce qui est absurde. □

Sur l'ensemble des compacts de $\mathbb{C}$ nous définissons la *distance de Hausdorff* par $\Delta(K_1,K_2) = \text{Max}(\sup_{z\in K_2} d(z,K_1), \sup_{z\in K_1} d(z,K_2))$, où $d(z,K) = \text{Inf}\, |z-u|$, pour $u \in K$.

COROLLAIRE 6. *Si* ϕ *est une application continue de l'ensemble des compacts de* $\mathbb{C}$ *, muni de la distance de Hausdorff, dans* $\mathbb{R}$ *, alors* $x \to \phi(Sp\, x)$ *est semi-continue supérieurement.*

Ce résultat s'applique en particulier à $\rho(K) = \text{Max}\, |\lambda|$, pour $\lambda \in K$ donc $x \to \rho(x)$ est semi-continue supérieurement. On pourra aussi l'appliquer au diamètre δ , au n-ième diamètre δ_n , à la capacité c , que nous étudierons plus loin.

On dira que la fonction spectre est continue sur une partie E de A , si quel que soit $x \in E$ on a $\lim \Delta(Sp\, y, Sp\, x) = 0$, lorsque y tend vers x , avec $y \in E$ et $y \neq x$. On dira qu'elle est uniformément continue sur E si quel que soit $\varepsilon > 0$ il existe $\alpha > 0$ tel que $x,y \in E$ avec $||x-y|| < \alpha$ implique $\Delta(Sp\, x, Sp\, y) < \varepsilon$. En fait dans le cas où E est un cône cela équivaut à dire qu'il existe $k > 0$ tel que $\Delta(Sp\, x, Sp\, y) \leq k\, ||x-y||$, pour $x,y \in E$. Si A est commutative, du fait que Sp x est l'ensemble des $\chi(x)$, pour tous les caractères χ , il résulte que la fonction spectre est uniformément continue sur A car $\Delta(Sp\, x, Sp\, y) \leq ||x-y||$. D'après le lemme 2 c'est aussi vrai si A/Rad A est commutative. Il est facile de voir que la fonction spectre n'est pas, en général, uniformément continue sur tout A . Par exemple si on prend $A = M_2(\mathbb{C})$, avec les deux suites

$$a_n = \begin{pmatrix} n^2 & , 1 \\ n^2(n-n^2) & , n-n^2 \end{pmatrix} , \quad b_n = \begin{pmatrix} n^2 & , 1 \\ n^2(n-n^2) & , n-n^2 - \frac{1}{n} \end{pmatrix}$$

alors $||a_n - b_n|| = 1/n$ et $\Delta(Sp\, a_n, Sp\, b_n) > 1$, pour n assez grand. Curieusement, au chapitre 2, nous montrerons que, si la fonction spectre est uniformément continue sur A , alors $A/\text{Rad } A$ est commutative. Cependant on peut trouver une classe assez vaste d'algèbres de Banach non commutatives où la fonction spectre est uniformément continue sur une partie intéressante de l'algèbre (voir chapitre 5). Il existe un grand nombre d'algèbres où la fonction spectre est continue, par exemple $M_n(\mathbb{C})$ (cela se démontre simplement à l'aide du théorème des fonctions implicites ou bien en utilisant le corollaire 7 qui suit) ou bien les sous-algèbres de $M_n(\mathfrak{A})$, avec $\mathfrak{A}$ commutative (on applique le théorème 5.1.3 et le corollaire 5.1.1). Mais en général la fonction spectre est discontinue. Nous en donnerons divers exemples au § 5.

Si l'on excepte les précurseurs cités dans l'introduction, J.D. Newburgh [159] est le premier à avoir donné des résultats fondamentaux sur la continuité de la fonction spectre. Aussi curieux que cela puisse paraître, ses théorèmes n'ont jamais été énoncés en détail dans les ouvrages de référence. Avant de les citer rappelons que si C est à la fois ouvert et fermé dans un compact K de $\mathbb{C}$, alors il existe deux ouverts disjoints U_1 et U_2 tels que $C \subset U_1$ et $K \setminus C \subset U_2$.

THEOREME 4 (Newburgh). *Si x est dans A et si C est un sous-ensemble ouvert et fermé de $Sp\, x$, alors pour tout ouvert U contenant C il existe $r > 0$ tel que $\|x-y\| < r$ implique que $Sp\, y$ rencontre U .*

Démonstration.- Supposons le théorème faux, alors il existe un ouvert U contenant C et une suite (x_n) tendant vers x tels que $Sp\, x_n$ ne rencontre pas U . D'après la remarque faite plus haut, il existe un ouvert U_1 contenu dans U , contenant C et un contour rectifiable Γ contenu dans U_1 ayant C à son intérieur. En appliquant le théorème du calcul fonctionnel holomorphe à la fonction caractéristique f de U_1 , on obtient $\hat{f}(x) = \frac{1}{2\pi i}\int_\Gamma (x-\lambda)^{-1} d\lambda \neq 0$ et $\hat{f}(x_n) = 0$, ce qui est absurde, car $(x_n-\lambda)^{-1}$ converge uniformément sur Γ vers $(x-\lambda)^{-1}$. En posant $a = x-\lambda$ et $b = x_n-\lambda$ ce dernier point résulte de $\|b^{-1}-a^{-1}\| \leq \|a^{-1}\| \sum_{n=1}^{\infty} \|a^{-1}\|^n \|b-a\|^n$. □

Dans le § 4 nous donnerons une autre démonstration de ce résultat à l'aide du théorème de pseudo-continuité.

COROLLAIRE 7 (Théorème de continuité de Newburgh). *Si $Sp\, a$ est totalement discontinu alors la fonction spectre est continue en a .*

Démonstration.- Comme $Sp\, a$ est totalement discontinu, les sous-ensembles ouverts et fermés de $Sp\, a$ contenant $\xi \in Sp\, a$ forment un système fondamental de voisinages de ξ , donc pour tout ouvert V contenant ξ , il existe un sous-ensemble ouvert et fermé C de $Sp\, a$ tel que $\xi \in C \subset V$. Soit $\varepsilon > 0$ donné, d'après le théorème 3, il existe $r_1 > 0$ tel que $\|x-a\| < r_1$ implique $\text{Sup}\, d(z, Sp\, a) < \varepsilon$, pour $z \in \mathrm{Sp}\, x$. D'après le théorème 4, en prenant un recouvrement fini de $\mathrm{Sp}\, a$ par des boules ouvertes $B(\xi,\varepsilon)$, on déduit qu'il existe $r_2 > 0$ tel que $||x-a|| < r_2$ implique $\mathrm{Sup}\; d(z,\mathrm{Sp}\, x) < \varepsilon$, pour $z \in \mathrm{Sp}\, a$, d'où $\Delta(\mathrm{Sp}\, a,\mathrm{Sp}\, x) < \varepsilon$ si $||x-a|| < \mathrm{Min}(r_1,r_2)$. □

Ce théorème s'applique en particulier si a est un opérateur compact sur un espace de Banach ou un opérateur de Riesz, puisque $\mathrm{Sp}\, a = \{0\} \cup \{\alpha_1,\alpha_2, \ldots\}$, où (α_n) est une suite tendant vers 0 , aussi lorsque a est quasi-algébrique comme nous le définirons au § 2. Il montre donc que la fonction spectre est continue sur $M_n(\mathbb{C})$, sur $\mathcal{LC}(X)$ l'algèbre des opérateurs compacts sur un espace de Banach X , sur toute sous-algèbre d'opérateurs quasi-triangulaires de $\mathcal{L}(H)$, où H est un espace de Hilbert, sur toute algèbre modulaire annihilatrice, etc.

§ 2. *Sous-harmonicité du spectre.*

Le *diamètre* $\delta(x)$ de x sera $\mathrm{Max}\, |\lambda-\mu|$, pour λ,μ dans $\mathrm{Sp}\, x$, le *n-ième diamètre* $\delta_n(x)$ sera $\mathrm{Max} \left(\prod_{i<j}|\lambda_i-\lambda_j|\right)^{2/(n+1)(n+2)}$, pour $\lambda_1,\ldots,\lambda_{n+1} \in \mathrm{Sp}\, x$, la *capacité* $c(x)$ sera la capacité ou diamètre transfini de $\mathrm{Sp}\, x$, c'est-à-dire $\lim_{n\to\infty} \delta_n(x)$ (voir appendice II).

Dans [52], A. Brown et R.G. Douglas s'étaient posé la question de savoir si le principe du maximum a lieu pour la fonction multivoque $\lambda \to \mathrm{Sp}(f(\lambda))$, où $\lambda \to f(\lambda)$ est une fonction analytique d'un domaine D de $\mathbb{C}$ dans une algèbre de Banach. C'est ce problème qui a amené E. Vesentini, dans [211], à démontrer la sous-harmonicité de $\lambda \to \rho(f(\lambda))$. Dans [212], il a pu améliorer ce résultat en montrant la sous-harmonicité de $\lambda \to \mathrm{Log}\, \rho(f(\lambda))$ et résoudre le problème du principe du maximum. Vers la même époque, B. Schmidt [180] et V. Istrăţescu [115,116] ont obtenu des conclusions similaires. Aussi étrange que cela puisse paraître, ces résultats fondamentaux ne sont même pas mentionnés dans le livre récent [45]. Pourtant, dans le paragraphe 3 et dans les chapitres 2 et 3, nous allons voir qu'il en découle des résultats assez surprenants, que nous avions déjà plus ou moins soupçonnés dans notre première tentative [13] d'utilisation des fonctions sous-harmoniques.

THEOREME 1 (Vesentini). *Si $\lambda \to f(\lambda)$ est une fonction analytique d'un domaine D de $\mathbb{C}$ dans une algèbre de Banach A alors $\lambda \to \rho(f(\lambda))$ et $\lambda \to \mathrm{Log}\, \rho(f(\lambda))$ sont sous-harmoniques.*

Démonstration.- a) Montrons d'abord que $\lambda \to \mathrm{Log}\, ||f(\lambda)||$ est sous-harmonique. Il est clair qu'elle est continue. D'après la formule intégrale de Cauchy pour les fonctions analytiques on a pour $r > 0$ avec $\overline{B}(\lambda_0,r) \subset D$:

$$f(\lambda_0) = (1/2\pi)\int_0^{2\pi} f(\lambda_0+re^{i\theta})d\theta \quad \text{donc} \quad ||f(\lambda_0)|| \le (1/2\pi)\int_0^{2\pi} ||f(\lambda_0+re^{i\theta})||d\theta \ .$$

D'après le théorème de Radó (théorème II.9) il suffit de prouver que, pour $\alpha \in \mathbb{C}$, $\lambda \to |e^{\alpha\lambda}|.||f(\lambda)||$ est sous-harmonique, mais c'est évident d'après ce qui précède, car $|e^{\alpha\lambda}|\cdot||f(\lambda)|| = ||e^{\alpha\lambda}f(\lambda)||$ et $\lambda \to e^{\alpha\lambda}f(\lambda)$ est analytique.

b) Pour x dans A on sait que la suite $||x^{2^n}||^{1/2^n}$ est décroissante et tend vers $\rho(x)$, donc, d'après le théorème II.1, la fonction $\lambda \to \text{Log}\,\rho(f(\lambda))$ est sous-harmonique, puisque $\text{Log}\,\rho(f(\lambda)) = \lim_{n\to\infty} (1/2^n)\,\text{Log}\,||f(\lambda)^{2^n}||$, où $\lambda \to f(\lambda)^{2^n}$ est analytique.

c) La fonction $t \to e^t$ est convexe et croissante donc, d'après le théorème II.1, $\lambda \to \rho(f(\lambda))$ est sous-harmonique. □

Remarque 1. R.B. Burckel, dans une communication privée, nous a fait parvenir une démonstration du principe du maximum pour le rayon spectral, analogue au théorème 3, qui utilise le principe du maximum pour les fonctions analytiques et non celui pour les fonctions sous-harmoniques. Cette méthode peut être adaptée pour donner une nouvelle démonstration du théorème de Vesentini de la façon suivante. Pour montrer la sous-harmonicité de $\text{Log}\,\rho(f(\lambda))$ sur D, il suffit de montrer, d'après le théorème II.3, que pour tout polynôme p tel que $\text{Log}\,\rho(f(\lambda)) \le \text{Re}\,p(\lambda)$, lorsque $|\lambda-\lambda_0| = r$, où r est choisi de façon que $\overline{B}(\lambda_0,r) \subset D$, on a $\text{Log}\,\rho(f(\lambda)) \le \text{Re}\,p(\lambda)$, pour $|\lambda-\lambda_0| \le r$. Cela revient à montrer que $\text{Log}\,\rho(e^{-p(\lambda)}f(\lambda)) \le 0$, pour $|\lambda-\lambda_0| = r$, implique la même inégalité pour $|\lambda-\lambda_0| \le r$. Posons $g(\lambda) = e^{-p(\lambda)}f(\lambda)$, c'est une fonction holomorphe sur D. Choisissons α tel que $0 < \alpha < 1$, alors $\text{Log}\,\rho(\alpha g(\lambda)) < 0$, pour $|\lambda-\lambda_0| = r$, autrement dit pour un tel λ il existe un entier $n(\lambda)$ tel que $\text{Log}\,||(\alpha g(\lambda))^{n(\lambda)}||^{1/n(\lambda)} < 0$, mais par continuité cette inégalité a lieu dans un voisinage de λ. Comme le bord du disque de rayon r est compact, en le recouvrant par un nombre fini de tels voisinages on peut trouver des entiers $n_1,\dots,n_k$ tels que pour $|\lambda-\lambda_0| = r$ il existe $n \in \{n_1,\dots,n_k\}$ pour lequel $\text{Log}\,||(\alpha g(\lambda))^n||^{1/n} < 0$. En posant m égal au produit de $n_1,\dots,n_k$ alors $||(\alpha g(\lambda))^m|| < 1$, quel que soit λ tel que $|\lambda-\lambda_0| = r$. On peut alors appliquer le principe du maximum à la fonction analytique $\lambda \to (\alpha g(\lambda))^m$ pour déduire que:

$$\text{Log}\,\rho(\alpha g(\lambda)) = \text{Log}\,\rho((\alpha g(\lambda))^m)^{1/m} \le \text{Log}\,||(\alpha g(\lambda))^m||^{1/m} < 0 \ ,$$

quel que soit $\lambda \in \overline{B}(\lambda_0,r)$ et $0 < \alpha < 1$, donc $\text{Log}\,\rho(g(\lambda)) \le 0$, pour $\lambda \in \overline{B}(\lambda_0,r)$

Remarque 2. La fonction $\lambda \to \text{Sp}(f(\lambda))$ est une fonction multivoque mesurable, on sait alors qu'elle admet des *sélections* mesurables, c'est-à-dire des fonctions h mesurables telles que $h(\lambda) \in \text{Sp}(f(\lambda))$, pour tout λ de D (voir par exemple [118] et toute la bibliographie contenue). Ici le théorème d'E. Vesentini dit beaucoup mieux, il affirme l'existence d'une sélection dont le module est sous-harmonique.

Nous verrons plus loin que, dans le cas des points isolés du spectre, on peut même trouver des sélections holomorphes en dehors d'un ensemble de singularités.

Le résultat qui suit est fondamental, c'est lui qui nous a permis, avec le théorème de pseudo-continuité du § 4, d'obtenir tout le chapitre 3.

THEOREME 2 ([16]). *Soit* x *dans* A *alors on a:*

$$\delta(x) = \max_{|\alpha|=1} (\mathrm{Log}\ \rho(e^{\alpha x}) + \mathrm{Log}\ \rho(e^{-\alpha x})).$$

Si $\lambda \to f(\lambda)$ *est une fonction analytique d'un domaine* D *de* $\mathbb{C}$ *dans* A *alors* $\lambda \to \delta(f(\lambda))$ *et* $\lambda \to \mathrm{Log}\ \delta(f(\lambda))$ *sont sous-harmoniques.*

Démonstration.- a) Soient $\lambda_1, \lambda_2 \in \mathrm{Sp}\ x$ tels que $|\lambda_1 - \lambda_2| = \delta(x)$. Alors $\mathrm{Log}\ \rho(e^{\alpha x}) + \mathrm{Log}\ \rho(e^{-\alpha x}) \geq \mathrm{Log}\ |e^{\alpha\lambda_1}| + \mathrm{Log}\ |e^{-\alpha\lambda_2}| = \mathrm{Re}(\alpha(\lambda_1 - \lambda_2))$, donc en prenant $\alpha = e^{-i\theta}$, où $\theta = \mathrm{Arg}(\lambda_1 - \lambda_2)$, on obtient $\delta(x) = |\lambda_1 - \lambda_2| \leq \mathrm{Max}\ (\mathrm{Log}\ \rho(e^{\alpha x}) + \mathrm{Log}\ \rho(e^{-\alpha x}))$, pour $|\alpha| = 1$. Dans l'autre sens, d'après le corollaire 1.1.6, $\alpha \to \mathrm{Log}\ \rho(e^{\alpha x}) + \mathrm{Log}\ \rho(e^{-\alpha x})$ est semi-continue supérieurement, donc atteint son maximum sur le cercle de centre 0 , de rayon 1 , en α_0 . Choisissons λ_1 et λ_2 de façon que $|e^{\alpha_0\lambda_1}| = \rho(e^{\alpha_0 x})$ et $|e^{-\alpha_0\lambda_2}| = \rho(e^{-\alpha_0 x})$. Alors $\max_{|\alpha|=1} (\mathrm{Log}\ \rho(e^{\alpha x}) + \mathrm{Log}\ \rho(e^{-\alpha x})) = \mathrm{Re}\ (\alpha_0(\lambda_1 - \lambda_2)) \leq |\lambda_1 - \lambda_2| \leq \delta(x)$.

b) Pour α fixé, $\phi_\alpha(\lambda) = \mathrm{Log}\ \rho(\exp(\alpha f(\lambda))) + \mathrm{Log}\ \rho(\exp(-\alpha f(\lambda)))$ est sous-harmonique, d'après le théorème 1. D'où:

$$\max_{|\alpha|=1} \phi_\alpha(\lambda_0) \leq (1/2\pi) \max_{|\alpha|=1} \int_0^{2\pi} \phi_\alpha(\lambda_0 + re^{i\theta})d\theta \leq (1/2\pi) \int_0^{2\pi} \max_{|\alpha|=1} \phi_\alpha(\lambda_0 + re^{i\theta})d\theta .$$

Ainsi $\lambda \to \delta(f(\lambda))$ possède la propriété d'inégalité de moyenne, en plus la semi-continuité supérieure résulte du corollaire 1.1.6.

c) Si on remarque que $|e^{\alpha\lambda}|\ \delta(f(\lambda)) = \delta(e^{\alpha\lambda}f(\lambda))$, on conclut d'après le théorème de Radó que $\lambda \to \mathrm{Log}\ \delta(f(\lambda))$ est sous-harmonique. □

Nous pouvons déjà donner quelques conséquences intéressantes des théorèmes 1 et 2.

COROLLAIRE 1. *Si* $\lambda \to f(\lambda)$ *est une fonction analytique d'un domaine* D *de* $\mathbb{C}$ *dans* A *alors l'ensemble des* λ *tels que* $f(\lambda)$ *soit quasi-nilpotent est de capacité extérieure nulle ou sinon égal à* D .

Démonstration.- Cela résulte du théorème 1 et du théorème de H. Cartan (théorème II.14). □

Rappelons qu'une algèbre est dite radicale si $A = \mathrm{Rad}\ A$.

COROLLAIRE 2. *Une algèbre de Banach est radicale si et seulement si elle contient un ensemble absorbant non vide d'éléments quasi-nilpotents.*

Démonstration.- La condition nécessaire est évidente. Pour la condition suffisante, soit $a \in U$, l'ensemble absorbant, et $x \in A$, alors pour λ assez petit on a $a + \lambda(x-a) \in U$, donc $\rho(a+\lambda(x-a)) = 0$. Alors $\lambda \to \text{Log}\,\rho(a+\lambda(x-a))$ vaut $-\infty$ sur un disque, qui n'est pas de capacité nulle (voir théorème II.13) donc $\rho(a+\lambda(x-a)) \equiv 0$, soit pour $\lambda = 1$, $\rho(x) = 0$. □

COROLLAIRE 3. *Si* $\lambda \to f(\lambda)$ *est une fonction analytique d'un domaine* D *de* $\mathbb{C}$ *dans* A *alors l'ensemble des* λ *tels que* $Sp\, f(\lambda)$ *ait un seul point est de capacité extérieure nulle ou sinon égal à* D.

Démonstration.- Il suffit d'appliquer le théorème 2 et le théorème de H. Cartan. □

Plus loin le théorème 3.1.1 améliorera très fortement ces résultats. Donnons maintenant le principe du maximum pour le spectre plein dû à E. Vesentini [213].

THEOREME 3. *Si* $\lambda \to f(\lambda)$ *est une fonction analytique d'un domaine* D *de* $\mathbb{C}$ *dans* A *et si* $Sp\, f(\lambda) \subset Sp\, f(\lambda_0)$, *pour tout* λ *de* D, *pour un certain* λ_0 *de* D, *alors* $\partial Sp\, f(\lambda_0) \subset \partial Sp\, f(\lambda)$, *pour tout* λ *de* D. *En particulier si* $\sigma(f(\lambda)) \subset \sigma(f(\lambda_0))$, *pour tout* λ *de* D, *pour un certain* λ_0 *de* D, *alors* $\sigma(f(\lambda)) = \sigma(f(\lambda_0))$, *pour tout* λ *de* D.

Démonstration.- Soit $\xi_1 \in \partial Sp\, f(\lambda_0)$ et supposons qu'il existe λ_1 de D tel que $\xi_1 \notin \partial Sp\, f(\lambda_1)$. Donc il existe $\varepsilon > 0$ tel que $B(\xi_1,\varepsilon)$ et $Sp\, f(\lambda_1)$ soient disjoints. Mais comme ξ_1 est frontière il existe $\xi_0 \notin Sp\, f(\lambda_0)$ tel que $|\xi_0-\xi_1| < \varepsilon/3$, dans ces conditions on a $d(\xi_0,Sp\, f(\lambda_1)) > 2\varepsilon/3$ et aussi $d(\xi_0,Sp\, f(\lambda_0)) < \varepsilon/3$. Comme, d'après le calcul fonctionnel holomorphe, on a $d(\xi,Sp\, f(\lambda)) = 1/\rho((f(\lambda)-\xi)^{-1})$, de $d(\xi_0,Sp\, f(\lambda)) \geq d(\xi_0,Sp\, f(\lambda_0))$ on déduit que $\rho((f(\lambda)-\xi_0)^{-1}) \leq \rho((f(\lambda_0)-\xi_0)^{-1})$, pour tout λ de D. D'après le théorème 1, la fonction $\lambda \to \rho((f(\lambda)-\xi_0)^{-1})$ est sous-harmonique, donc elle vérifie le principe du maximum (théorème II.2), auquel cas pour tout λ de D on a $\rho((f(\lambda)-\xi_0)^{-1}) = \rho((f(\lambda_0)-\xi_0)^{-1})$, c'est-à-dire $2\varepsilon/3 < d(\xi_0,Sp\, f(\lambda_1)) = d(\xi_0,Sp\, f(\lambda_0)) < \varepsilon/3$, ce qui est absurde. Pour le spectre plein on raisonne de la même façon sauf qu'à la fin $\partial\sigma(f(\lambda_0)) \subset \partial\sigma(f(\lambda))$ implique $\sigma(f(\lambda_0)) \subset \sigma(f(\lambda))$ qui, avec l'inclusion inverse, donne l'égalité. □

Pour le spectre l'inclusion $Sp\, f(\lambda) \subset Sp\, f(\lambda_0)$ n'implique pas en général que $Sp\, f(\lambda) = Sp\, f(\lambda_0)$, pour λ dans D, comme l'exemple suivant le prouve. On peut seulement affirmer que $Sp\, f(\lambda)$ est obtenu de $Sp\, f(\lambda_0)$ en creusant des trous.

On prend pour A l'algèbre de Banach des suites bornées (λ_n) de nombres complexes, avec pour norme $||(\lambda_n)|| = \sup_n |\lambda_n|$ et pour opérations $(\lambda_n) + (\mu_n) = (\lambda_n+\mu_n)$, $\alpha(\lambda_n) = (\alpha\lambda_n)$, $(\lambda_n)(\mu_n) = (\lambda_n\mu_n)$. Il est clair que $\mathrm{Sp}\,(\lambda_n) = \overline{\{\lambda_n\}}$. Soit $a = (\alpha_n) \in A$ tel que $\{\lambda_n\}$ soit dense dans la couronne $T = \{z \mid 1/3 \leq |z| \leq 1\}$ et $b = (\beta_n)$ tel que $\{\beta_n\}$ soit dense dans $\overline{B}(0,2/3)$. Soit f l'application analytique de $\mathbb{C}$ dans A définie par $f(\lambda) = (\alpha_0,\lambda\beta_0,\alpha_1,\lambda\beta_1,\alpha_2,\lambda\beta_2,\ldots)$. Il est facile de voir que pour $|\lambda| < 1$, $\mathrm{Sp}\, f(\lambda) \subset \overline{B}(0,1)$ et que $\mathrm{Sp}\, f(0) = \{0\} \cup T$. Mais on a $\mathrm{Sp}\, f(\frac{1}{2}) = T \cup \frac{1}{2}\overline{B}(0,2/3) = \overline{B}(0,1)$, donc $\mathrm{Sp}\, f(\lambda) \subset \mathrm{Sp}\, f(\frac{1}{2})$, pour $|\lambda| < 1$, avec cependant $\mathrm{Sp}\, f(0) \neq \mathrm{Sp}\, f(\frac{1}{2})$.

Dans quelques cas particuliers on aura néanmoins l'égalité, par exemple si $\mathrm{Sp}\, f(\lambda)$ est sans trous, pour $\lambda \in D$, ou bien si $\mathrm{Sp}\, f(\lambda_0)$ est sans points intérieurs.

E. Vesentini [213] s'est intéressé aux algèbres de Banach pour lesquelles le principe du maximum pour le spectre est toujours vrai. Il a pu montrer que $\mathcal{C}(K)$ appartient à cette catégorie si et seulement si K ne contient aucun ensemble parfait non vide, que $\mathcal{L}(H)$ est dans cette catégorie, pour H espace de Hilbert, si et seulement si H est de dimension finie, que $L^1(G)$, pour G localement compact commutatif, y est également si et seulement si G est compact.

LEMME 1. *Si $K_1,\ldots,K_n$ sont des convexes compacts de $\mathbb{C}$ alors l'ensemble $\frac{1}{n}(K_1+\ldots+K_n)$ est l'intersection des $P(\alpha)$, pour $0 \leq \alpha < 2\pi$, où $P(\alpha)$ est le demi-plan fermé, perpendiculaire à l'axe orienté passant par 0 et faisant un angle orienté α avec l'axe réel, qui contient le point $+\infty$ de cet axe et qui est à une distance algébrique $d(\alpha)$ de 0, où $d(\alpha)$ désigne $\lim\limits_{t\to\infty} (t - \frac{1}{n}(\rho(K_1-te^{i\alpha})+\ldots+\rho(K_n-te^{i\alpha})))$.*

Démonstration.- Avant de démarrer il est bon de remarquer que lorsque t tend vers $+\infty$ la quantité $t - \rho(K_j-te^{i\alpha})$ tend vers $\mathrm{Inf}\, \mathrm{Re}(e^{-i\alpha}\lambda)$, pour λ dans K_j. Pour α fixé il est clair que $K_j \subset P_j(\alpha)$, où $P_j(\alpha)$ est le demi-plan semblablement défini situé à une distance algébrique de 0 égale à $d_j(\alpha) = \lim\limits_{t\to\infty} (t - \rho(K_j-te^{i\alpha}))$, donc $\frac{1}{n}(K_1+\ldots+K_n) \subset P(\alpha)$. D'un autre côté supposons que λ_0 n'est pas dans $\frac{1}{n}(K_1+\ldots+K_n)$, d'après le théorème de séparation des convexes il existe une droite qui sépare strictement λ_0 de l'ensemble convexe précédent. Quitte à faire une rotation d'ensemble, on peut supposer que cette droite est perpendiculaire à l'axe réel et laisse $\frac{1}{n}(K_1+\ldots+K_n)$ sur sa droite. Les convexes $K_1,\ldots,K_n$ admettent alors en $\lambda_1,\ldots,\lambda_n$ des droites d'appui perpendiculaires à l'axe réel qui laissent respectivement chacun des K_j sur leur droite. Mais alors on obtient $\mathrm{Re}\,\lambda_0 < \frac{1}{n}(\mathrm{Re}\,\lambda_1+\ldots+\mathrm{Re}\,\lambda_n) = d(0)$, donc λ_0 n'est pas dans l'intersection des $P(\alpha)$. □

Si $\psi : \theta \to K(\theta)$ est une fonction semi-continue supérieurement d'un intervalle $[a,b]$ dans l'ensemble des compacts de $\mathbb{C}$, on dira que cette fonction multivoque est *intégrable* s'il existe un compact K tel que $\Delta(K,\sum_\sigma K(\theta_k)(\theta_{k+1}-\theta_k))$ tende vers 0 quand la subdivision σ de $[a,b]$ formée par $\theta_1,\ldots,\theta_n$ tend en module vers 0 , où $\sum_\sigma K(\theta_k)(\theta_{k+1}-\theta_k))$ est l'ensemble des $\sum_\sigma \lambda_k(\theta_{k+1}-\theta_k)$, avec $\lambda_k \in K(\theta_k)$. Pour un compact K de $\mathbb{C}$ nous dénoterons par co K son enveloppe convexe, qui est aussi compacte.

THEOREME 4. *Si* $\lambda \to f(\lambda)$ *est une fonction analytique d'un domaine* D *de* $\mathbb{C}$ *dans* A *alors la fonction* $\theta \to co\ Sp\ f(\lambda_0+re^{i\theta})$ *est intégrable sur* $[0,2\pi]$ *, quel que soit* $\lambda_0 \in D$ *et* $r > 0$ *tel que* $\overline{B}(\lambda_0,r) \subset D$ *. En plus on a :*

$$co\ Sp\ f(\lambda_0) \subset (1/2\pi)\int_0^{2\pi} co\ Sp\ f(\lambda_0+re^{i\theta})d\theta \ .$$

Démonstration.- Si σ est une subdivision de $[0,2\pi]$, alors, d'après le lemme 1, l'ensemble convexe $(1/2\pi)\sum_{k=1}^{n} \text{co Sp } f(\lambda_0+re^{i\theta})(\theta_{k+1}-\theta_k)$ est l'intersection des $P(\alpha)$, pour $0 \le \alpha < 2\pi$, où $d(\alpha)$ est la limite quand t tend vers l'infini de $t - (1/2\pi)\sum_{k=1}^{n} \rho(f(\lambda_0+re^{i\theta}k)-te^{i\alpha})(\theta_{k+1}-\theta_k)$. Donc comme l'intégrale $(1/2\pi)\int_0^{2\pi} \rho(f(\lambda_0+re^{i\theta})-te^{i\alpha})d\theta$ existe, $(1/2\pi)\int_0^{2\pi} \text{co Sp } f(\lambda_0+re^{i\theta})d\theta$ existe aussi et est égal à l'intersection des $P'(\alpha)$, pour $0 \le \alpha < 2\pi$, où les $P'(\alpha)$ sont définis de façon analogue aux $P(\alpha)$ sauf que $d'(\alpha)$ est la limite quand t tend vers l'infini de $t - (1/2\pi)\int_0^{2\pi} \rho(f(\lambda_0+re^{i\theta})-te^{i\alpha})d\theta$. D'après la sous-harmonicité des fonctions $\lambda \to \rho(f(\lambda)-te^{i\alpha})$ on déduit que l'on a :

$$\lim_{t\to\infty} (t - (1/2\pi)\int_0^{2\pi}\rho(f(\lambda_0)-te^{i\alpha})d\theta) \ge \lim_{t\to\infty} (t - (1/2\pi)\int_0^{2\pi}\rho(f(\lambda_0+re^{i\theta})-te^{i\alpha})d\theta)$$

c'est-à-dire que co Sp $f(\lambda_0)$ est inclus dans l'intersection des $P'(\alpha)$, pour $0 \le \alpha < 2\pi$. □

Remarque 3. Dans le cas des ensembles convexes cette intégrale que nous venons de définir coïncide avec l'intégrale de R.J. Aumann [11]. Le théorème 4 donne une nouvelle démonstration du fait que $\lambda \to \delta(f(\lambda))$ est sous-harmonique, en effet $\delta(x) = \delta(\text{Sp } x) = \delta(\sigma(x)) = \delta(\text{co Sp } x)$, quel que soit x , de plus pour $K_1,\ldots,K_n$ convexes et compacts dans $\mathbb{C}$ on a $\delta(K_1+\ldots+K_n) \le \delta(K_1)+\ldots+\delta(K_n)$, comme δ est continu pour la distance de Hausdorff et croissant pour l'inclusion on obtient donc:

$$\delta(f(\lambda_0)) \le \delta((1/2\pi)\int_0^{2\pi}\text{co Sp } f(\lambda_0+re^{i\theta})d\theta) \le (1/2\pi)\int_0^{2\pi}\delta(f(\lambda_0+re^{i\theta}))d\theta \ .$$

Cela nous amène à nous poser la question suivante. Existe-t-il une fonction γ non identiquement nulle de l'ensemble des convexes compacts de $\mathbb{C}$, dans $\mathbb{R}$, continue par rapport à la distance de Hausdorff, croissante pour l'inclusion, convexe c'est-à-dire vérifiant $\gamma(K_1+\ldots+K_n) \le \gamma(K_1)+\ldots+\gamma(K_n)$ pour n convexes compacts de $\mathbb{C}$, homogène c'est-à-dire vérifiant $\gamma(\lambda K) = |\lambda|\gamma(K)$ pour λ dans $\mathbb{C}$ et K convexe compact, et strictement inférieure à δ dans le sens où l'ensemble des convexes compacts K tels que $\gamma(K) = 0$ est strictement plus grand que l'ensemble des convexes compacts K tels que $\delta(K) = 0$? Dans l'affirmative le théorème de rareté que nous obtiendrons au chapitre 3, § 1, pourrait être amélioré.

Remarque 4. Si A est commutative, pour chaque caractère χ de A , la fonction $\lambda \to \chi(f(\lambda))$ est analytique, donc $\chi(f(\lambda_0)) = (1/2\pi) \int_0^{2\pi} \chi(f(\lambda_0+re^{i\theta})d\theta$ ce qui implique que $\mathrm{Sp}\, f(\lambda_0) \subset (1/2\pi) \int_0^{2\pi} \mathrm{Sp}\, f(\lambda_0+re^{i\theta})d\theta$. Dans le cas où A a ses représentations irréductibles de dimension finie chaque élément du spectre de $f(\lambda)$ varie holomorphiquement en dehors d'un ensemble de singularités (voir ce qui suit), auquel cas on a aussi l'inclusion précédente en dehors des singularités, donc l'inclusion partout à cause de la continuité du spectre. Malheureusemnt une telle inclusion est fausse en général comme le deuxième exemple donné dans le § 4 le prouve en prenant $f(\lambda) = a + \lambda b$ et $\lambda_0 = 0$. Mais a-t-on en général $\sigma(f(\lambda_0)) \subset (1/2\pi) \int_0^{2\pi} \sigma(f(\lambda_0+re^{i\theta})d\theta$? Egalement est-il possible de généraliser le théorème 2 en prouvant la sous-harmonicité des fonctions $\lambda \to \mathrm{Log}\, \delta_n(f(\lambda))$, pour $n \geq 2$? Si ce dernier résultat était vrai on en déduirait immédiatement, d'après le théorème II.I, 3° et le théorème II.12, que $\lambda \to \mathrm{Log}\, c(f(\lambda))$ est sous-harmonique. Même si ce résultat est faux, est-il vrai que $\lambda \to \mathrm{Log}\, c(f(\lambda))$ est sous-harmonique ? Ces propriétés auraient d'importantes conséquences comme nous le signalons en remarque dans le chapitre 3, § 1. Si elles sont vraies il est fort probable qu'elles soient très difficiles à démontrer.

Un problème général de la plus haute importance, qui a beaucoup de rapport avec ce qui précède, est le suivant: si $\lambda \to f(\lambda)$ est une fonction analytique d'un domaine D de $\mathbb{C}$ dans une algèbre de Banach est-ce que, du moins dans certains cas, $\sigma(f(\lambda))$ varie par branches holomorphes ? Pour être plus précis si $\alpha \in \sigma(f(\lambda_0))$ existe-t-il une fonction h holomorphe dans un voisinage de λ_0 telle que $h(\lambda_0) = \alpha$ et $h(\lambda) \in \sigma(f(\lambda))$ dans le voisinage de λ_0 , si l'on excepte peut-être certains λ_0 d'un ensemble de capacité nulle de D ? Si A est commutative modulo son radical il est facile de voir que c'est vrai. Si A a suffisamment de représentations irréductibles de dimension finie c'est aussi vrai d'après ce que nous verrons au chapitre 3. Nous allons maintenant donner un théorème de variation holomorphe des points isolés du spectre qui va ainsi généraliser celui connu sur la variation holomorphe des valeurs propres d'un opérateur compact dépendant analytiquement d'un paramètre, théorème que nous améliorerons encore plus au chapitre 3, § 1.

Commençons par faire la remarque que $\sigma_B(x)$, c'est-à-dire l'ensemble obtenu de $\mathrm{Sp}_B\, x$ en bouchant les trous, est indépendant de la sous-algèbre fermée

B contenant x (cela résulte en fait du corollaire 1.1.4 qui implique que la frontière extérieure de $Sp_B\, x$ est indépendante de B). Si U est un ouvert sans trou, limité par une courbe fermée régulière, contenant un sous-ensemble ouvert et fermé C tel que $\sigma(x) \cap U = C$, on appellera *projecteur associé à x et à U* l'élément défini par le calcul fonctionnel holomorphe appliqué à x et à la fonction qui vaut 1 sur U et 0 dans un voisinage de $\sigma(x) \setminus C$ disjoint de U. En fait c'est $\frac{1}{2\pi i}\int_{\partial U}(x-\mu)^{-1}d\mu$.

LEMME 2. *Soit U un ouvert sans trou, limité par une courbe fermée régulière, ne contenant pas 0 et contenant un sous-ensemble ouvert et fermé C de $\sigma(x)$, où x est inversible, alors pour y voisin de x, si $p(y)$ dénote le projecteur associé à y et U, on a $\sigma(p(y)yp(y)) = \sigma(y) \cap U$.*

Démonstration.- D'après le théorème 1.1.4 appliqué à C et $\sigma(x) \setminus C$ on peut déjà affirmer que pour y voisin de x, $\sigma(y)$ contient un ouvert-fermé contenu dans U. Si C(y) désigne la sous-algèbre fermée engendrée par y, d'après la remarque qui précède on a $\sigma_{p(y)Ap(y)}(p(y)yp(y)) = \sigma_{C(y)}(p(y)yp(y)) = \hat{S}p_{C(y)}(p(y)yp(y))$, ce dernier ensemble étant l'enveloppe polynomialement convexe de $Sp_{C(y)}(p(y)yp(y))$, c'est-à-dire l'ensemble des $\chi(p(y))\chi(y)$, pour χ caractère de C(y). Si $\chi(y) \in U$, le calcul fonctionnel holomorphe et la formule de Cauchy montrent que $\chi(p(y))\chi(y) = \chi(y)$. Si $\chi(y) \notin U$ alors $\chi(p(y))\chi(y) = 0$. Autrement dit $Sp_{C(y)}y \cap U \subset Sp_{C(y)}(p(y)yp(y)) \subset \{0\} \cup (Sp_{C(y)}y \cap U)$. Il est bien connu que $Sp_{C(y)}y = \sigma(y)$ puisque C(y) a y comme générateur donc $\sigma(y) \cap U \subset Sp_{C(y)}(p(y)yp(y)) \subset (\sigma(y) \cap U) \cup \{0\}$. Mais on a $\sigma(y) \cap U$ qui est polynomialement convexe et qui ne contient pas 0, donc $(\sigma(y) \cap U) \cup \{0\}$ l'est aussi. Ainsi en prenant les enveloppes polynomialement convexes on obtient $\sigma(y) \cap U \subset \sigma(p(y)yp(y)) \subset (\sigma(y) \cap U) \cup \{0\}$. Comme x est inversible dans A, on peut supposer au voisinage de x que y est aussi inversible, d'où $p(y)yp(y)$ est inversible dans $p(y)Ap(y)$. Si on avait 0 dans $\sigma(p(y)yp(y))$, comme $\sigma(y) \cap U$ est polynomialement convexe et disjoint de $\{0\}$, on aurait 0 dans $Sp_{p(y)Ap(y)}(p(y)yp(y))$, ce qui est absurde. Donc $\sigma(p(y)yp(y)) = \sigma(y) \cap U$. □

COROLLAIRE 4. *Si $\lambda \to f(\lambda)$ est une fonction analytique d'un domaine D de $\mathbb{C}$ dans une algèbre de Banach A, si C est un sous-ensemble ouvert et fermé de $\sigma(f(\lambda_0))$, si $f(\lambda_0)$ est inversible et si U est un ouvert, limité par une courbe fermée régulière, contenant C, ne contenant pas 0 et tel que $\sigma(f(\lambda_0)) \cap U = C$, alors la fonction $\lambda \to \mathrm{Log}\, \rho^U(f(\lambda))$ est sous-harmonique dans un voisinage de λ_0, où $\rho^U(f(\lambda))$ dénote $\mathrm{Max}\, |\mu|$, pour μ dans $\sigma(f(\lambda)) \cap U$.*

Démonstration.- Cela résulte du lemme précédent et du théorème de Vesentini appliqué à la fonction analytique $\lambda \to p(f(\lambda))f(\lambda)p(f(\lambda))$. □

COROLLAIRE 5. *Avec les hypothèses précédentes, si $\delta^U(f(\lambda))$ dénote le diamètre de*

$\sigma(f(\lambda)) \cap U$, la fonction $\lambda \to \mathrm{Log}\ \delta^U(f(\lambda))$ est sous-harmonique dans un voisinage de λ_0.

Démonstration.- Il suffit d'appliquer le lemme précédent et le théorème 2. □

THEOREME 5 (de variation holomorphe des points isolés du spectre). *Soit f une fonction analytique d'un domaine D de $\mathbb{C}$ dans une algèbre de Banach A. Supposons que α_0 soit un point isolé de $Sp\ f(\lambda_0)$ et que $B(\alpha_0,r)$ soit un disque centré en α_0 de rayon assez petit pour que $B(\alpha_0,r) \cap Sp\ f(\lambda_0) = \{\alpha_0\}$, alors il existe un voisinage V de λ_0 tel que:*

- ou bien l'ensemble des λ de V tels que $\#\ (Sp\ f(\lambda) \cap B(\alpha_0,r)) = 1$ est de capacité extérieure nulle

- ou bien pour tout λ de V on a $Sp\ f(\lambda) \cap B(\alpha_0,r) = \{h(\lambda)\}$, où h est une fonction holomorphe sur V.

Démonstration.- Quitte à remplacer $\lambda \to f(\lambda)$ par $\lambda \to f(\lambda) + \alpha$, avec α assez grand de façon que $f(\lambda_0) + \alpha$ soit inversible, ce qui a pour effet de seulement translater le spectre, on peut donc supposer $f(\lambda_0)$ inversible. D'après le théorème 1.1.4 il existe un voisinage V de λ_0 tel que λ dans V implique $f(\lambda)$ inversible et tel que $Sp\ f(\lambda)$ ne rencontre pas le cercle de centre α_0 de rayon r, autrement dit $Sp\ f(\lambda)$ a un ouvert-fermé contenu dans $B(\alpha_0,r)$. D'après le corollaire 5, ou bien l'ensemble des λ de V tels que $\delta^U(f(\lambda)) = 0$, où U dénote $B(\alpha_0,r)$, est de capacité extérieure nulle ou bien $\#\ (\sigma(f(\lambda)) \cap B(\alpha_0,r)) = 1$, pour λ dans V. Comme le fait que $\#\ (Sp\ f(\lambda) \cap B(\alpha_0,r)) = 1$ équivaut à $\#\ (\sigma(f(\lambda)) \cap B(\alpha_0,r)) = 1$, puisque α_0 est isolé, on obtient la conclusion du théorème, avec la seule chose restante à prouver que h est holomorphe. En appliquant le corollaire 4 à $f(\lambda) - \beta$, pour β assez grand, et à l'ouvert $U-\beta$, on obtient que la fonction $\lambda \to \mathrm{Log}\ |h(\lambda) - \beta| = \mathrm{Log}\ \rho^{U-\beta}(f(\lambda) - \beta)$ est sous-harmonique donc, d'après le théorème II.17, que h ou $\bar{h}$ est holomorphe dans un voisinage de λ_0. Mais en raisonnant de même avec $\frac{f(\lambda)-f(\lambda_0)}{\lambda-\lambda_0} - \alpha$, pour $\lambda \neq \lambda_0$ et α assez grand, on obtient ainsi $\frac{h(\lambda)-h(\lambda_0)}{\lambda-\lambda_0}$ holomorphe ou antiholomorphe. Si on avait h et $\frac{h(\lambda)-h(\lambda_0)}{\lambda-\lambda_0}$ antiholomorphes, alors $\lambda - \bar{\lambda}$ serait holomorphe, ce qui est absurde, donc h est holomorphe. □

En le combinant avec le théorème de rareté, le théorème 5 permettra d'obtenir au chapitre 3 un théorème de variation holomorphe encore plus précis, lorsque $Sp\ f(\lambda)$ a au plus 0 comme point limite, pour tout λ de D.

Supposons que $Sp\ f(\lambda)$ est dénombrable pour tout λ de D. Nous dirons que α est un *point isolé de multiplicité spectrale 1 pour f et λ* s'il existe un voisinage V de λ et $r > 0$ tels que μ dans V implique

$\#$ (Sp $f(\mu) \cap B(\alpha,r)) = 1$, auquel cas, d'après ce qui précède, les points isolés de multiplicité spectrale 1 varient localement holomorphiquement. En utilisant un argument de R. Basener [36], dont il avait fait usage pour généraliser le théorème de structure analytique de E. Bishop dont nous parlerons au chapitre 3, on peut obtenir ce qui suit:

THEOREME 6. *Si* $\lambda \to f(\lambda)$ *est une fonction analytique d'un domaine* D *de* $\mathbb{C}$ *dans une algèbre de Banach* A *, telle que* $Sp\, f(\lambda)$ *soit dénombrable pour tout* λ *de* D *et si* α_0 *est un point isolé de* $Sp\, f(\lambda_0)$ *alors il est limite de points isolés de multiplicité spectrale 1 dans* $Sp\, f(\lambda_n)$ *, pour une certaine suite* (λ_n) *tendant vers* λ_0 .

Démonstration.- Soit $r > 0$ tel que $B(\alpha_0,r) \cap Sp\, f(\lambda_0) = \{\alpha_0\}$ et soit V un voisinage de λ_0 tel que $\lambda \in V$ implique que $Sp\, f(\lambda)$ ne rencontre pas le cercle de centre α_0 et de rayon r . Dénotons par E l'ensemble des λ de V tels que $Sp\, f(\lambda) \cap B(\alpha_0,r)$ ait un point isolé de multiplicité spectrale 1. Si $\lambda_0 \notin \overline{E}$ il existe $\rho > 0$ tel que $B(\lambda_0,\rho)$ soit disjoint de E . Si pour tout λ de $B(\lambda_0,\rho)$ on a $\#$ (Sp $f(\lambda) \cap B(\lambda_0,r)) = 1$ alors λ_0 est de multiplicité spectrale 1, ce qui est absurde. Donc il existe λ_1 dans $B(\lambda_0,\rho)$ tel que $Sp\, f(\lambda_1) \cap B(\alpha_0,r)$ contienne au moins deux éléments distincts β_0 et β_1 qui sont isolés mais sans être de multiplicité spectrale 1. En reprenant le même argument avec β_0 et β_1 et des disques suffisamment petits, disjoints, centrés en ces points, on déduit qu'il existe λ_2 tel que $Sp\, f(\lambda_2) \cap B(\alpha_0,r)$ contienne au moins quatre éléments distincts β_{00} , β_{01} , β_{10} , β_{11} qui sont isolés mais sans être de multiplicité spectrale 1. Et on continue, de sorte que la suite (λ_n) admet une sous-suite qui converge vers λ_∞ , montrons maintenant que $Sp\, f(\lambda_\infty)$ a la puissance du continu, ce qui implique une contradiction. D'après le corollaire 1.1.7, on a $Sp\, f(\lambda)$ continu en tout point λ , ensuite pour toute suite infinie I de 0 et de 1 la suite correspondante β_{i_1} , $\beta_{i_1 i_2}$, $\beta_{i_1 i_2 i_3}$,... admet une sous-suite qui converge vers β_I dans $Sp\, f(\lambda_\infty)$. Il n'est pas difficile de vérifier, d'après la construction, que deux suites différentes I et J donnent β_I et β_J différents. Comme l'ensemble des I a la puissance du continu $Sp\, f(\lambda_\infty)$ a aussi la puissance du continu. □

Dans [97], P.R. Halmos est le premier a avoir montré l'importance de la capacité du spectre d'un opérateur, notion qui a été étendue au spectre-joint de n opérateurs par D.S.G. Stirling [203] et A. Sołtysiak [197,198,199].

Si on dénote par $c_n(x)$ la quantité $\mathrm{Inf}\, \|p(x)\|$, pour tous les polynômes p de $\mathcal{P}_n^1$, où ce symbole désigne l'ensemble des polynômes de degré au plus n et de plus haut coefficient 1, alors:

THEOREME 7 (Halmos). *Pour tout* x *de* A *on a* $c(x) = \lim_{n\to\infty} (c_n(x))^{1/n}$.

Démonstration.- a) Si $p \in \mathcal{P}_n^1$ et $q \in \mathcal{P}_m^1$ alors $pq \in \mathcal{P}_{n+m}^1$, donc on a $c_{n+m}(x) \leq c_n(x)c_m(x)$, car $||pq(x)|| \leq ||p(x)||.||q(x)||$. De ce résultat on peut déjà déduire que $(c_n(x))^{1/n}$ a une limite quand n tend vers l'infini. En effet posons $a_n = c_n(x)$, alors pour k fixé on peut écrire $n = mk+r$, avec $0 \leq r < k$, donc $a_n = a_{mk+r} \leq a_k^m.a_r$ soit $a_n^{1/n} \leq a_k^{m/mk+r}.a_r^{1/n}$. En faisant tendre n vers l'infini $a_r^{1/n}$ tend vers 1 et $a_k^{m/mk+r}$ tend vers $a_k^{1/k}$, donc $\overline{\lim_{n\to\infty}}\, a_n^{1/n} \leq \underline{\lim_{k\to\infty}}\, a_k^{1/k}$, soit le résultat.

b) Si $p \in \mathcal{P}_n^1$, alors $||p||_{Sp\ x} = \sup_{\lambda \in Sp\ x} |p(\lambda)| = \rho(p(x)) \leq ||p(x)||$, donc $\inf_{p\in\mathcal{P}_n^1} ||p||_{Sp\ x} \leq \inf_{p\in\mathcal{P}_n^1} ||p(x)|| = c_n(x)$, d'où, d'après le théorème II.12, on a $c(x) \leq \lim (c_n(x))^{1/n}$, quand n tend vers l'infini.

c) Comme $\mathcal{P}_k^1$ est un sous-espace affine de dimension finie, il existe t_k dans cet ensemble tel que $||t_k||_{Sp\ x} = \rho(t_k(x)) = \inf_{p\in\mathcal{P}_k^1} ||p||_{Sp\ x}$. Or on a en plus $\lim_{n\to\infty} ||t_k(x)^n||^{1/n} = ||t_k||_{Sp\ x}$. Si $||t_k||_{Sp\ x} > 0$, quel que soit $k > 0$, alors il existe $n(k)$ tel que $||t_k(x)^{n(k)}||^{1/n(k)} \leq 2\ ||t_k||_{Sp\ x}$ ainsi $||t_k(x)^{n(k)}||^{1/kn(k)} \leq 2^{1/k}||t_k||_{Sp\ x}^{1/k}$. Le terme de droite tend vers $c(x)$ quand k tend vers l'infini, donc $\overline{\lim_{k\to\infty}}\, ||t_k(x)^{n(k)}||^{1/n(k)k} \leq c(x)$, mais évidemment on a:

$$(c_{kn(k)}(x))^{1/kn(k)} \leq ||t_k(x)^{n(k)}||^{1/kn(k)} \quad \text{soit} \quad \lim_{n\to\infty} c_n(x)^{1/n} \leq c(x) .$$

Si pour un certain k on a $||t_k||_{Sp\ x} = 0$, alors $Sp\ x$ est contenu dans l'ensemble des zéros de t_k, donc fini, auquel cas $c(x) = 0$ et $c_n(x) = 0$, pour $n \geq k$. □

P.R. Halmos a appelé *quasi-algébriques* les éléments x tels que $c(x) = 0$. Les éléments de spectre fini ou dénombrable, les éléments compacts sont donc quasi-algébriques. On peut montrer facilement, comme il est fait dans [97], que si x est quasi-algébrique alors $p(x)$ est quasi-algébrique pour tout polynôme p. P. Vrbová [217], a généralisé ce résultat en montrant que $f(x)$ est quasi-algébrique pour f holomorphe dans un voisinage de $Sp\ x$. Un problème posé par P. Vrbová est le suivant: si x est un élément d'une algèbre de Banach tel que $f(x)$ soit quasi-algébrique pour une certaine fonction f holomorphe et non constante dans un voisinage de $Sp\ x$, alors x est-il quasi-algébrique ? La réponse est oui et cela résulte immédiatement du fait que pour K compact de capacité nulle et f holomorphe alors $f^{-1}(K)$ est de capactié nulle. Ce dernier point se démontre de la façon suivante: d'après le théorème de Evans (voir par exemple [210], page 76) il existe une fonction sous-harmonique ϕ telle que $K = \{\lambda |\ \phi(\lambda) = -\infty\}$, on peut même d'ailleurs supposer que ϕ est harmonique en dehors de K, la fonction $\phi \circ f$ est sous-harmonique donc, d'après le théorème de H. Cartan, $f^{-1}(K) = \{\lambda | (\phi \circ f)(\lambda) = -\infty\}$ est de capacité nulle.

En général l'ensemble des éléments quasi-algébriques n'est pas fermé puisque sur un espace de Hilbert de dimension infinie tout opérateur normal est limite d'opérateurs de spectres finis. Il est également faux qu'une somme ou un produit d'éléments quasi-algébriques soit quasi-algébrique comme l'exemple qui suit le prouve. Soit H l'espace de Hilbert $\ell^2(\mathbb{N})$ ayant pour base orthonormale $\{\xi_1, \xi_2, \ldots\}$, considérons les deux *opérateurs de décalage* a et b définis par $a\xi_n = \xi_{n+1}$, si n est pair et $a\xi_n = 0$, si n est impair, $b\xi_n = 0$, si n est pair et $b\xi_n = \xi_{n+1}$, si n est impair. Il est évident que $a^2 = b^2 = 0$ et que $a + b$ est l'opérateur de décalage traditionnel. En fait $Sp(a + b)$ est le disque unité fermé, car si $a+b-\lambda$ est inversible pour un certain λ avec $|\lambda| \leq 1$ alors il existe $x = \sum_{n=1}^{\infty} \lambda_n \xi_n$, tel que $\sum_{n=1}^{\infty} |\lambda_n|^2 < +\infty$ et $(a+b-\lambda)x = \xi_1$, ce qui implique que l'on a $-\lambda\lambda_1 = 1$ et $\lambda_n - \lambda\lambda_{n+1} = 0$, pour tout n, c'est-à-dire $\lambda_n = (-1/\lambda)^n$, ce qui contredit la convergence de la série précédente, d'où $Sp(a+b)$ contient le disque unité fermé, mais comme en plus $||(a+b)^k \xi_n|| = ||\xi_{n+k}||$ on a donc que $||(a+b)^k|| \leq 1$, quel que soit k, soit $\rho(a+b) \leq 1$, d'où le résultat. En conséquence $a + b$ n'est pas quasi-algébrique car le disque fermé a pour capacité 1. Comme $ab\xi_n = \xi_{n+2}$, si n est impair et $ab\xi_n = 0$, si n est pair, par un argument analogue au précédent on montre que $Sp(ab)$ est le disque unité fermé, c'est-à-dire que ab n'est pas quasi-algébrique.

Par contre dans le cas où deux opérateurs quasi-algébriques commutent il serait fort intéressant de savoir si leur somme et leur produit sont quasi-algébriques. Cette question résulterait du problème suivant non résolu à notre connaissance: si K_1 et K_2 sont deux compacts de $\mathbb{C}$ de capacité nulle, est-ce que $K_1 + K_2 = \{\lambda_1 + \lambda_2 | \lambda_1 \in K_1 \text{ et } \lambda_2 \in K_2\}$ est de capacité nulle?

Il est clair, d'après le théorème II.13 et le corollaire 1.1.7 que la fonction spectre est continue sur l'ensemble des éléments quasi-algébriques.

§3. *Quelques applications de la sous-harmonicité du spectre.*

La première application est connue depuis 1957 et on peut en donner une démonstration simple (voir par exemple [12] ou [45], page 91, ou [130], page 20). La démonstration qui suit est aussi élémentaire et nous paraît plus naturelle. Par $[a,b]$ nous dénotons le *commutateur* $ab-ba$.

COROLLAIRE 1 (Kleinecke-Shirokov). *Si a,b dans A vérifient $[a,[a,b]] = 0$ alors $\rho([a,b]) = 0$.*

Démonstration.- Plaçons nous dans $\tilde{A}$ alors $e^{\lambda a} b e^{-\lambda a} = b + \lambda[a,b] + \frac{\lambda^2}{2!}[a,[a,b]] +$

$+\frac{\lambda^3}{3!}[a,[a,[a,b]]]+\ldots = b+\lambda[a,b]$, Donc $\rho(\mu b+[a,b]) = |\mu|\rho(e^{a/\mu}be^{-a/\mu}) = |\mu|\rho(b)$, pour $\mu \neq 0$. D'après le théorème 1.2.1 et le corollaire II.1 on a donc $\rho([a,b]) = \overline{\lim}\ \rho(\mu b+[a,b]) = 0$ quand $\mu \to 0$ avec $\mu \neq 0$. □

Si pour a_1, a_2 , b pris dans A on introduit le *commutateur généralisé* $q = a_1b-ba_2$, alors, en utilisant le résultat qui précède et une idée de S.K. Berberian, on peut montrer (voir [12]) que $a_1q = qa_2$ implique que q est quasi-nilpotent. La démonstration élémentaire du théorème de Kleinecke-Shirokov donne l'estimation $||[a,b]^n||^{1/n} \leq 2(n!)^{-1/n}||a||.||b||$. Répondant à une question de Shirokov, E.N. Kuzmin [139] a pu montrer que c'est la meilleure estimation possible.

Pour obtenir le résultat suivant l'idée est la même que dans la démonstration précédente, mais il faut utiliser une propriété plus élaborée des fonctions sous-harmoniques. A ce propos nous signalons que la démonstration donnée dans [13] est légèrement incorrecte, car tout point de la frontière extérieure d'un compact n'est pas nécessairement accessible par un arc de Jordan.

COROLLAIRE 2. *Si a,b dans A vérifient* $a[a,b] = 0$ *ou* $[a,b]a = 0$ *et si* 0 *est sur la frontière extérieure du spectre de* a *alors* $\rho([a,b]) = 0$.

Démonstration.- Supposons par exemple que $[a,b]a = 0$, l'autre cas se faisant de la même façon. Pour $|\lambda| > ||a||$ on a:

$$(\lambda-a)b(\lambda-a)^{-1} = (1-\frac{a}{\lambda})b(1+\frac{a}{\lambda}+\frac{a^2}{\lambda^2}+\ldots) = b-\frac{1}{\lambda}[a,b] ,$$

qui par prolongement analytique est aussi vrai sur la composante connexe non bornée du complémentaire de Sp a . Ainsi $\rho(b) = \rho(b-\frac{1}{\lambda}[a,b])$, c'est-à-dire $|\lambda|\rho(b) = \rho(\lambda b-[a,b])$, pour $\lambda \notin \sigma(a)$. Mais $\mathbb{C} \setminus \sigma(a)$ est un ouvert connexe, donc non effilé en chacun de ses points frontières, d'après le corollaire II.4, ainsi $\rho([a,b])$ $\overline{\lim}\ \rho(\lambda b-[a,b]) = 0$ pour $\lambda \to 0$ et $\lambda \notin \sigma(a)$, puisque $\lambda \to \rho(\lambda b-[a,b])$ est sous-harmonique, d'après le théorème 1.2.1. □

COROLLAIRE 3. *Si a,b dans A vérifient* $a[a,b] = 0$ *ou* $[a,b]a = 0$ *et si Sp a est sans trous alors* $\rho([a,b]) = 0$.

Démonstration.- Si a est inversible alors $[a,b] = 0$, sinon 0 est dans Sp a et donc dans la frontière extérieure. □

Ce résultat s'applique en particulier si a est compact ou un opérateur de Riesz, si a est quasi-algébrique, si a a son spectre réel.

Dans le cas où A est commutative, si b est quasi-nilpotent, alors $\rho(a+\lambda b) = \rho(a)$, quels que soient a dans A et λ dans $\mathbb{C}$. Ce résultat est évidemment faux dans le cas non commutatif - prendre par exemple $M_n(\mathbb{C})$ - mais on peut trouver une propriété voisine.

COROLLAIRE 4 ([13]). *Pour que* b *dans* A *soit quasi-nilpotent il faut et il suffit qu'il existe* a *dans* A *tel que* $\lim_{\substack{\lambda\to+\infty \\ \lambda\in\mathbb{R}}} \frac{1}{|\lambda|} \rho(a+\lambda b) = 0$.

Démonstration.- D'après le théorème d'Oka-Rothstein (théorème II.11) l'ensemble $]0,+\infty[$ est non effilé en 0 , donc $\rho(b) = \overline{\lim_{\substack{\mu\to 0 \\ \mu>0}}} \rho(\mu a+b)$. □

Comme autre application du théorème 1.2.1, L.A. Harris [100] a utilisé le principe du maximum pour les fonctions sous-harmoniques pour démontrer le théorème de V. Pták, dans le cas des algèbres de Banach symétriques (voir théorème 4.2.2). J. Globevnik [89] a donné quelques formes du lemme de Schwarz pour $\lambda \to \rho(f(\lambda))$, par exemple, que si $\rho(f(\lambda)) \leq 1$ pour $|\lambda| \leq 1$ avec $f(0) = \alpha \in \mathbb{C}$ alors $\rho(f(\lambda)) \leq \frac{|\lambda| + |\alpha|}{1 + |\lambda||\alpha|}$, pour $|\lambda| \leq 1$. Comme nous n'utiliserons pas ces derniers résultats nous ne les démontrerons pas.

Donnons plutôt d'intéressantes caractérisations du radical obtenues par J. Zemánek [232,233], qui utilisent les mêmes idées développées dans [16]. Nous dénotons par N l'ensemble des éléments quasi-nilpotents qui, en général, vérifie $\mathrm{Rad}\, A \subset N$.

LEMME 1. *Soit* a *dans* N *tel que* $a + N \subset N$ *, alors* $[a,x]$ *est dans* N *, quel que soit* x *dans* A *. En particulier si* N *est stable par addition, c'est un idéal de Lie de* A *.*

Démonstration.- Soient $a \in N$ et $x \in A$, considérons $e^{\lambda x}ae^{-\lambda x} = a+\lambda[x,a]+\dots$ qui appartient à A , même si A n'a pas d'unité. Comme $\mathrm{Sp}(e^{\lambda x}ae^{-\lambda x}) = \mathrm{Sp}\, a$, alors $e^{\lambda x}ae^{-\lambda x} \in N$, en conséquence, d'après la stabilité par l'addition, $(e^{\lambda x}ae^{-\lambda x}-a)/\lambda = [x,a]+\lambda[x,[x,a]]+\dots \in N$, ainsi $\rho(f(\lambda)) = 0$, pour $\lambda \neq 0$, si $f(\lambda)$ désigne la fonction analytique $[x,a]+\lambda[x,[x,a]]+\dots$. D'après le théorème 1.2.1, $\lambda \to \rho(f(\lambda))$ est sous-harmonique sur $\mathbb{C}$ et identique à 0 sur $\mathbb{C} \setminus \{0\}$, donc, d'après le corollaire II.1, $\rho(f(0)) = \rho([x,a]) = \overline{\lim_{\substack{\lambda\to 0 \\ \lambda\neq 0}}} \rho(f(\lambda)) = 0$. □

LEMME 2. *Soit* a *dans* N *tel que* $[a,x]$ *soit dans* N *, quel que soit* x *de* A *, alors* a *est dans le radical de* A *.*

Démonstration.- Soit Π une représentation irréductible de A sur l'espace de Banach X , alors comme $\rho([a,x]) = 0$, on a $\rho([\Pi(a),\Pi(x)]) = 0$, pour tout x de A . Si $\Pi(a)$ n'est pas de la forme $\lambda\Pi(1)$, avec $\lambda \in \mathbb{C}$, il existe $\xi \in X$, avec $\xi \neq 0$, tel que ξ et $\Pi(a)\xi$ soient indépendants. D'après le théorème de densité de Jacobson (théorème I.3) il existe $x \in A$ tel que $\Pi(x)\Pi(a)\xi = \xi$ et

$\Pi(x)\xi = 0$, donc $[\Pi(x),\Pi(a)]\xi = \xi$, ce qui implique que $1 \in \mathrm{Sp}\,[\Pi(x),\Pi(a)]$, d'où absurdité. Ainsi il existe $\lambda \in \mathbb{C}$ tel que $\Pi(a) = \lambda\Pi(1)$, mais comme $\rho(\Pi(a)) = \rho(a) = 0$, alors $\lambda = 0$, c'est-à-dire $a \in \mathrm{Ker}\,\Pi$, quelle que soit la représentation irréductible Π , soit a dans $\mathrm{Rad}\,A$, d'après le théorème I.2, 1° . □

THEOREME 1. *Dans une algèbre de Banach les conditions suivantes sont équivalentes:*

-1° *a est dans le radical de A .*

-2° $\rho(a+x) = 0$ *, pour tout x quasi-nilpotent de A .*

-3° $\mathrm{Sp}(a+x) = \mathrm{Sp}\,x$ *, pour tout x de A .*

-4° $\rho((1+x)a) = 0$ *, pour tout x quasi-nilpotent de A .*

Démonstration.- D'après le théorème I.2 il est facile de voir que 1° implique les autres conditions, 3° implique 2° est clair, 2° implique 1° résulte des deux lemmes précédents. Montrons maintenant que 4° implique 2°. Quitte à remplacer a et x par des multiples il suffit de prouver que $-1 \notin \mathrm{Sp}(a+x)$. Comme $1+a+x = (1+x)(1+(1-x(1+x)^{-1})a)$, que $\rho(x(1+x)^{-1}) = 0$ puisque $\rho(x) = 0$ et que $\rho((1-(1+x)^{-1}x)a) = 0$ par hypothèse, on déduit que $1+a+x$ est inversible. □

La condition 3° de caractérisation du radical avait été obtenue, dans le cas des algèbres abstraites, par S. Perlis [168], sous une forme légèrement différente.

Dans le cas commutatif, d'après le lemme 1.1.3, on a $\mathrm{Rad}\,A = N$. Mais cette condition n'implique pas la commutativité comme nous le verrons plus loin avec divers exemples d'algèbres non commutatives où $\mathrm{Rad}\,A = N = \{0\}$. Z. Słodkowski, W. Wojtyński et J. Zemánek [192] ont donné quelques jolies conditions pour que $\mathrm{Rad}\,A = N$, lesquelles seront généralisées dans le chapitre 3 avec l'ensemble F des éléments de spectre fini.

THEOREME 2. *Dans une algèbre de Banach les conditions suivantes sont équivalentes:*

-1° $\mathrm{Rad}\,A = N$ *.*

-2° *N est stable par addition.*

-3° *N est stable par multiplication.*

Démonstration.- Il est évident que 1° implique 2° et 3°. D'après le théorème précédent et le fait que $\mathrm{Rad}\,A \subset N$, on a que 2° implique 1°. Pour prouver que 3° implique 2°, il suffit de remarquer que $(1-x)^{-1}x$ et $y(1-y)^{-1}$ sont quasi-nilpotents si x et y le sont et que:

$$1-(x+y) = (1-x)(1-(1-x)^{-1}xy(1-y)^{-1})(1-y) \ . \ \square$$

Pour obtenir ces caractérisations du radical il est possible de se dispenser d'utiliser les fonctions sous-harmoniques. Il suffit d'utiliser le théorème de densité de Jacobson (voir [174]). Cette dernière méthode, bien que moins naturelle, à l'avantage de pouvoir s'étendre avec quelques difficultés techniques au cas des algèbres de Banach réelles alors que la première est inopérante.

Dans [235], J. Zemánek a aussi donné une caractérisation spectrale des idéaux bilatères fermés de A, mais sa démonstration est assez compliquée et semble avoir peu de rapport avec ce qui précède. Nous allons en donner une nouvelle, beaucoup plus simple, qui se ramène à la caractérisation du radical. Auparavant introduisons quelques notions.

Soit I un idéal bilatère fermée de A (dans tout ce qui suit on supposera toujours que les idéaux sont différents de A), alors pour x dans A on appelle *spectre de Weyl* de x, associé à I, l'ensemble $\omega_I(x)$ intersection des $Sp(x+u)$, pour u dans I. D'après le théorème de Harte (corollaire 1.1.5) on a $Sp\,\bar{x} \subset \omega_I(x) \subset \sigma(\bar{x})$, quel que soit x de A, où $\bar{x}$ désigne la classe de x dans A/I. Si on pose $\rho_I(x) = \operatorname{Inf} \rho(x+u)$, pour u dans I, il est clair que $\rho(\bar{x}) \leq \rho_I(x)$ et qu'en général on n'a pas l'égalité, sauf, par exemple, pour les algèbres stellaires, d'après le résultat de G.K. Pedersen.

Il n'est pas difficile de vérifier que $\rho_I(yxy^{-1}) = \rho_I(x)$, pour tout y inversible. En effet $\rho(yxy^{-1}+u) = \rho(y(x+y^{-1}uy)y^{-1}) = \rho(x+y^{-1}uy)$, donc $\rho_I(yxy^{-1}) = \operatorname{Inf}_{u\in I} \rho(x+y^{-1}uy) \geq \rho_I(x)$ et en changeant x en $y^{-1}xy$ on obtient l'inégalité inverse. Dans le théorème qui suit $kh(I)$ désigne l'intersection des idéaux primitifs contenant I, ce qui, d'après les théorèmes I.1 et I.2, implique que $kh(I)$ est l'ensemble des x tels que $\bar{x}$ soit dans $\operatorname{Rad} A/I$.

THEOREME 3. *Si I est un idéal bilatère fermé d'une algèbre de Banach A, les propriétés suivantes sont équivalentes:*

-1° a est dans $kh(I)$.

-2° $Sp\,\bar{x} \subset Sp(a+x)$, pour tout x de A.

-3° $\rho(\bar{x}) \leq \rho(a+x)$, pour tout x de A.

Démonstration.- Il est clair que 1° implique 2°, car si $a \in kh(I)$ alors $\bar{a} \in \operatorname{Rad} A/I$, donc $Sp\,\bar{x} = Sp(\bar{a}+\bar{x})$, quel que soit x de A, qui avec $Sp(\bar{a}+\bar{x}) \subset Sp(a+x)$ donne le résultat. De même on voit facilement que 2° implique 3°. Montrons maintenant que 3° implique 1°. Si $\rho(\bar{x}) \leq \rho(a+x)$, pour tout x de A, alors en changeant x en $x-a$ on a $\rho(\bar{x}-\bar{a}) \leq \rho(x)$, quel soit x de A, d'où $\rho(\bar{x}-\bar{a}) \leq \rho(x+u)$, quels que soient x dans A et u dans I. Autrement dit $\rho(\bar{x}-\bar{a}) \leq \rho_I(x)$, quel que soit x de A. En posant $x = e^{\lambda y}ae^{-\lambda y}$ on obtient pour $\lambda \neq 0$:

$$\rho([\bar{y},\bar{a}] + \frac{\lambda}{2}[\bar{y},[\bar{y},\bar{a}]]+\ldots) \leq \rho_I(e^{\lambda y}ae^{-\lambda y})/|\lambda| = \rho_I(a)/|\lambda| .$$

D'après le théorème 1.2.1 et le théorème de Liouville pour les fonctions sous-harmoniques (théorème II.5) on déduit que $\rho([\bar{y},\bar{a}]) = 0$, pour tout y de A . Comme en faisant $x = 0$ dans $\rho(\bar{x}-\bar{a}) \leq \rho(x)$ on obtient $\rho(\bar{a}) = 0$, d'après le lemme 2 on déduit que $\bar{a} \in \mathrm{Rad}\, A/I$, c'est-à-dire $a \in kh(I)$. □

COROLLAIRE 5. *Soit I un idéal bilatère fermé de A tel que $I = kh(I)$. Pour que a soit dans I il faut et il suffit que $\omega_I(a+x) = \omega_I(x)$, pour tout x de A . Autrement dit, dans ce cas, I est l'ensemble des éléments qui ne perturbent pas le spectre de Weyl associé à I .*

Démonstration.- Il est clair que $a \in I$ implique $\omega_I(x) \subset \omega_I(a+x)$, pour tout x de A , d'où en changeant x en $x-a$ et a en $-a$ on obtient l'inclusion inverse. Pour la condition suffisante, si l'on a $\omega_I(x) = \omega_I(a+x)$, pour tout x de A , alors d'après la double inclusion $\mathrm{Sp}\,\bar{x} \subset \omega_I(x) \subset \sigma(\bar{x})$ on obtient que $\rho(\bar{x}) = \rho(\bar{x}+\bar{a})$ soit $\rho(\bar{x}) \leq \rho(x+a)$ donc, d'après le théorème 3, que $\bar{a} \in \mathrm{Rad}\, A/I$, soit $a \in kh(I) = I$. □

Ce théorème est la forme la plus générale d'un résultat qu'avaient obtenu K. Gustafson et J. Weidmann [95], sur une suggestion de P. Rejto, dans le cas où $A = \mathcal{L}(H)$, avec H un espace de Hilbert et $I = \mathcal{LC}(H)$, et ensuite K. Gustafson [94], dans le cas de $A = \mathcal{L}(X)$, avec X un espace de Banach et $I = \mathcal{LC}(X)$. Dans le cas de $\mathcal{L}(H)$, J.A. Dyer, P. Porcelli et M. Rosenfeld [74] ont pu démontrer que si $\mathrm{Sp}(a+x) \cap \mathrm{Sp}\, x \neq \phi$, pour tout x de A , alors a appartient à un idéal bilatère fermé de $\mathcal{L}(H)$ (la condition est évidemment nécessaire car $\mathrm{Sp}\,\bar{x} \subset \mathrm{Sp}\, x \cap \mathrm{Sp}(a+x)$, où $\bar{x}$ désigne la classe de x modulo l'idéal fermé contenant a) . Cette condition a été améliorée dans le cas d'un espace de Hilbert séparable par A. Brown, C. Pearcy et N. Salinas [53], de la façon suivante: si $a+x$ est non inversible dans $\mathcal{L}(H)$ pour tout x nilpotent de $\mathcal{L}(H)$ alors a appartient à un idéal bilatère fermé. Du fait que dans $\mathcal{L}(H)$ tout élément quasi-nilpotent est limite d'éléments nilpotents (voir [6]), la condition précédente est équivalente à la suivante: si $a+x$ est non inversible pour tout x quasi-nilpotent alors a appartient à un idéal bilatère fermé. Malheureusement même cette caractérisation des idéaux bilatères ne peut s'étendre aux algèbres de Banach quelconques. En effet il existe des algèbres de Banach non commutatives et sans éléments quasi-nilpotents (voir chapitre 2, §2), et dans ce cas, si la caractérisation était vraie, tout élément non inversible appartiendrait à un idéal bilatère fermé, donc à un idéal primitif noyau d'une représentation irréductible Π , mais en posant $z = 1 + \lambda(xy-yx)$, pour x,y quelconques dans A , on obtiendrait que z est inversible pour tout λ dans $\mathbb{C}$, en effet dans le cas contraire pour la représentation Π correspondante on aurait $\Pi(xy-yx) = -1/\lambda$, pour $\lambda \neq 0$, donc, d'après le corollaire 1, $\rho([\Pi(x),\Pi(y)]) = 1/|\lambda| = 0$, ce qui serait absurde, en conséquence $\rho(xy-yx) = 0$, quels que soient x,y dans A , donc $A/\mathrm{Rad}\, A$ serait commutative d'après le corollaire 2.1.7 que nous verrons plus loin, c'est-à-dire que A serait commutative puisque Rad $A \subset N = \{0\}$, d'où contradiction. Un problème intéressant serait de savoir si pour les algèbres de Banach quelconques la condition $Sp(a+x) \cap Sp\, x \neq \phi$, pour tout x de l'algèbre, implique que a appartienne à un idéal bilatère fermé.

Voici maintenant quelques intéressantes applications du théorème de caractérisation du radical.

Si X est un espace de Banach il est bien connu que le radical de $\mathcal{L}(X)$ est $\{0\}$. Si Q désigne la sous-algèbre fermée engendrée par les éléments quasi-nilpotents, d'après ce qui précède on a Rad $Q = \{0\}$, en effet si $a \in$ Rad Q alors $\rho((1+x)a) = 0$, pour tout x de Q , donc en particulier pour tout élément quasi-nilpotent de $\mathcal{L}(X)$, mais alors, d'après le 4° du théorème 1, on a $a \in$ Rad $\mathcal{L}(X)$, soit $a = 0$. Est-il vrai que pour tout espace de Banach X on ait $Q = \mathcal{L}(X)$? Si A est une algèbre de Banach sans radical, dénotons par le même symbole Q la sous-algèbre fermée engendrée par les éléments quasi-nilpotents. On montre sans difficultés, à l'aide d'un argument voisin de celui utilisé dans la démonstration du lemme 1, que Q est un idéal de Lie donc, d'après un lemme de Herstein (voir chapitre 3, §4), qu'il existe un idéal bilatère fermé I tel que $I \subset Q \subset kh(I)$ ou sinon $Q = A$. Dans le cas des algèbres de Banach où $I = kh(I)$, pour tout idéal bilatère fermé - c'est le cas des algèbres stellaires, voir [66], page 49 - alors Q est un idéal bilatère fermé ou est égal à A . Si $\mathcal{L}(X)$ a seulement deux idéaux bilatères fermés $\{0\}$ et $\mathcal{LC}(X)$, ce qui se produit si X est un espace de Hilbert séparable, d'après J.W. Calkin, si $X = \ell^p(\mathbb{N})$ pour $1 \leq p < +\infty$ ou $X = c_0$, comme l'ont montré I. Gohberg, A. Markus et I. Fel'dman, alors on voit facilement que $Q = \mathcal{L}(X)$, puisque $Q = \{0\}$ et $Q = \mathcal{LC}(X)$ sont impossibles du fait qu'il existe deux éléments nilpotents dont la somme est de spectre non dénombrable (il suffit d'adapter l'exemple de la fin du § 2). Pour toutes ces questions, voir le chapitre 5 de [56] où il est montré qu'il existe aussi des espaces de Banach assez réguliers pour lesquels $\mathcal{L}(X)$ contient une infinité non dénombrable d'idéaux bilatères fermés distincts.

Le théorème qui suit est utile en lui même, mais nous allons surtout l'appliquer pour généraliser le théorème de Gleason-Kahane-Żelazko.

THEOREME 4. *Soient A une algèbre de Banach et B une algèbre de Banach sans radical où le rayon spectral est continu. Si T est une application linéaire de A dans B telle que $\rho(Tx) \leq \rho(x)$, quel que soit x de A et telle que T(A) soit dense dans l'ensemble des éléments quasi-nilpotents de B , alors T est continue.*

Démonstration.- D'après le théorème du graphe fermé, pour montrer que T est continue il suffit de montrer que si (x_n) tend vers 0 dans A avec (Tx_n) tendant vers a alors $a = 0$. Il est clair que $\rho(a) = 0$. Soient $x \in A$ et $\lambda \in \mathbb{C}$ quelconques, alors $x+\lambda x_n$ tend vers x et $T(x+\lambda x_n)$ tend vers $Tx+\lambda a$

donc, d'après la continuité du rayon spectral, $\rho(Tx+\lambda a) = \lim_{n\to\infty} \rho(Tx+\lambda Tx_n) \leq \overline{\lim_{n\to\infty}}\, \rho(x+\lambda x_n) \leq \rho(x)$. Ainsi $\rho(Tx+\lambda a) \leq \rho(x)$, pour tout λ de $\mathbb{C}$, ce qui implique, d'après le théorème 1.2.1 et le théorème de Liouville pour les fonctions sous-harmoniques, que $\rho(Tx+\lambda a) \equiv \rho(Tx)$, quel que soit $\lambda \in \mathbb{C}$. Comme le rayon spectral est continu sur B et comme T(A) est dense dans l'ensemble des éléments quasi-nilpotents de B , on déduit que $\rho(y+a) = 0$ pour tout y quasi-nilpotent de B , ce qui, d'après le théorème 1, implique que $a \in \text{Rad } A = \{0\}$. Ainsi T est continue. □

Ce théorème s'applique en particulier quand le rayon spectral est continu sur B et quand T est surjective, mais aussi sans aucune hypothèse de surjectivité sur T lorsque le rayon spectral est continu sur B et B n'a pas d'éléments quasi-nilpotents (voir exemple, chapitre 2, § 2). La condition $\rho(Tx) \leq \rho(x)$ est en particulier vérifiée si T1 = 1 et si T envoie un élément inversible en un élément inversible. Il serait fort intéressant de savoir, lorsqu'on laisse tomber l'hypothèse que T(A) est dense dans l'ensemble des éléments quasi-nilpotents de B , si T est continue modulo le radical de la sous-algèbre engendrée par T(A) .

Nous dirons qu'une algèbre de Banach B admet une *famille séparante* $\mathcal{S}$ *de représentations irréductibles* si quel que soit $x \neq 0$ dans B il existe $\Pi \in \mathcal{S}$ telle que $\Pi(x) \neq 0$.

COROLLAIRE 6. *Soient A une algèbre de Banach et B une algèbre de Banach admettant une famille séparante de représentations irréductibles de dimension finie. Si T est une application linéaire de A dans B telle que T(A) soit dense dans B et telle que* $\rho(Tx) \leq \rho(x)$ *, pour tout* x *de A , alors T est continue sur A .*

Démonstration.- D'après le théorème de densité de Jacobson (théorème 1.3), pour une représentation irréductible de dimension n on a $\Pi(B) = M_n(\mathbb{C})$ et, d'après le théorème 1.4, $\Pi(T(A))$ est dense dans $M_n(\mathbb{C})$, donc égal à $M_n(\mathbb{C})$. En reprenant l'argument qui précède avec le théorème du graphe fermé on voit que a appartient à l'intersection des noyaux de la famille séparante, donc a = 0 . □

Ce corollaire s'applique en particulier pour $B = L^1(G)$, où G est un groupe localement compact commutatif ou compact ou produit d'un groupe compact et d'un groupe commutatif (voir chapitre 4, § 4), aussi à $B = M_n(\mathfrak{A})$, où $\mathfrak{A}$ est une algèbre commutative sans radical (voir chapitre 5, § 1), et également à $\ell^1(S)$, où S est un semi-groupe libre ayant un nombre fini ou dénombrable de générateurs (voir [35]).

Presque simultanément A. Gleason, J.-P. Kahane et W. Żelazko démontrèrent le théorème suivant: soient A et B deux algèbres de Banach commutatives avec unité, supposons que B est sans radical et que T est une application linéaire de A dans B telle que $T1 = 1$ et telle que x inversible dans A implique Tx inversible dans B , alors T est un morphisme d'algèbres (voir démonstration dans [45], page 80). W. Żelazko a ensuite montré que l'hypotèse de commutativité sur A est inutile, en fait cela résulte immédiatement du lemme 3 qui suit, ou bien d'une petite remarque de A.M. Sinclair (voir [45], page 79) ou encore du lemme 2.1.2. Dans [133], I. Kaplansky pose le problème plus général suivant: soient A et B deux algèbres de Banach avec unité, T une application linéaire de A dans B telle que $T1 = 1$ et telle que T envoie tout élément inversible de A en un élément inversible de B , alors T est-il un morphisme de Jordan, c'est-à-dire tel que $Tx^2 = (Tx)^2$, pour tout x de A , ce qui revient à dire que $T(xy+yx) = TxTy+TyTx$, quels que soient x,y dans A ? Ce problème est en partie justifié par le théorème de M. Marcus et R. Purves qui affirme que si T est une application linéaire de $M_n(K)$ sur lui-même, où K est un corps algébriquement clos, telle que $\det Tx = \det x$, pour x dans $M_n(K)$, alors il existe un morphisme de Jordan S de la forme $Sx = uxu^{-1}$ ou de la forme $Sx = u({}^t x)u^{-1}$, tel que $Tx = (T1)Sx$, pour tout x de $M_n(K)$. La partie délicate de la démonstration est de prouver que S est un morphisme de Jordan, le reste venant facilement du théorème de Noether-Skolem (voir [103], page 99) ou bien dans le cas de $M_n(\mathbb{C})$ de la démonstration analytique donnée dans [177], théorème 2.5.19. Malheureusement le problème de I. Kaplansky est trop général pour être vrai, l'exemple suivant le montre. On prend pour A la sous algèbre de $M_4(\mathbb{C})$ formée par les matrices de la forme $\begin{pmatrix} a & b \\ 0 & c \end{pmatrix}$, où a,b,c sont dans $M_2(\mathbb{C})$ et on pose $T\left(\begin{pmatrix} a & b \\ 0 & c \end{pmatrix}\right) = \begin{pmatrix} a & b \\ 0 & {}^t c \end{pmatrix}$. Il est facile de vérifier que $T1 = 1$ et que T envoie toute matrice inversible sur une matrice inversible, cependant $T\left(\begin{pmatrix} a & b \\ 0 & c \end{pmatrix}^2\right) - \left(T\begin{pmatrix} a & b \\ 0 & c \end{pmatrix}\right)^2$ n'est pas nulle, mais seulement nilpotente.

A l'aide du théorème 4 nous avons pu montrer que le problème de I. Kaplansky est vrai dans des cas assez généraux [24].

Rappelons qu'un anneau est dit *premier* si $aAb = \{0\}$, pour a,b dans A , implique $a = 0$ ou $b = 0$. D'après le théorème de densité de Jacobson on voit facilement qu'un anneau primitif est premier, c'est pourquoi nous appliquerons le lemme qui suit uniquement pour les algèbres primitives. Cette très belle généralisation du théorème de Hua sur les corps est due à I.N. Herstein. Nous n'en donnerons pas la démonstration, non qu'elle soit difficile, mais parce qu'elle est longue et calculatoire, ce qui risque d'alourdir ce texte (voir [104], pp. 47-51).

LEMME 3. *Soient A et B deux anneaux, T un morphisme de Jordan de A sur B . Si B est premier alors T est un morphisme ou un antimorphisme d'anneaux.*

Antimorphisme signifie évidemment que T est additive et vérifie $Txy = TyTx$, pour x,y dans A .

THEOREME 5. *Si A est une algèbre de Banach avec unité et si T est une application linéaire de A sur $M_n(\mathbb{C})$ telle que $T1 = 1$ et telle que x inversible dans A implique Tx inversible dans $M_n(\mathbb{C})$, alors T est un morphisme ou un antimorphisme d'algèbres.*

Démonstration.- Avec les hypothèses on a $\mathrm{Sp}\,Tx \subset \mathrm{Sp}\,x$, donc $\rho(Tx) \leq \rho(x)$, quel que soit x de A . D'après le théorème 4, T est continue. Pour x,y dans A et λ,μ dans $\mathbb{C}$ alors $e^{\lambda x}e^{\mu y}$ est inversible, donc la fonction $(\lambda,\mu) \to \phi(\lambda,\mu) = \det(T(e^{\lambda x}e^{\mu y})e^{-\lambda Tx}e^{-\mu Ty})$ est analytique en λ,μ et ne s'annule pas, d'où $(\lambda,\mu) \to \mathrm{Log}\,\phi(\lambda,\mu)$ est analytique en λ,μ car elle est continue et séparément analytique en λ et μ . En plus on a:
$|\phi(\lambda,\mu)| \leq ||T(e^{\lambda x}e^{\mu y})e^{-\lambda Tx}e^{-\mu Ty}||^n \leq ||T||^n \exp(|\lambda|n(||x||+||Tx||) + |\mu|n(||y||+||Ty||))$. Donc il existe $L,M,N > 0$ tels que $\mathrm{Re}\,\mathrm{Log}\,\phi(\lambda,\mu) \leq L|\lambda|+M|\mu|+N$, pour tout λ,μ de $\mathbb{C}$. En appliquant le théorème de la partie réelle de Liouville (théorème II.6), séparément en λ et μ on obtient la relation:

$$(1) \qquad \det(T(e^{\lambda x}e^{\mu y})e^{-\lambda Tx}e^{-\mu Ty}) = \gamma e^{\alpha\lambda+\beta\mu}$$

pour α,β,γ dans $\mathbb{C}$. En effet pour μ fixé on déduit que l'on a $\mathrm{Log}\,\phi(\lambda,\mu) = f_1(\mu)\lambda+f_2(\mu)$, où f_1 et f_2 sont entières en μ . En prenant λ réel et tendant vers $+\infty$ on obtient $\mathrm{Re}\,f_1(\mu)$ bornée, donc $f_1(\mu)$ constante et égale à α . Un même argument avec λ fixé montre que $\mathrm{Log}\,\phi(\lambda,\mu) = g_1(\lambda)\mu+g_2(\lambda)$, où g_1 et g_2 sont entières en λ et $g_1(\lambda) = \beta$. Donc $\alpha\lambda-g_2(\lambda) = \beta\mu-f_2(\mu)$ et cette quantité ne peut être qu'une constante, d'où le résultat. De $T1 = 1$ on déduit $\gamma = 1$. Il est bien connu que $\det(1+m) = 1+\mathrm{Tr}(m)+\sigma_2(m)+\ldots+\det m$, où $\sigma_2,\sigma_3,\ldots$ désignent les fonctions symétriques fondamentales de degré supérieur ou égal à 2, des valeurs propres de m . En faisant un développement jusqu'au degré 3 en λ et μ , on obtient:

$$(2) \quad \begin{cases} T(e^{\lambda x}e^{\mu y})e^{-\lambda Tx}e^{-\mu Ty} = 1-\lambda^2(Tx)^2/2-\mu^2(Ty)^2/2+\lambda^2Tx^2/2+\mu^2Ty^2/2+\lambda\mu(Txy-TxTy) \\ +\lambda^3(Tx^3-(Tx)^3+3(Tx)^3-3Tx^2Tx)/6+\lambda^2\mu(Tx^2y+(Tx)^2Ty+Ty(Tx)^2-Tx^2Ty-2TxyTy)/2 \\ +\lambda\mu^2(Txy^2+2TyTxTy-2TxyTy-Ty^2Tx)/2+\mu^3(Ty^3+2(Ty)^3-3Ty^2Ty) + v \end{cases}$$

où v contient seulement des termes de degré ≥ 4 en λ,μ . Si on pose u égal aux termes de degré ≥ 2 il est facile de voir que $\sigma_2(u),\sigma_3(u),\ldots$ sont de degré ≥ 4 en λ,μ . Ainsi en comparant les développements des deux membres de (1) on voit déjà que $\alpha = \beta = 0$. En identifiant à 0 les coefficients de $\lambda\mu$ et $\lambda^2\mu$ on obtient:

$$(3) \qquad \mathrm{Tr}(Txy) = \mathrm{Tr}(TxTy) = \mathrm{Tr}(TyTx)$$

$$(4) \qquad \mathrm{Tr}(Tx^2y+(Tx)^2Ty+Ty(Tx)^2-Tx^2Ty-2TxyTx) = 0 \,.$$

Ainsi, d'après (3), $\mathrm{Tr}(Tx^2Ty) = \mathrm{Tr}(Tx^2y)$ et $\mathrm{Tr}(TxyTx) = \mathrm{Tr}(TxTxy) = \mathrm{Tr}(Tx^2y)$ donc on obtient:

(5) $$\mathrm{Tr}((Tx)^2Ty) = \mathrm{Tr}(Tx^2y)$$

qui avec (3) donne $\mathrm{Tr}((Tx^2-(Tx)^2)Ty) = 0$. Comme T est surjective et que toute forme linéaire sur $M_n(\mathbb{C})$ est de la forme $m \to \mathrm{Tr}(um)$, pour une matrice $u = Ty$ convenable, on déduit que $Tx^2 = (Tx)^2$, quel que soit $x \in A$ et il suffit alors d'appliquer le lemme 3. □

LEMME 4. *Soient A et B deux algèbres de Banach avec unité. Si T est une application linéaire de A dans B telle que $Sp\ Tx \subset Sp\ x$, pour tout x de A , alors $Sx = (T1)^{-1}Tx$ est une application linéaire de A dans B telle que $S1 = 1$ et $Sp\ Sx \subset Sp\ x$, pour tout x de A . Autrement dit lorsque $Sp\ Tx \subset Sp\ x$ on peut toujours se ramener à supposer que $T1 = 1$.*

Démonstration.- Comme $Sp\ T1 \subset Sp\ 1 = \{1\}$, on a $T1 = 1 + u$, où u est quasi-nilpotent, donc $T1$ est inversible. Supposons que $\lambda \in Sp\ (T1)^{-1}Tx$, alors $-1 \in Sp\ (T1)^{-1}Ty$, où $y = -x/\lambda$. Ainsi $(T1)(1+(T1)^{-1}Ty) = T(1+y)$ est non inversible, mais comme $Sp\ T(1+y) \subset Sp(1+y)$, on déduit que $1 + y$ est non inversible, c'est-à-dire que $\lambda \in Sp\ x$. □

COROLLAIRE 7. *Si T est une application linéaire de A sur $M_n(\mathbb{C})$ telle que $Sp\ Tx \subset Sp\ x$, pour tout x de A , alors $Tx = (T1)Sx$, où S est un morphisme ou un antimorphisme d'algèbres.*

Démonstration.- Il suffit d'appliquer le lemme 4 et le théorème 5. □

COROLLAIRE 8 (Marcus-Purves). *Si T est une application linéaire de $M_n(\mathbb{C})$ sur lui-même qui conserve le déterminant alors $Tx = (T1)Sx$, où Sx est de la forme uxu^{-1} ou de la forme $u\,{}^t xu^{-1}$, pour un certain u inversible de $M_n(\mathbb{C})$.*

Démonstration.- D'après les remarques précédentes concernant le théorème de Noether-Skolem il suffit de vérifier que $Sp\ Sx = Sp\ x$, pour tout x de A , mais $\lambda \in Sp\ x$ équivaut à $\det(x-\lambda) = 0$, donc à $\det(Tx-\lambda T1) = 0$, soit $\det(T1).\det((T1)^{-1}Tx-\lambda) = 0$ qui, comme $\det(T1) = 1$, équivaut à $\det(Sx-\lambda) = 0$, c'est-à-dire à $\lambda \in Sp\ Sx$. □

Ce qui précède et un argument de A.M. Sinclair [187] nous permettent donc d'obtenir le:

THEOREME 6. *Soient A une algèbre de Banach avec unité et B une algèbre de Banach avec unité admettant une famille séparante de représentations irréductibles de dimension finie. Si T est une application linéaire de A sur B telle que $T1 = 1$ et telle que x inversible dans A implique Tx inversible dans B , alors T est un morphisme de Jordan. Si en plus B est sans représentations irréductibles de dimension 1 il existe des idéaux bilatères fermés I et J uniques, un morphisme unique ϕ de A sur I et un antimorphisme ψ de A*

sur J *tels que* $B = I \oplus J$ *et* $T = \phi + \psi$.

Démonstration.- Soit Π une représentation irréductible de B qui appartient à la famille séparante $\mathcal{S}$ de représentations irréductibles de dimension finie. D'après le théorème de densité de Jacobson on a $\Pi(B) = M_n(\mathbb{C})$, pour un certain n donc, d'après le théorème 5, $\Pi \circ T$ est un morphisme ou un antimorphisme d'algèbres, donc en particulier $\Pi(Tx^2-(Tx)^2) = 0$. Comme $\mathcal{S}$ est séparante on a $Tx^2 = (Tx)^2$, donc T est un morphisme de Jordan. Soit P l'ensemble des représentations iréductibles de B , si $\Pi \in P$ alors $\Pi \circ T$ est un morphisme de Jordan et $\Pi(B)$ est primitive donc, d'après le lemme 3, $\Pi \circ T$ est un morphisme ou un antimorphisme, ainsi $P = P_1 \cup P_2$ où P_1 est l'ensemble des Π pour lesquelles $\Pi \circ T$ est un morphisme et P_2 l'ensemble des Π pour lesquelles $\Pi \circ T$ est un antimorphisme. Si $\Pi \in P_1 \cap P_2$ alors $\Pi(B)$ est primitive et commutative, donc égale à $\mathbb{C}$, ainsi, si on suppose B sans représentations irréductibles de dimension 1 , on obtient $P_1 \cap P_2 = \emptyset$. Posons I égal à l'intersection des noyaux des représentations de P_1 et J égal à l'intersection des noyaux des représentations de P_2 et soient ϕ égal au produit de T et du morphisme canonique de A sur A/I et ψ égal au produit de T et du morphisme canonique de A sur A/J . Si on identifie P avec l'ensemble des idéaux primitifs muni de la topologei de Jacobson (voir [177], page 78) alors P_1 et P_2 sont fermés et disjoints donc on a $B = I \oplus J$ (voir [177], lemme 2.6.8). Il est facile de vérifier que ϕ est un morphisme et ψ un antimorphisme. L'unicité est un peu plus délicate, pour les détails voir [187]. □

Remarque 1. A.M. Sinclair a montré que la fin du théorème est fausse si B admet des représentations irréductibles de dimension 1 . Maintenant il est évident qu'on peut obtenir une grande quantité de corollaires, en particulier de grosses généralisations du théorème de Marcus-Purves, en prenant tous les exemples qu'on a cités après le corollaire 6.

Remarque 2. Il serait important de savoir si le théorème 6 reste vrai sans supposer T surjective, avec comme conclusion que T est un morphisme de Jordan modulo le radical de la sous-algèbre engendrée par T(A) , ou bien plus faiblement que $\rho(Tx^2-(Tx)^2) = 0$, pour tout x de A . On peut aussi se poser la question de savoir si le théorème 6 s'étend à une classe plus vaste d'algèbres, par exemple celles ayant une famille séparante de représentations irréductibles compactes où, d'après ce que nous verrons plus loin, le spectre d'une fonction analytique varie par branches holomorphes en dehors d'un ensemble fermé dénombrable.

Remarque 3. Dans [136], en utilisant des propriétés assez subtiles des fonctions lipschitziennes, S. Kowalski et Z. Słodkowski ont obtenu une jolie généralisation du théorème de Gleason-Kahane-Żelazko sous la forme suivante: si T est une application d'une algèbre de Banach A dans $\mathbb{C}$ telle que $Tx-Ty \in Sp(x-y)$, pour x,y dans A et telle que $T0 = 0$, alors T est un caractère (autrement dit on ne suppose pas T linéaire). Existe-t-il des analogues des théorèmes 5 et 6 avec des hypothèses voisines des précédentes?

§4. *Pseudo-continuité du spectre plein.*

L'objet de ce paragraphe est de donner un théorème qui va permettre d'étendre certaines propriétés spectrales à un opérateur limite d'opérateurs ayant ces propriétés, sans que la fonction spectre soit supposée continue.

LEMME 1. *Soient* $\phi_1,\ldots,\phi_k$ *des fonctions sous-harmoniques sur un domaine* D *de* $\mathbb{C}$ *contenant* λ_0 *et* E *un sous-ensemble de* D *tel que* $\lambda_0 \in \bar{E}$. *Alors si* $\overline{\lim}\,(\phi_1(\lambda)+\ldots+\phi_k(\lambda)) = \phi_1(\lambda_0)+\ldots+\phi_k(\lambda_0)$, *avec* $\lambda \to \lambda_0$, $\lambda \neq \lambda_0$ *et* $\lambda \in E$, *il existe une suite* (λ_n) *tendant vers* λ_0, *avec* $\lambda_n \neq \lambda_0$ *et* $\lambda_n \in E$, *telle que l'on ait pour* $i = 1,\ldots,k$, $\phi_i(\lambda_0) = \lim \phi_i(\lambda_n)$, *quand* n *tend vers l'infini.*

Démonstration.- Posons $\psi(\lambda) = \phi_1(\lambda)+\ldots+\phi_k(\lambda)$. D'après l'hypothèse il existe une suite (μ_n) tendant vers λ_0, avec $\mu_n \neq \lambda_0$ et $\mu_n \in E$, telle que $\psi(\lambda_0) = \lim\limits_{n\to\infty} \psi(\mu_n)$. Si $k = 1$ le lemme est évident. Supposons le démontré pour $k - 1$ fonctions et prouvons le pour k fonctions. Si $\overline{\lim\limits_{n\to\infty}}\, \phi_1(\mu_n) = \phi_1(\lambda_0)$, alors (μ_n) admet une sous-suite, qu'on peut noter de la même façon, telle que $\lim \phi_1(\mu_n) = \phi_1(\lambda_0)$, mais alors $\sum_{i=1}^{k} \phi_i(\mu_n)$ tend vers $\sum_{i=1}^{k} \phi_i(\lambda_0)$ donc, d'après l'hypothèse de récurrence, il existe une sous-suite (μ_{n_ℓ}) telle que $\lim \phi_i(\mu_{n_\ell}) = \phi_i(\lambda_0)$, pour $i = 1,\ldots,k$, et c'est terminé. Si on a $\overline{\lim}\, \phi_1(\mu_n) = L < \phi_1(\lambda_0)$, il existe une sous-suite (μ_{n_ℓ}) telle que l'on ait $\lim \phi_1(\mu_{n_\ell}) = L$, auquel cas $\sum_{i=1}^{k} \phi_i(\mu_{n_\ell})$ tend vers $\psi(\lambda_0)-L = \phi_1(\lambda_0)-L + \phi_2(\lambda_0)+\ldots+\phi_k(\lambda_0) > \sum_{i=1}^{k} \phi_i(\lambda_0)$, ce qui est absurde, d'après la semi-continuité supérieure de la fonction $\psi - \phi$. □

Pour la définition des ensembles non effilés en un point, voir l'appendice II. Il est bon de se souvenir qu'un arc Jordan est non effilé en chacun de ses points et qu'un ouvert connexe est non effilé en chacun de ses points frontières.

THEOREME 1 ([18,19]). *Si* $\lambda \to f(\lambda)$ *est une fonction analytique d'un domaine* D *de* $\mathbb{C}$ *dans* A, *si* λ_0 *est dans* D *et si* E *est un sous-ensemble de* D *non effilé en* λ_0, *alors il existe une suite* (λ_n) *tendant vers* λ_0, *avec* λ_n *dans* E *et* λ_n *différent de* λ_0, *telle que lorsque* n *tend vers l'infini on ait* $\Delta(\sigma(f(\lambda_n)),\sigma(f(\lambda_0)))$ *qui tend vers* 0.

Démonstration.- Soit $\varepsilon > 0$, d'après le théorème 1.1.3, il existe $r > 0$ tel que $|\lambda-\lambda_0| < r$ implique $\mathrm{Sp}\, f(\lambda) \subset \mathrm{Sp}\, f(\lambda_0) + B(0,\varepsilon)$, donc en particulier $\sigma(f(\lambda)) \subset \sigma(f(\lambda_0)) + B(0,\varepsilon)$. Considérons un recouvrement fini de $\partial\mathrm{Sp}\, f(\lambda_0)$ par des boules centrées en $\xi_1,\xi_2,\ldots,\xi_k$, de rayon $\varepsilon/2$ et soient $\eta_1, \eta_2,\ldots,\eta_k$ n'appartenant pas à $\mathrm{Sp}\, f(\lambda_0)$ tels que $|\xi_i-\eta_i| < \varepsilon/8$, pour $i = 1,2,\ldots,k$. Toujours d'après le théorème 1.1.3, il existe $s > 0$ tel que $|\lambda-\lambda_0| \leq s$ implique $f(\lambda)-\eta_i$ inversible, pour $i = 1,\ldots,k$. Posons $\phi_i(\lambda) = \rho((f(\lambda)-\eta_i)^{-1})$, pour $|\lambda-\lambda_0| \leq s$. D'après le théorème 1.2.1, ces fonctions sont sous-harmoniques, ainsi, d'après le corollaire II.1 et le lemme qui précède, on déduit qu'il existe une suite (μ_n) tendant vers λ_0 , telle que $\mu_n \neq \lambda_0$, $\mu_n \in \bar{E} \cap B(\lambda_0,s)$ et $\phi_i(\lambda_0) = \lim_{n\to\infty} \phi_i(\lambda_n)$, pour $i = 1,\ldots,k$. Donc en particulier il existe $\mu(\varepsilon)$ dans E , tel que $\mu(\varepsilon) \neq \lambda_0$, $|\mu(\varepsilon)-\lambda_0| < \mathrm{Min}(r,s)$ et $\phi_i(\mu(\varepsilon)) \geq \phi_i(\lambda_0)/2 > 0$, pour $i = 1,\ldots,k$. Dans ce cas on a:

$$1/\rho((f(\mu(\varepsilon))-\eta_i)^{-1}) \leq 2/\rho((f(\lambda_0)-\eta_i)^{-1}) < \varepsilon/4$$

car $1/\rho((f(\lambda_0)-\eta_i)^{-1}) = d(\eta_i,\mathrm{Sp}\, f(\lambda_0)) \leq |\eta_i-\xi_i| < \varepsilon/8$. Ainsi toutes les boules $\bar{B}(\eta_i,\varepsilon/4)$ contiennent un point de $\partial\mathrm{Sp}\, f(\mu(\varepsilon))$, donc il en est de même des boules $B(\xi_i,\varepsilon/2)$. Si $\xi \in \partial\mathrm{Sp}\, f(\lambda_0)$, alors il existe ξ_i tel que $|\xi-\xi_i| < \varepsilon/2$ et il existe $\zeta_\varepsilon \in \partial\mathrm{Sp}\, f(\mu(\varepsilon))$ tel que $|\xi_i-\xi_\varepsilon| < \varepsilon/2$, donc $|\xi-\zeta_\varepsilon| < \varepsilon$, autrement dit $\partial\mathrm{Sp}\, f(\lambda_0) \subset \partial\mathrm{Sp}\, f(\mu(\varepsilon)) + B(0,\varepsilon)$, ce qui donne donc $\sigma(f(\lambda_0)) \subset \sigma(f(\mu(\varepsilon))) + B(0,\varepsilon)$, qui avec l'inclusion du commencement donne ainsi $\Delta(\sigma(f(\lambda_0)),\sigma(f(\mu(\varepsilon)))) < \varepsilon$. Il suffit de prendre alors λ_n égal à $\mu(1/n)$. □

Remarque 1. En fait on a prouvé plus. Si $\sigma_0(f(\lambda))$ désigne le spectre de $f(\lambda)$ dans lequel on a bouché les trous qui ne rencontrent pas un trou de $\mathrm{Sp}\, f(\lambda_0)$, alors il existe une suite (λ_n) tendant vers λ_0 , avec $\lambda_n \neq \lambda_0$, et avec $\lambda_n \in E$ telle que $\Delta(\mathrm{Sp}\, f(\lambda_0),\sigma_0(f(\lambda_n)))$ tende vers 0 .

Remarque 2. Si $\mathrm{Sp}\, f(\lambda_0)$ est sans points intérieurs, comme $\partial\mathrm{Sp}\, f(\lambda_0) = \mathrm{Sp}\, f(\lambda_0)$ on déduit des deux inclusions de la démonstration précédente que $\Delta(\mathrm{Sp}\, f(\lambda_0),\mathrm{Sp}\, f(\lambda_n))$ tend vers 0 , pour la suite (λ_n) précédemment construite. Ce résultat s'applique en particulier si $\mathrm{Sp}\, f(\lambda_0)$ est contenu dans une courbe. Mais en général ce résultat est faux comme le deuxième exemple du §5 le montrera.

COROLLAIRE 1. *Si $\mathrm{Sp}\, f(\lambda)$ est sans trou pour λ dans E et différent de λ_0 alors également $\mathrm{Sp}\, f(\lambda_0)$ est sans trou et il existe une suite (λ_n) tendant vers λ_0 , avec $\lambda_n \in E$ et $\lambda_n \neq \lambda_0$, telle que $\Delta(\mathrm{Sp}\, f(\lambda_0),\mathrm{Sp}\, f(\lambda_n))$ tende vers 0 .*

Démonstration.- Si α appartient à un trou de $\mathrm{Sp}\, f(\lambda_0)$, alors il existe $r > 0$ tel que $\bar{B}(\alpha,r) \cap \mathrm{Sp}\, f(\lambda_0) \neq \emptyset$, mais, d'après le théorème 1.1.3, il existe $\varepsilon > 0$ tel que $|\lambda-\lambda_0| < \varepsilon$ implique $\mathrm{Sp}\, f(\lambda) \cap B(\alpha,r) = \emptyset$. Or on a $\alpha \in \sigma(f(\lambda_0))$, donc, d'après le théorème précédent, il existe $\alpha_n \in \sigma(f(\lambda_n)) = \mathrm{Sp}\, f(\lambda_n)$ tel que

$|\alpha-\alpha_n| < r$, pour n assez grand, ce qui est absurde, ainsi $\mathrm{Sp}\, f(\lambda_0)$ n'a pas de trou et $\sigma(f(\lambda_0)) = \mathrm{Sp}\, f(\lambda_0)$. □

COROLLAIRE 2. *Si* $\# \mathrm{Sp}\, f(\lambda) \le n$ *pour* λ *dans* E *et différent de* λ_0 *alors* $\# \mathrm{Sp}\, f(\lambda_0) \le n$.

Démonstration.- Supposons que $\xi_1,\dots,\xi_{n+1} \in \mathrm{Sp}\, f(\lambda_0)$, alors en prenant des disques disjoints centrés en ces points, ils rencontrent tous $\mathrm{Sp}\, f(\lambda)$, pour $\lambda \in E$ avec $|\lambda-\lambda_0|$ assez petit, d'après le corollaire précédent, ce qui est absurde. □

COROLLAIRE 3. *Si* $\mathrm{Sp}\, f(\lambda)$ *est réel pour* λ *dans* E *et* λ *différent de* λ_0 *alors* $\mathrm{Sp}\, f(\lambda_0)$ *est également réel.*

Démonstration.- D'après le corollaire 1, $\mathrm{Sp}\, f(\lambda_0)$ est limite des $\mathrm{Sp}\, f(\lambda_n)$, qui sont réels, pour une certaine suite (λ_n) de E , avec $\lambda_n \neq \lambda_0$, ainsi $\mathrm{Sp}\, f(\lambda_0)$ est réel. □

A l'aide du théorème 1 nous allons donner une autre démonstration du théorème 1.1.4 (la démonstration donnée dans [18] est incomplète). Quitte à remplacer C par une de ses composantes connexes on peut supposer C connexe. Comme C et $\mathrm{Sp}\, x \setminus C$ sont deux fermés disjoints de $\mathbb{C}$, il existe deux ouverts disjoints U_1 et U_2 tels que $C \subset U_1$ et $\mathrm{Sp}\, x \setminus C \subset U_2$. C étant connexe on peut supposer que U_2 n'a aucun trou ou sinon un seul trou qui contient C . Soit $U' = U_1 \cap U$ alors, d'après le théorème 1.1.3, il existe $\alpha > 0$ tel que $||x-y|| < \alpha$ implique $\mathrm{Sp}\, y \subset U' \cup U_2$. Pour $||x-y|| < \alpha$ on peut écrire $y = x + \lambda u$ avec $0 < \lambda < \alpha$ et $||u|| = 1$. Pour prouver que $\mathrm{Sp}\, y$ rencontre U' il suffit de prouver que l'ensemble E des λ tels que $0 < \lambda < \alpha$ et $\mathrm{Sp}(x+\lambda u) \subset U_2$ est vide. Supposons que $\lambda_0 \in E$, dénotons par r la borne inférieure des β tels que $0 < \beta < \alpha$ et $[\beta,\lambda_0] \subset E$. Comme, d'après le théorème 1.1.3, E est ouvert dans $\mathbb{R}_+$, il résulte que $r < \lambda_0$ et $\mathrm{Sp}(x+ru) \not\subset U_2$. Mais $]r,\lambda_0]$ est non effilé en r , donc, d'après la remarque 1, on a que $\mathrm{Sp}(x+ru)$ est limite de certains $\sigma_0(x+\lambda_n u)$, avec $r < \lambda_n < \lambda_0$, or $\sigma_0(x+\lambda_n u) \subset U_2$, donc $\mathrm{Sp}(x+ru) \subset \bar{U}_2$, ce qui est absurde puisque $\mathrm{Sp}(x+ru)$ rencontre U' . □

§5. *Exemples de discontinuité spectrale.*

Exemple de S. Kakutani ([177], pp. 282-283). Sur l'espace de Hilbert il existe une suite d'opérateurs nilpotents qui convergent vers un opérateur non quasi-nilpotent. Dans $\ell^2(\mathbb{N})$ on considère les opérateurs de décalage pondérés définis par $a\xi_n = \alpha_n\xi_{n+1}$, pour $n \ge 1$, où $\alpha_n = e^{-k}$ si n est de la forme $2^k(2m+1)$, avec k,m entiers positifs ou nuls et on pose $a_k\xi_n = 0$ si n est de la forme $2^k(2m+1)$ pour un certain entier m et $a_k\xi_n = \alpha_n\xi_{n+1}$ si n n'est pas de cette forme. On voit facilement que $||a-a_k|| \le e^{-k}$ et que les a_k sont nilpotents. Comme $a^m\xi_n =$

$\alpha_n\alpha_{n+1}\cdots\alpha_{n+m-1}\xi_{n+m}$ on obtient que $||a^m|| = \mathrm{Sup}(\alpha_n\alpha_{n+1}\cdots\alpha_{n+m-1})$. D'après la définition des α_n on a:

$$\alpha_1\alpha_2\cdots\alpha_{2^t-1} = \prod_{j=1}^{t-1} \exp(-j2^{t-j-1}) ,$$

donc

$$(\alpha_1\alpha_2\cdots\alpha_{2^t-1})^{1/2^{t-1}} > (\prod_{j=1}^{t-1} \exp(-j/2^{j+1}))^2 ,$$

soit en posant $\sigma = \sum_{j=1}^{\infty} j/2^{j+1}$, on obtient $e^{-2\sigma} \leq \lim_{m\to\infty} ||a^m||^{1/m} = \rho(a)$, donc a n'est pas quasi-nilpotent.

En utilisant les propriétés géométriques des espaces de Banach quelconques (par exemple le théorème de A. Dvoretzky ou un résultat voisin) il serait intéressant de prouver par une construction analogue, mais sans doute beaucoup plus difficile, que la fonction spectre n'est continue sur $\mathcal{L}(X)$ que si l'espace de Banach X est de dimension finie. Ce problème n'est toujours pas résolu puisqu'il impliquerait que pout tout espace de Banach X il existe toujours des opérateurs de $\mathcal{L}(X)$ a spectre non dénombrable et ce dernier point est lui-même en suspens.

Exemple de B. Aupetit [18]. *Sur l'espace de Hilbert il existe deux opérateurs a et b ainsi qu'une suite* (λ_k) *de nombres complexes, tendant vers 0 , tels que* $\sigma(a+\lambda_k b) = \sigma(a)$ *, pour tout k , mais tels que* $Sp(a+\lambda_k b)$ *ne tende pas vers Sp a*

Dans $\ell^2(\mathbb{Z})$ muni de la base orthonormale $\{\ldots,\xi_{-n},\ldots,\xi_{-1},\xi_0,\xi_1,\ldots,\xi_n,\ldots\}$ on considère les deux opérateurs suivants:

$$a\xi_n = \begin{cases} 0 & \text{si } n = -1 \\ \xi_{n+1} & \text{si } n \neq -1 \end{cases} \qquad b\xi_n = \begin{cases} \xi_0 & \text{si } n = -1 \\ 0 & \text{si } n \neq -1 \end{cases}$$

Pour $\lambda \in \mathbb{C}$ on a donc:

$$(a+\lambda b)\xi_n = \begin{cases} \lambda\xi_0 & \text{si } n = -1 \\ \xi_{n+1} & \text{si } n \neq -1 \end{cases}$$

c'est donc un opérateur de décalage pondéré. D'après le problème 85 de [96], on peut déduire que Sp a est le disque unité fermé et que $Sp(a+\lambda b)$ est le cercle unité, pour $\lambda \neq 0$. Nous nous contenterons, beaucoup plus simplement, de montrer que $Sp\ a \subset \{\lambda |\ |\lambda| \leq 1\}$, $0 \in Sp\ a$, $Sp\ a \cap \{\lambda |\ |\lambda| = 1\} \neq \emptyset$ et $Sp(a+\lambda b) \subset \{\lambda |\ |\lambda| = 1\}$, pour $\lambda \neq 0$. Ainsi $\Delta(Sp\ a, Sp(a+\lambda b))$ ne pourra pas tendre vers 0 quand λ tend vers 0 avec $\lambda \neq 0$, de même on ne pourra pas avoir $Sp\ a \subset (1/2\pi)\int_0^{2\pi} Sp(a+re^{i\theta}b)d\theta$. Comme $a\xi_{-1} = 0$, 0 est une valeur propre, donc $0 \in Sp\ a$. Montrons maintenant que $\rho(a+\lambda b) \leq 1$ pour $\lambda \in \mathbb{C}$. Il n'est pas difficile de constater que $(a+\lambda b)^k\xi_n = \xi_{n+k}$, pour $n \geq 0$ ou $n < -k$, lorsque $k \geq 1$, ainsi $||(a+\lambda b)^k|| \leq \mathrm{Max}(1,|\lambda|)$, soit $\rho(a+\lambda b) \leq \lim_{k\to\infty} \mathrm{Max}(1,|\lambda|)^{1/k} = 1$. Pour $\lambda \neq 0$, $a + \lambda b$ est inversible et son inverse est défini par $c\xi_n = \xi_{n-1}$, si $n \neq 0$ et

$c\xi_0 = \frac{1}{\lambda}\xi_{-1}$. Par un argument analogue à celui qui précède on obtient $\rho((a+\lambda b)^{-1}) \leq 1$, qui, avec la relation $1 \leq \rho(a+\lambda b)\rho((a+\lambda b)^{-1})$, montre que $\rho((a+\lambda b)) = \rho((a+\lambda b)^{-1}) = 1$, donc que l'on a $Sp(a+\lambda b) \subset \{\lambda \mid |\lambda| = 1\}$. D'après le théorème 1.1.3, $\rho(a) \geq \overline{\lim}\, \rho(a+\lambda b)$, quand λ tend vers 0 avec $\lambda \neq \lambda_0$, donc $\rho(a) \geq 1$, qui avec $\rho(a) \leq 1$, entraîne $\rho(a) = 1$, c'est-à-dire que Sp a contient un élément de module 1. D'après le théorème 1.4.1, il existe une suite (λ_k) telle que $0 \in \sigma(a) = \lim_{k\to\infty} \sigma(a+\lambda_k b)$, ce qui implique que $Sp(a+\lambda_k b) = \{\lambda \mid |\lambda| = 1\}$, pour k assez grand, car sinon on aurait $Sp(a+\lambda_k b) = \sigma(a+\lambda_k b) \subset \{\lambda \mid |\lambda| = 1\}$. En conséquence $\sigma(a) = \sigma(a+\lambda_k b) = \{\lambda \mid |\lambda| \leq 1\}$ et $Sp(a+\lambda_k b)$ ne tend pas vers Sp a .

Cet exemple suggère le problème suivant: si $\lambda \to f(\lambda)$ est une fonction analytique d'un domaine D de $\mathbb{C}$, dans une algèbre de Banach A , est-ce que $\lambda \to \rho(f(\lambda))$ est continue sur toute droite réelle $\{a+\lambda b \mid \lambda \in \mathbb{R}\}$ de A ? L'exemple assez compliqué, mais très intéressant, qui suit prouve que non.

Exemple de V. Müller [155]. *Il existe une algèbre de Banach sans éléments quasi-nilpotents où le rayon spectral est discontinu, même sur certaines droites réelles.* L'idée principale provient de l'exemple de S. Kakutani, mais la construction est beaucoup plus élaborée. L'exemple est d'autant plus intéressant qu'il est un mélange des deux exemples précédents, c'est-à-dire qu'il montre d'abord l'existence sur l'espace de Hilbert d'une suite d'opérateurs nilpotents portés par une même droite réelle dont la limite n'est pas quasi-nilpotente. Pour l'instant donnons nous une suite (β_n) arbitraire de nombres rationnels. Dans $\ell^2(\mathbb{N})$ muni de la base orthonormale $\{\xi_1,\xi_2,\ldots\}$ considérons l'opérateur de décalage pondéré $a_0\xi_n = \alpha_n\xi_{n+1}$, où $\alpha_n = \beta_q$, si n se décompose sous la forme $2^{q-1}(2m+1)$, avec m,q entiers, $q \geq 1$ et $m \geq 0$, ainsi que l'opérateur de décalage $a_1\xi_n = \xi_{n+1}$. Comme $(a_0-\lambda a_1)^p\xi_n = (\alpha_{n+p-1}-\lambda)(\alpha_{n+p-2}-\lambda)\ldots(\alpha_n-\lambda)\xi_{n+p}$, si on prend $p = 2^q$, les 2^q entiers consécutifs $n,n+1,\ldots,n+2^q-1$ contiennent un nombre de la forme $2^q(2m+1)$, ce qui veut dire que β_q figure dans les $\alpha_n,\ldots,\alpha_{n+2^q-1}$, en conséquence si on prend λ dans l'ensemble des β_q on voit que $a_0-\lambda a_1$ est nilpotent. Comme $||a_0^m|| = \sup_n (\alpha_n\alpha_{n+1}\ldots\alpha_{n+m-1})$ alors, d'après la définition des α_n on voit que:

$$||a_0^{2^t-1}|| \geq \alpha_1\alpha_2\alpha_3\ldots\alpha_{2^t-1} \geq \beta_2^{2^{t-1}}\beta_2^{2^{t-2}}\ldots\beta_t .$$

Nous allons maintenant montrer qu'il existe une bijection β de $\mathbb{N} \setminus \{0\}$ sur l'ensemble des rationnels de $]0,1[$ telle que, quel que soit t entier avec $t \geq 1$, on ait $\beta_1^{2^{t-1}}\beta_2^{2^{t-2}}\ldots\beta_t \geq 1/2^{2^t-1}$. Dans ces conditions on aura $\rho(a_0) \geq \frac{1}{2}$ et $a_0-\lambda a_1$ nilpotent pour tout rationnel entre 0 et 1 , ce qui prouvera la discontinuité de ρ sur la droite réelle $\{a_0+\lambda a_1 \mid \lambda \in \mathbb{R}\}$. Soient r et s respectivement des bijections de $\mathbb{N} \setminus \{0\}$ sur les rationnels de $]0,\frac{1}{2}[$ et $[\frac{1}{2},1[$, avec $s_1 = \frac{1}{2}$. On définit β de la façon suivante, $\beta_1 = s_1$ et si $\{\beta_1,\ldots,\beta_k\} =$

$\{r_1,\dots,r_i\} \cup \{s_1,\dots,s_j\}$ on pose $\beta_{k+1} = r_{i+1}$, si $\beta_1^{2^k}\beta_2^{2^{k-1}}\dots\beta_k^2 r_{i+1} \geq 1/2^{2^{k+1}-1}$ et $\beta_{k+1} = s_{j+1}$ sinon. Dans le premier cas il est clair que $\beta_1^{2^k}\beta_2^{2^{k-1}}\dots\beta_k^2\beta_{k+1} \geq \frac{1}{2^{2^{k+1}-1}}$, dans le second cas la même inégalité est vraie car on a :

$$\beta_1^{2^k}\beta_2^{2^{k-1}}\dots\beta_k^2\beta_{k+1} = (\beta_1^{2^{k-1}}\beta_2^{2^{k-2}}\dots\beta_k)^2\beta_{k+1} \geq \tfrac{1}{2}(1/2^{2^k-1})^2 = 1/2^{2^{k+1}-1} .$$

Il reste à voir que l'image de β est l'ensemble des rationnels de $]0,1[$. Supposons par exemple que β_k est toujours dans $[\frac{1}{2},1[$ à partir du rang k_0 , où $\{\beta_1,\beta_2,\dots,\beta_{k_0}\} = \{r_1,r_2,\dots,r_{i_0}\} \cup \{s_1,s_2,\dots,s_{j_0}\}$, avec $i_0 \geq 1$, alors $\beta_1^{2^k}\beta_2^{2^{k-1}}\dots\beta_k^2 r_{i_0+1} < 1/2^{2^{k+1}-1}$, pour $k > k_0$, soit en posant γ_k égal à $1/(2^{2^{k+1}-1})\beta_1^{2^k}\dots\beta_k^2$ on obtient $\gamma_k \leq 1$ et $\gamma_{k+1} = \gamma_k^2/2\beta_{k+1} < \gamma_k^2$, puisque β_{k+1} est de la forme s_j , avec $j > 1$ et $s_1 = \frac{1}{2}$. Ainsi $r_{i_0+1} < \gamma_k$, quel que soit $k > k_0$, d'où $r_{i_0+1} = 0$, ce qui est absurde, ainsi β recouvre tous les rationnels de $]0,\frac{1}{2}[$. Si β ne recouvre pas tous les rationnels de $[\frac{1}{2},1[$ alors il existe un certain rang k_0 tel que pour $k > k_0$ on ait $\beta_k = r_{i_0+k-k_0}$. En posant $\delta_k = (2^{2^{k+1}-1})\beta_1^{2^k}\dots\beta_k^2\beta_{k+1} \geq 1$, pour $k \geq k_0$, on voit que $1 \leq 2\delta_k^2.r_{i_0+k+1-k_0} = 2\delta_k^2.\beta_{k+1} = \delta_{k+1} = \delta_k^2$, donc $r_{i_0+n} \geq 1/2\delta_{k_0}^{2^n}$ pour tout entier $n \geq 1$. Si on choisit une suite arbitraire (n_k) d'entiers distincts non nuls et si on définit r sur cette suite par des conditions $r_{n_k} \leq \exp(-2^{2^{n_k}})$, avec r_{n_k} rationnel, ce qui est toujours possible, on peut alors prolonger r en une bijection de $\mathbb{N} \setminus \{0\}$ sur les rationnels de $]0,\frac{1}{2}[$. Avec cette bijection r ainsi obtenue on constate que le dernier cas étudié est impossible, donc que l'image de β est l'ensemble des rationnels de l'intervalle $]0,1[$.

Construisons maintenant l'exemple de l'algèbre sans éléments quasi-nilpotents où le rayon spectral est discontinu sur certaines droites. Prenons H_1 un espace de Hilbert ayant une base orthonormale $\{e_n\}_{n\in\mathbb{N}}$ et H_2 un espace de Hilbert ayant aussi une base orthonormale dénombrable mais indexée d'une autre façon, soit $\{f_{i_1,i_2,\dots,i_n,k}\}$ où i_j vaut 0 ou 1 et où $1 \leq k \leq n$. On prend $H = H_1 \oplus H_2$ et on définit T_j sur H , pour j égal à 0 ou 1 , par $T_{j|H_1} = a_j$, où les a_j ont été définis au début de l'exemple, et:

$$T_j(f_{i_1,i_2,\dots,i_n,k}) = \begin{cases} 0 & , \text{ si } i_k \neq j \\ \frac{1}{4}\, f_{i_1,i_2,\dots,i_n,k+1} & , \text{ si } i_k = j ,\ k < n \\ \frac{1}{4}\, f_{i_1,i_2,\dots,i_n,1} & , \text{ si } i_k = j ,\ k = n . \end{cases}$$

Par construction $||(T_0-\lambda T_1)_{|H_2}|| \leq \frac{1}{4}$ pour $|\lambda| \leq 1$. Soit G_k dans $\mathcal{L}(H)$ le plus petit sous-espace vectoriel fermé contenant tous les $T_{i_k}T_{i_{k-1}}\ldots T_{i_1}$, où i_j vaut 0 ou 1 et soit $G_0 = \mathbb{C}Id$. Posons B égal à l'ensemble des suites (s_i) , où $s_i \in G_i$ et $\sum||s_i|| < +\infty$, muni de l'addition, du produit par les nombres complexes et de la convolution. On vérifie sans difficultés que c'est une algèbre de Banach pour la norme $||(s_i)|| = \sum||s_i||$. Il est clair que $(0,T_0-\lambda T_1,\ldots)$ tend vers $(0,T_0,\ldots)$ dans B quand λ tend vers 0 . De plus $\rho((0,\ldots,0,S_k,0,\ldots)) = \lim_{n\to\infty} ||(0,\ldots,0,S_k,0,\ldots)^n||^{1/n} = \lim_{n\to\infty} ||(0,\ldots,0,S_k^n,0,\ldots)|| = \lim_{n\to\infty} ||S_k^n||^{1/n} = \rho(S_k)$. Ainsi $\rho((0,T_0-\lambda T_1,0,\ldots)) = \rho(T_0-\lambda T_1) \leq \frac{1}{4}$, pour λ rationnel entre 0 et 1 , car $T_0-\lambda T_1$ est nilpotent quand on le restreint à H_1 . En plus $\rho((0,T_0,0,\ldots)) = \rho(T_0) \geq \rho(T_{0|H_1}) \geq \frac{1}{2}$, donc le rayon spectral est discontinu sur une droite. Il reste à prouver que B est sans éléments quasi-nilpotents. Soit $(S_0,S_1,\ldots)$ un élément quasi-nilpotent non nul de B , dénotons par k le plus petit indice pour lequel S_k est non nul, alors $||(S_1,S_2,\ldots)^n|| \geq ||S_k^n||$ donc S_k est quasi-nilpotent. Comme S_k est dans G_k , S_k est limite pour la norme de $\mathcal{L}(H)$ de $S_k^{(r)}$ où les $S_k^{(r)}$ sont des sommes finies de termes $\lambda^{(r)}_{i_1,i_2,\ldots,i_k} T_{i_k}\ldots T_{i_1}$. Comme S_k est quasi-nilpotent et que les $f_{i_1,i_2,\ldots,i_k,1}$ sont vecteurs propres des S_k , puisque $T_{i_k}\ldots T_{i_1}(f_{i_1,\ldots,i_k,1}) = (1/4)^k f_{i_1,\ldots,i_k,1}$, on déduit que l'on a $0 = S_k(f_{i_1,\ldots,i_k,1}) = \lim S_k^{(r)}(f_{i_1,\ldots,i_k,1})$, ce qui implique donc d'après ce qui précède que $\lim \lambda^{(r)}_{i_1,\ldots,i_k}(1/4)^k f_{i_1,\ldots,i_k,1} = 0$, c'est-à-dire que $\lambda^{(r)}_{i_1,\ldots,i_k}$ tend vers 0 quand r tend vers l'infini, quel que soit le choix des $i_1,\ldots,i_k$ égaux à 0 ou 1 . Après quelques calculs on obtient que $S_k(f_{i_1,\ldots,i_k,s}) = 0$ et que $S_k(e_m) = 0$, soit $S_k = 0$, ce qui est absurde.

Exemple de C. Apostol [7]. *Pour un espace de Hilbert H il existe une sous-algèbre fermée de $\mathcal{L}(H)$ où le rayon spectral est continu mais où le spectre est discontinu.* Nous ne donnerons pas tous les détails de cet exemple, ce qui nous entraînerait trop loin, renvoyant à l'article cité pour de plus amples informations. Nous pouvons supposer que $H = \ell^2(\mathbb{Z})$ muni de sa base orthonormale traditionnelle $\{\xi_n\}_{n\in\mathbb{Z}}$, soit A l'algèbre engendrée dans $\mathcal{L}(H)$ par $\mathcal{LC}(H)$ et l'opérateur de décalage traditionnel u défini par $u\xi_n = \xi_{n+1}$. Pour $t \in \mathcal{L}(H)$ on dénotera par $\bar{t}$ l'image de t dans l'algèbre de Calkin $\mathcal{L}(H)/\mathcal{LC}(H)$. Comme $\bar{A}$ l'image de A dans l'algèbre de Calkin est la même chose que l'image de la sous-algèbre fermée engendrée par u on déduit que $\bar{A}$ est commutative. Soit B la sous-algèbre fermée de A engendrée par u , l'opérateur identité et les opérateurs de décalage pondéré compacts définis par la base. $\bar{B}$ est une sous-algèbre de $\bar{A}$. D'après la théorie des opérateurs sur un espace de Hilbert on sait que pour tout $\bar{t} \in \bar{B}$ il existe une fonction $\phi_{\bar{t}}$ continue sur le disque unité fermé de $\mathbb{C}$ et holomorphe sur le disque unité ouvert telle que $\bar{t} = \phi_{\bar{t}}(\bar{u})$, $||\bar{t}|| = ||\phi_{\bar{t}}|| = \rho(\bar{t})$. En plus $\bar{t} \to \phi_{\bar{t}}$ est un isomorphisme de $\bar{B}$ sur l'algèbre des fonctions continues sur le disque unité fermé et holomorphes sur le disque unité ouvert. Soient P et Q les opérateurs linéaires bornés sur B définis par $P(t) = \phi_{\bar{t}}(u)$ et $Q(t) = t-\phi_{\bar{t}}(u)$. Comme $||P(t)|| = ||\phi_{\bar{t}}(u)|| = ||\phi_{\bar{t}}(\bar{u})|| = ||\bar{t}|| \leq ||t||$, on voit que $||P|| = 1$. Il est clair que $PQ = QP = 0$ et $P(t)+Q(t) = t$, pour tout t dc B . Montrons que $Q(B) = \text{Rad } B = B \cap \mathcal{LC}(H)$. Comme $\phi_{\bar{0}} = 0$ on obtient que $B \cap \mathcal{LC}(H) \subset Q(B)$. Mais on a aussi $\bar{t} - \overline{\phi_{\bar{t}}(u)} = 0$ donc $Q(t) \in \mathcal{LC}(H)$, pour tout t de B , ce qui implique $Q(B) = B \cap \mathcal{LC}(H)$. Soit x donné dans $B \cap \mathcal{LC}(H)$, il est facile de vérifier que dans la représentation matricielle de x tous les coefficients sous et sur la diagonale principale sont nuls, donc x est quasi-nilpotent. Réciproquement si t dans B est quasi-nilpotent alors $\bar{t}$ l'est aussi dans $\bar{B}$ qui est commutative et sans radical donc $t \in \mathcal{LC}(H)$. En définitive $B \cap \mathcal{LC}(H)$ est un idéal de B , contenu dans l'ensemble des éléments quasi-nilpotents, donc égal à $\text{Rad } B$. Si $\dot{t}$ dénote la classe de t dans $B/\text{Rad } B$, de ce qui précède il résulte que $\dot{t} \to \bar{t}$ est une isométrie de $B/\text{Rad } B$ sur $\bar{B}$, d'où il résulte que $B/\text{Rad } B$ est commutative. En effet il est clair que c'est un morphisme d'algèbres sur $\bar{B}$, de plus $||\bar{t}|| \leq \text{Inf } ||t+k||$, pour $k \in \mathcal{LC}(H)$, soit $||\bar{t}|| \leq ||\dot{t}||$, qui avec l'autre inégalité $||\bar{t}|| = ||\phi_{\bar{t}}(u)|| \geq \text{Inf } ||\phi_{\bar{t}}(u)+x||$, pour $x \in B \cap \mathcal{LC}(H) = \text{Rad } B$, donne le résultat. Pour α réel, définissons t_α dans B par $t_\alpha \xi_{-1} = \alpha\xi_{-1}$ et $t_\alpha \xi_n = \xi_{n-1}$, pour $n \neq -1$. Le spectre de t_0 est le disque unité fermé et celui de t_α , pour $\alpha \neq 0$, est le cercle unité, ainsi la fonction spectre relativement à $\mathcal{L}(H)$ est discontinue sur B puisque t_α tend vers t_0 quand α tend vers 0 avec $\alpha \neq 0$. L'algèbre A est pleine, c'est-à-dire que le spectre relativement à A d'un élément de A est le même que le spectre relativement à $\mathcal{L}(H)$, en conséquence la fonction spectre $t \to \text{Sp}_A\, t$ est discontinue sur A puisqu'elle est discontinue en chaque point de B . Il reste maintenant à prouver que le rayon spectral est continu sur A . Soit (s_n) une suite d'éléments de A tendant vers s . Si $\rho(\bar{s}) = \rho(s)$ alors $\underline{\lim}_{n\to\infty} \rho(s_n) \geq \underline{\lim}_{n\to\infty} \rho(\bar{s}_n) = \rho(\bar{s}) = \rho(s)$, puisque ρ est continu sur $\bar{A}$. Si $\rho(\bar{s}) < \rho(s)$ alors il existe un point isolé μ du spectre de s tel que $|\mu| = \rho(s)$ et dans ce cas, d'après le théorème de Newburgh, on a $\lim_{n\to\infty} d(\mu, \text{Sp } s_n) = 0$, ce qui implique $\underline{\lim}_{n\to\infty} \rho(s_n) \geq \rho(s)$. En appliquant la semi-continuité supérieure du spectre on obtient donc la continuité du rayon spectral sur A .

En fait, dans l'exemple, nous avons prouvé beaucoup plus à savoir que $t \to \text{Sp}_B\, t$ est uniformément continu sur B alors que la fonction spectre relative à $\mathcal{L}(H)$ est discontinue en certains points de B .

Exemple de P.G. Dixon [68]. *Il existe une algèbre de Banach sans radical contenant une sous-algèbre dense d'éléments nilpotents, ce qui évidemment implique la discon-*

tinuité de la fonction spectre en chaque élément non quasi-nilpotent. Soit (e_n) une suite dénombrable d'éléments, on définit une multiplication sur les e_n avec les seules conditions que tous les monômes $e_{i_1}\dots e_{i_r}$ sont nuls s'ils contiennent plus de n fois le terme e_n, où n est le *degré* du monôme, c'est-à-dire le plus grand i tel que e_i figure dans le monôme. Si on dénote par (m_i) la suite des monômes non nuls ainsi construits on appellera A_0 l'algèbre des sommes finies $\sum \lambda_i m_i$, où $\lambda_i \in \mathbb{C}$ et A l'algèbre des sommes $x = \sum_{i=1}^{\infty} \lambda_i m_i$, telles que $\sum_{i=1}^{\infty} |\lambda_i| < +\infty$, avec la norme $||x|| = \sum_{i=1}^{\infty} |\lambda_i|$. Il est facile de vérifier que A est une algèbre de Banach et que A_0 est dense dans A. Commençons par prouver que tout produit de $(n+1)!$ monômes de degré inférieur ou égal à n est nul. On raisonne par récurrence sur n. Si $n = 1$ c'est évident d'après la définition du produit. Supposons donc le résultat vrai pour le degré inférieur ou égal à $n-1$ et montrons-le pour n. Soit $m_1\dots m_q$ un produit de $q = (n+1)!$ monômes de degré $\leq n$. Appelons $i_1,\dots,i_r$ les indices entre 1 et q pour lesquels $\deg(m_{i_1}) = \dots = \deg(m_{i_r}) = n$, ce qui veut dire que $\deg(m_i) \leq n-1$ pour les autres indices entre 1 et q. On peut supposer $r \leq n$ car sinon e_n est au moins $n+1$ fois dans le produit qui est donc nul. De l'ensemble des entiers $1,2,\dots,q$ qui a $(n+1)!$ éléments si on ôte au plus n éléments il reste au plus $n+1$ *boîtes*, c'est-à-dire sous-ensembles maximaux d'entiers consécutifs. Si chaque boîte a au plus $n!-1$ éléments alors $(n+1)! \leq n + (n+1)(n!-1) = (n+1)!-1$ ce qui est absurde, ainsi il existe une boîte ayant au moins $n!$ entiers consécutifs $r+1, r+2, \dots, r+n!$. Comme ces indices correspondent à des monômes de degré $\leq n-1$, on peut appliquer l'hypothèse de récurrence pour déduire que $m_{r+1}.m_{r+2}\dots m_{r+n!} = 0$, donc que le produit $m_1 m_2\dots m_q$ est nul. En conséquence si $p = \lambda_1 m_1 + \dots + \lambda_k m_k$ est dans A_0 avec $\text{Max} \deg(m_i) \leq n$, on a $p^{(n+1)!} = 0$, donc A_0 est nilpotente. En fait cette relation est la meilleure possible dans la mesure où il existe un p de A_0 de degré n tel que $p^{(n+1)!-1} \neq 0$, il suffit de prendre $p = e_1 + \dots + e_n$. La seule chose qui reste à prouver est que $\text{Rad}\, A = \{0\}$. Pour cela, d'après le théorème I.2, il suffit de prouver que pour tout $x \neq 0$ il existe y de A tel que $\rho(xy) \neq 0$. Soit $x = \sum_{i=1}^{\infty} \lambda_i m_i$ dans A, supposons par exemple que $\lambda_1 \neq 0$ et soit $N > \deg(m_1)$, posons $y = \sum_{i=0}^{\infty} e_{N+i}/2^i$, ce qui a bien un sens car $||e_{N+i}/2^i|| = 1/2^i$, et calculons, pour n entier quelconque, le terme $(xy)^n$. Cela va donner une combinaison linéaire de monômes de la forme:

(1) $$m_{k_1} e_{N+j_1} m_{k_2} e_{N+j_2} \dots m_{k_n} e_{N+j_n}$$

où $k_1,\dots,k_n$ sont des entiers ≥ 1 et $j_1,\dots,j_n$ des entiers ≥ 0. Comme cas particuliers il y a les monômes de la forme:

(2) $$m_1 e_{N+j_1} m_1 e_{N+j_2} \dots m_1 e_{N+j_n} .$$

Si dans (1) l'un des m_k contient un e_r avec $r \geq N$ alors le nombre total de ces e_r dans (1) est supérieur à n, donc nécessairement (1) est différent de (2) où le nombre de tels e_r est au plus N. D'un autre côté si $\deg(m_k) < N$ pour chaque m_k figurant dans (1) alors (1) et (2) ne peuvent être égaux que si $m_{k_i} = m_1$, pour $1 \leq i \leq n$. Donc les monômes de la forme (2) sont distincts des autres monômes et ainsi deux suites $(j_1, j_2, \ldots)$ différentes donnent des monômes (2) distincts. Ainsi $||(xy)^n||$ est supérieur ou égal au module du coefficient d'un des monômes de la forme (2) pouvu que la suite $(j_1, j_2, \ldots, j_n)$ soit choisie de façon que (2) soit non nul. Si on prend $j_r = \text{Max}\,\{i \mid N^i \text{ divise } r\}$ cela marche et on obtient $||(xy)^n|| \geq 2^{-t}|\lambda_0|^n$ où $t = \dfrac{a_s(N^s-1)+\ldots+a_1(N-1)}{N-1} \leq \dfrac{n}{N-1}$ si l'on a la décomposition $n = a_sN^s + \ldots + a_1N + a_0$, où les $a_0, \ldots, a_s$ sont des entiers tels que $0 \leq a_0, \ldots, a_s < N$, En conséquence $||(xy)^n||^{1/n} \geq 2^{-1/N-1}|\lambda_0|$, c'est-à-dire que xy n'est pas quasi-nilpotent.

En rapport avec les algèbres de groupes nous verrons à la fin du chapitre 4 un autre exemple de discontinuité spectrale dû à J.B. Fountain, R.W. Ramsay et J.H. Williamson [81].

2 CARACTÉRISATION DES ALGÈBRES DE BANACH COMMUTATIVES

Historiquement, c'est C. Le Page [143] qui a lancé l'étude des diverses caractérisations des algèbres de Banach commutatives, si l'on excepte le résultat assez particulier des algèbres stellaires que nous citerons dans le § 3. Dans la première partie, nous donnons tous les travaux subséquents, en particulier ceux que nous avons obtenus dans [16], qui ont l'avantage d'être des conditions nécessaires et suffisantes. A l'origine nous les avions démontrés de façon purement calculatoire comme nous l'avions annoncé, en 1971, dans les *Notices of the American Mathematical Society*, volume 18, page 191. Dans la deuxième partie, nous citons les deux fameux problèmes de R.A. Hirschfeld et W. Żelazko, puis nous obtenons quelques réponses partielles pour certains cas particuliers. Mais surtout nous prouvons qu'en général le second problème est faux. La troisième partie est un pot-pourri de résultats de commutativité de diverses sortes. Le plus important de tous est celui de H. Behncke et A.S. Nemirovskiĭ sur la commutativité des algèbres de groupes. Nous avons pu le généraliser sous une forme qui englobe le cas particulier des algèbres stellaires et ceux étudiés dans [17].

§1. *Caractérisation par la norme et le spectre.*

THEOREME 1 (Le Page). *Pour qu'une algèbre de Banach* A *, avec unité, soit commutative, il faut et il suffit qu'il existe* $k > 0$ *tel que* $||xy|| \leq k\ ||yx||$ *, quels que soient* x,y *dans* A *.*

Démonstration.- Pour la condition nécessaire on prend $k = 1$. Réciproquement soit f une forme linéaire continue sur A et x,y dans A , alors la fonction $\lambda \to \phi(\lambda)$ $= f(e^{\lambda x}ye^{-\lambda x})$ vérifie $|\phi(\lambda)| \leq ||f||.||e^{\lambda x}ye^{-\lambda x}|| \leq k||f||.||y||$, donc d'après le théorème de Liouville pour les fonctions entières cette fonction est constante, d'où $\phi(\lambda) - f(y) = \lambda f([x,y] + \frac{\lambda}{2}[x,[x,y]]+\ldots) \equiv 0$, quel que soit $\lambda \in \mathbb{C}$, ainsi $f([x,y]) = 0$, soit, d'après le théorème de Hahn-Banach, $xy = yx$. □

Dans la remarque suivant le lemme 3 de [9], R. Arens avait fait allusion à une telle hypothèse $||xy|| \le k\,||yx||$, mais sans savoir qu'elle impliquait la commutativité. Dans [29], ce résultat de C. Le Page a été presque trivialement généralisé par J.W. Baker et J.S. Pym.

CORROLAIRE 1 (Le Page). *Soient A une algèbre de Banach avec unité et* $k > 0$ *tels que* $k\rho(x) \ge ||x||$ *, quel que soit* x *dans A , alors A est commutative.*

Démonstration. - Il suffit de remarquer que $||xy|| \le k\rho(xy) = k\rho(yx) \le k||yx||$, d'après le corollaire 1.1.1. □

COROLLAIRE 2. *Soient A une algèbre de Banach avec unité et* $k > 0$ *tels que* $k\,||x^2|| \ge ||x||^2$ *, quel que soit* x *dans A , alors A est commutative.*

Démonstration. - Il suffit de montrer par récurrence que $||x||^{2^n} \le k^{2^n-1}||x^{2^n}||$, donc que $||x|| \le k\rho(x)$. □

En utilisant le fait que $\rho(x+\lambda) \ge (\rho(x) + |\lambda|)/3$ sur $\tilde{A}$ (voir le lemme 1.1.4), R.A. Hirschfeld et W. Żelazko [108] ont pu étendre les corollaires 1 et 2 au cas sans unité. Nous donnerons une autre démonstration de cela dans le lemme 2.1.2.

Rappelons que le *rayon numérique* d'un élément x d'une algèbre de Banach avec unité est défini par $v(x) = \mathrm{Sup}|f(x)|$, pour toutes les formes linéaires continues f telles que $||f|| = f(1) = 1$. On sait, voir par exemple [45], théorème 14, page 56 ou [46], théorème 1, page 34, que l'on a $||x||/e \le v(x) \le ||x||$, quel que soit x (voir aussi la démonstration plus simple de Gh. Mocanu [154]). Ainsi:

COROLLAIRE 3 (Bonsall-Duncan [46], Srinivasacharyulu [201]). *Soient A une algèbre de Banach avec unité et* $k > 0$ *tels que* $k\rho(x) \ge v(x)$ *, quel que soit* x *dans A , alors A est commutative.*

Rappelons qu'une algèbre de Banach est dite *involutive* si elle est munie d'une *involution* c'est-à-dire d'une application $x \to x^*$ de A dans A telle que:

a) $(x^*)^* = x$, quel que soit x dans A
b) $(x+y)^* = x^* + y^*$, quels que soient x,y dans A
c) $(\lambda x)^* = \bar{\lambda}x^*$, quels que soient x dans A et λ dans $\mathbb{C}$
d) $(xy)^* = y^*x^*$, quels que soient x,y dans A .

Il n'est pas difficile de voir que $\mathrm{Sp}\,x^* = \overline{\mathrm{Sp}\,x}$, donc que $\rho(x^*) = \rho(x)$. Dans toute la suite du livre un élément sera dit *hermitien* si $x = x^*$, *normal* si $xx^* = x^*x$, *unitaire* si $xx^* = x^*x = 1$.

COROLLAIRE 4. *Soient* A *une algèbre de Banach involutive et* $k > 0$ *tels que* $k\rho(P(x,x^*)) \geq ||P(x,x^*)||$ *, pour tout polynôme* P *des variables non commutatives* x,x^* *, où* x *est dans* A *, alors* x *est normal.*

Démonstration. - Appelons B la sous-algèbre fermée involutive engendrée par x et x^* . Si y est dans B il existe une suite de polynômes $P_n(x,x^*)$ convergeant vers y , mais alors d'après la semi-continuité supérieure de ρ on a $k\rho(y) \geq \overline{\lim\limits_{n\to\infty}}\, k\rho(P_n(x,x^*)) \geq \lim\limits_{n\to\infty} ||P_n(x,x^*)|| = ||y||$, et alors on applique le corollaire 1. □

Ce résultat généralise ainsi ceux obtenus par R.G. Douglas et P. Rosenthal [71] et par S.K. Berberian [42]. Le corollaire qui suit a été d'abord démontré par R.A. Hirschfeld et W. Żelazko ainsi que par A.S. Nemirovskiǐ.

COROLLAIRE 5. *Si* A *est une algèbre de dimension finie sans éléments nilpotents alors* A *est commutative.*

Démonstration. - Comme $\tilde{A} = A \times \mathbb{C}$, l'algèbre $\tilde{A}$ est de dimension finie. Elle est sans éléments nilpotents car $(\lambda + x)^n = \lambda^n + n\lambda^{n-1} + \ldots + x^n = 0$ implique $\lambda^n = 0$, donc $\lambda = 0$, soit $x^n = 0$, c'est-à-dire $x = 0$. Comme la boule unité de $\tilde{A}$ est compacte il existe $k > 0$ tel que $1/k = \mathrm{Inf}\, ||x^2||$, pour $||x|| = 1$. Alors d'après le corollaire 2, $\tilde{A}$ est commutative donc aussi A . □

COROLLAIRE 6. *Si* A *est une algèbre de Banach algébrique, sans éléments nilpotents, alors* A *est commutative.*

Démonstration. - Nous verrons, d'après le théorème 3.2.1, que $A/\mathrm{Rad}\, A$ est de dimention finie, mais $\mathrm{Rad}\, A = \{0\}$, car si $x \neq 0$ est dans le radical il existe $\alpha_k , \ldots , \alpha_n$, avec $\alpha_k \neq 0$, et $k \geq 1$ tels que $\alpha_k x^k + \ldots + \alpha_n x^n = 0$, donc $x^k(\alpha_k + \ldots + \alpha_n x^{n-k}) = 0$, mais la parenthèse est inversible donc $x^k = 0$, ce qui est absurde. On applique alors le corollaire précédent. □

Ce résultat est en fait un cas particulier du célèbre théorème de N. Jacobson qui affirme qu'une algèbre algébrique sans éléments nilpotents est commutative.

Le théorème 1 est faux si A n'a pas d'unité comme l'exemple suivant le montre. On considère l'ensemble des matrices de la forme

$\begin{pmatrix} 0 , & b , & {}^tb \\ 0 , & 0 , & b \\ 0 , & 0 , & 0 \end{pmatrix}$ où $b \in M_2(\mathbb{C})$ et où ${}^tb$ désigne la transposée de b , et on constate que l'inégalité sur la norme est bien vérifiée avec $k = 1$. Si on veut établir un analogue de ce théorème, quand A n'a pas d'unité, il faut poser la condition plus artificielle $||z + xzy|| = ||z + yzx||$, quels que soient x,y,z dans A. Cette condition implique évidemment celle du théorème 1, lorsque A a une unité, car $||xy|| = \lim_{n\to\infty} ||\frac{1}{n} + x\,\frac{1}{n}(ny)||$ et de la même façon $||yx|| = \lim_{n\to\infty} ||\frac{1}{n} + (ny)\frac{1}{n}\,x||$.

Malheureusement ces résultats ne caractérisent qu'une classe particulière d'algèbres de Banach commutatives, à savoir celles pour lesquelles le rayon spectral est une norme équivalente à $||\ ||$. D'après le théorème de Gelfand, ce sont, à une norme équivalente près, les sous-algèbres fermées de $\mathcal{C}(K)$, pour K localement compact, que, traditionnellement, on appelle les *algèbres de fonctions* ou *algèbres uniformes*. Mais il existe des algèbres de Banach sans radical qui ne sont pas de ce type, par exemple $L^1(G)$ (voir le théorème 4.4.3). Aussi est-il nécessaire de trouver une caractérisation qui englobe toutes les algèbres commutatives.

LEMME 1. *Si quels que soient x,y dans A, $Sp(xy-yx)$ a un seul point, alors A/Rad A est commutative.*

Démonstration. - Soit Π une représentation irréductible continue de A sur X, où X est un espace de Banach. Si $\dim X = 1$, quel que soit Π, alors on a $\Pi(xy - yx) = 0$, donc $xy - yx$ dans l'intersection des noyaux des représentations irréductibles continues de A, autrement dit $xy - yx \in \text{Rad } A$. Supposons donc que $\dim X > 1$, d'après le théorème de densité de Jacobson (théorème I.3), pour ξ,η indépendants dans X, il existe x,y dans A tels que $\Pi(x)\xi = \eta$, $\Pi(x)\eta = 0$, $\Pi(y)\xi = 0$, $\Pi(y)\eta = \xi$, d'où $\Pi(xy - yx)\xi = -\xi$ et $\Pi(xy - yx)\eta = \eta$, donc 1 et -1 sont dans $Sp\,\Pi(xy - yx)$ qui est inclus dans $Sp(xy - yx)$, ce qui est absurde. □

D'une façon générale si $\# Sp(xy - yx) \leq n$, pour x,y dans A et n entier donné, alors toutes les représentations irréductibles de A sont de dimension inférieure ou égale à n, auquel cas A/Rad A vérifie une identité polynomiale et la fonction spectre est continue sur A (voir théorème 5.1.6), mais en général A/Rad A n'est pas commutative.

COROLLAIRE 7 (Le Page). *Si $\rho(xy - yx) = 0$ quels que soient x,y dans A alors A/Rad A est commutative.*

Si on dénote par Z(A) l'ensemble des x tels que l'on ait $xy - yx \in \text{Rad } A$, pour tout y de A, en modifiant légèrement l'argument de la démonstration du lemme 1.3.2 on peut améliorer le corollaire précédent par le:

COROLLAIRE 8. *Soit x dans A , si $\rho(xy - yx) = 0$ pour tout y de A , alors $x \in Z(A)$.*

Démonstration. - Soit Π une représentation irréductible sur l'espace de Banach X , si $\Pi(x)$ n'est pas de la forme $\lambda\Pi(1)$, avec $\lambda \in \mathbb{C}$, comme dans la démonstration du lemme 1.3.2 on déduit que $1 \in \mathrm{Sp}[\Pi(x),\Pi(y)]$, pour un certain y , ce qui est absurde puisque $[\Pi(x),\Pi(y)]$ est quasi-nilpotent. Donc $xz - zx \in \mathrm{Ker}\,\Pi$, pour toute représentation irréductible Π et pour tout z de A , autrement dit $x \in Z(A)$. □

Le corollaire 7 est en fait une généralisation spectrale, pour les algèbres de Banach, du théorème algébrique de I.N. Herstein ([103], théorème 3.1.3, page 74) qui affirme que si A est un anneau tel que pour tous x,y dans A il existe un entier $n(x,y) > 1$ pour lequel $xy - yx = (xy - yx)^{n(x,y)}$, alors A est commutatif.

LEMME 2. *Si $|\ |$ est une semi-norme sur A telle que $|x| \le \rho(x)$, pour tout x de A , alors $|xy - yx| = 0$, quels que soient x,y dans A .*

Démonstration. - a) Soit $\lambda \to f(\lambda)$ une fonction analytique de $\mathbb{C}$ dans A , alors $\lambda \to |f(\lambda)|$ est continue car $||f(\lambda)|-|f(\mu)|| \le |f(\lambda)-f(\mu)| \le \rho(f(\lambda)-f(\mu)) \le ||f(\lambda)-f(\mu)||$. Elle est sous-harmonique car d'après la formule intégrale de Cauchy on a $|f(\lambda_0)| \le (1/2\pi)\int_0^{2\pi}|f(\lambda_0+re^{i\theta})|d\theta$, pour $r > 0$.

b) Soient x,y dans A et soit :

$$f(\lambda) = e^{\lambda x}.y.e^{-\lambda x} = y + \lambda[x,y] + \frac{\lambda^2}{2!}[x,[x,y]] + \ldots \in A .$$

C'est une fonction analytique de $\mathbb{C}$ dans A même si A n'a pas d'unité. Ainsi $|y + \lambda[x,y] + \frac{\lambda^2}{2!}[x,[x,y]] + \ldots| \le \rho_A(e^{\lambda x}\, y\, e^{-\lambda x}) = \rho_{\tilde{A}}(e^{\lambda x}\, y\, e^{-\lambda x}) = \rho(y)$. Donc:

$$\phi(\lambda) = |[x,y] + \frac{\lambda}{2}[x,[x,y]] + \ldots| \le \frac{|y| + \rho(y)}{|\lambda|} .$$

Mais ϕ est sous-harmonique, d'après a), et tend vers 0 quand $|\lambda|$ tend vers l'infini donc, d'après le théorème de Liouville pour les fonctions sous-harmoniques (théorème II.5), on a $\phi \equiv 0$, soit $|[x,y]| = 0$. □

Nous avons aussi donné de ce résultat une démonstration n'utilisant pas les fonctions sous-harmoniques, analogue à celle du théorème 1, qui a été retrouvée par H. Boyadžiev [49].

COROLLAIRE 9 (Mocanu [153]). *Si pour une algèbre de Banach A il existe une seconde norme $||\ ||_1$ et $k > 0$ tels que $k\rho(x) \ge ||x||_1$, quel que soit x dans A , alors A est commutative.*

Nous appliquerons le lemme 2 pour caractériser, au chapitre 4, les algèbres symétriques commutatives. Il peut aussi être utilisé pour étendre au cas non commutatif le théorème de Gleason-Kahane-Żelazko dont nous avons parlé au chapitre 1, § 3, et qui peut se mettre sous la forme équivalente suivante en prenant la composée de T et d'un caractère de B : si f est une forme linéaire sous une algèbre commutative A, qui ne s'annule sur aucun élément inversible, alors il existe $\alpha \in \mathbb{C}$ et un caractère χ de A tels que $f = \alpha.\chi$. Si A n'est pas commutative, après normalisation de f par $f(1) = 1$, on montre aussi que $f(x^2) = f(x)^2$, pour $x \in A$. Puis ensuite définissons sur A la semi-norme $|x| = |f(x)|$, comme f est continue il existe $\beta > 0$ tel que $|f(x)| \leq \beta \,||x||$, donc $|f(x^{2^n})| = |f(x)|^{2^n} \leq \beta ||x^{2^n}||$ quel que soit x dans A et n entier, ainsi $|x| \leq \rho(x)$. En appliquant le lemme on obtient $f(xy) = f(yx)$, quels que soient x,y dans A, ainsi $f(xy) = f((x+y)^2-(x-y)^2)/2 = (f(x+y)^2-f(x-y)^2)/2 = f(x)f(y)$.

LEMME 3. *Pour* $x \in A$ *soit* $\gamma(x) = (1/2\pi)\int_0^{2\pi} \mathrm{Log}\, \rho(\exp(e^{i\theta}x))d\theta$. *Cette fonction a les propriétés suivantes :*

- 1° $0 \leq \gamma(x) \leq \rho(x)$, *quel que soit* x *dans* A.
- 2° $\gamma(x) = 0$ *implique* $\# \mathrm{Sp}\, x = 1$.
- 3° *Si* $\lambda \to f(\lambda)$ *est une fonction analytique d'un domaine* D *de* $\mathbb{C}$ *dans* A *alors* $\lambda \to \gamma(f(\lambda))$ *est sous-harmonique.*

Démonstration. - Comme $1 \leq \rho(\exp(e^{i\theta}x))\, \rho(\exp(e^{i\theta+i\pi}x))$ il est immédiat que $\gamma(x) \geq 0$. L'autre inégalité résulte du fait que $\rho(\exp(e^{i\theta}x)) \leq \exp(\rho(e^{i\theta}x)) = \exp(\rho(x))$. Posons $\psi(\theta) = \mathrm{Log}\, \rho(\exp(e^{i\theta}x)) + \mathrm{Log}\, \rho(\exp(-e^{i\theta}x)) \geq 0$. Comme ρ est continu sur la sous-algèbre commutative fermée engendrée par x, la fonction ψ est continue, de plus:

$$\gamma(x) = \int_0^{2\pi} \psi(\theta)d\theta .$$

Donc si $\gamma(x) = 0$, alors $\psi \equiv 0$, ce qui signifie que $\exp(e^{i\theta}x)$ a son spectre contenu dans un cercle de centre 0, donc que $\mathrm{Re}(e^{i\theta}(\lambda-\mu)) = 0$, pour tout θ et λ,μ dans $\mathrm{Sp}\, x$, ainsi $\lambda = \mu$. Le 3° résulte du théorème 1.2.1 et du théorème II.1. □

LEMME 4. *Supposons* A *avec unité et soient* x,y *dans* A *alors on a* $e^{x+y} = \lim\, (e^{\lambda x}e^{\lambda y})^{1/\lambda}$, *pour* λ *tendant vers* 0 *avec* $\lambda \neq 0$, *et il existe une suite* (λ_n) *de nombres réels strictement positifs, tendant vers* 0, *telle que* $\rho(e^{x+y}) = \lim_{n\to\infty} \rho(e^{\lambda_n x}e^{\lambda_n y})^{1/\lambda_n}$.

Démonstration. - Soit $r > 0$ tel que $|\lambda| \leq r$ implique $||e^{\lambda x}e^{\lambda y} - 1|| < 1$. Si $|\lambda| \leq r$ alors $\mathrm{Log}(e^{\lambda x}e^{\lambda y})$ est défini et analytique, d'après le calcul fonctionnel holomorphe. Considérons la fonction définie par:

$f(\lambda) = \exp(\mathrm{Log}(e^{\lambda x}e^{\lambda y})/\lambda)$, si $0 < |\lambda| \leq r$ et

$f(0) = \exp(x+y)$.

Il est facile de voir que f est analytique pour $|\lambda| \leq r$. Comme $\Gamma =]0,r]$ est un ensemble non effilé en 0 (théorème II.11) il existe une suite (λ_n) , avec λ_n sur Γ , telle que $\rho(e^{x+y}) = \lim_{n\to\infty} \rho((e^{\lambda_n x} e^{\lambda_n y})^{1/\lambda_n})$. Mais si Log a est défini et si μ est un nombre réel strictement positif, alors par continuité de ρ sur la sous-algèbre engendrée par a , on a $\rho(a^\mu) = \rho(e^{\mu \mathrm{Log}\, a}) = \rho(a)^\mu$, puisque c'est vrai pour tout rationnel. D'où le résultat. □

En fait ce lemme est une légère amélioration de la formule de Trotter.

LEMME 5. *Soient A une algèbre de Banach sans unité et $c \geq 1$ tels que l'on ait $\rho(xy) \leq c\,\rho(x)\,\rho(y)$, pour x,y dans A , alors $\rho(x+y+xy) \leq \rho(x) + c\,\rho(y) + c\,\rho(x)\,\rho(y)$, pour x,y dans A et $\rho(x'y') \leq 9c\,\rho(x')\,\rho(y')$, pour x',y' dans $\tilde{A}$.*

Démonstration. - Soit $|\lambda| > \rho(x)+c\rho(y)+c\rho(x)\rho(y)$, pour prouver la première inégalité il suffit de montrer que $\lambda-(x+y+xy)$ est inversible dans $\tilde{A}$. En particulier $|\lambda| > \rho(x)$, donc $\lambda-x$ est inversible dans $\tilde{A}$, d'où on a $\lambda-x-y-xy = (\lambda-x) \times (1-(\lambda-x)^{-1}(1+x)y)$, mais $(\lambda-x)^{-1}(1+x) = \frac{1}{\lambda} + \frac{\lambda+1}{\lambda}(\lambda-x)^{-1}x$ dans $\tilde{A}$, donc $\lambda-x-y-xy = (\lambda-x)(1-\frac{y}{\lambda} - \frac{\lambda+1}{\lambda}(\lambda-x)^{-1}xy)$. Mais comme en plus $|\lambda| > c\rho(y) \geq \rho(y)$ il résulte que $1-\frac{y}{\lambda}$ est inversible dans $\tilde{A}$, ainsi $\lambda-x-y-xy = (\lambda-x)(1-\frac{\lambda+1}{\lambda}(\lambda-x)^{-1}xy(1-\frac{y}{\lambda})^{-1})\times(1-\frac{y}{\lambda})$, mais $(\lambda-x)^{-1}x = \sum_{n=0}^{\infty} \frac{x^{n+1}}{\lambda^{n+1}}$ et $y(1-\frac{y}{\lambda})^{-1} = \sum_{n=0}^{\infty} \frac{y^{n+1}}{\lambda^n}$ sont dans A ainsi :

$$\rho(\frac{\lambda+1}{\lambda}(\lambda-x)^{-1}xy(1-\frac{y}{\lambda})^{-1}) \leq c\frac{|1+\lambda|}{|\lambda|}\,\frac{\rho(x)}{|\lambda|-\rho(x)}\cdot\frac{|\lambda|\rho(y)}{|\lambda|-\rho(y)} \leq c(1+|\lambda|)\frac{\rho(x)\rho(y)}{(|\lambda|-\rho(x))(|\lambda|-\rho(y))}$$

Mais cette quantité est strictement inférieure à 1 car on a : $(|\lambda|-\rho(x))(|\lambda|-\rho(y))-c|\lambda|\rho(x)\rho(y)-c\rho(x)\rho(y) = |\lambda|^2-|\lambda|(\rho(x)+c\rho(y)+c\rho(x)\rho(y)) +(c-1)\rho(y)(|\lambda|-\rho(x))$ qui est strictement positif. D'où $\lambda-x-y-xy$ est inversible comme produit d'éléments inversibles. Pour obtenir la deuxième inégalité on écrit x' et y' sous la forme $x' = \lambda(1+x)$ et $y' = \mu(1+y)$, avec λ,μ dans $\mathbb{C}$ et x,y dans A . Alors, d'après ce qui précède:

$\rho(x'y') = |\lambda\mu|\rho(1+x+y+xy) \leq |\lambda\mu|(1+\rho(x)+c\rho(y)+c\rho(x)\rho(y)) = |\lambda\mu|(1+\rho(x))(1+c\rho(y))$, mais, d'après le lemme 1.1.4, on obtient $\rho(x'y') \leq 9c|\lambda\mu|\rho(1+x)\rho(1+y) = 9c\,\rho(x')\rho(y')$. □

THEOREME 2 ([16]). *Soit A une algèbre de Banach, alors les propriétés suivantes sont équivalentes:*

-1° $A/\mathrm{Rad}\,A$ est commutative.

-2° Le rayon spectral est uniformément continu sur A .

-3° Il existe $c > 0$ tel que $|\rho(x) - \rho(y)| \leq c\|x - y\|$, pour x,y dans A .

-4° *Il existe* $c > 0$ *tel que* $\rho(x + y) \le c(\rho(x) + \rho(y))$, *pour* x,y *dans* A .
-5° *Il existe* $c > 0$ *tel que* $\rho(xy) \le c\,\rho(x)\,\rho(y)$, *pour* x,y *dans* A .
-6° *Le diamètre est uniformément continu sur* A .
-7° *Il existe* $c > 0$ *tel que* $|\delta(x) - \delta(y)| \le c||x - y||$, *pour* x,y *dans* A .
-8° *Il existe* $c > 0$ *tel que* $\delta(x + y) \le c(\delta(x) + \delta(y))$, *pour* x,y *dans* A .
Si en plus A *a une unité elles sont équivalentes aux suivantes :*
-9° *Il existe un voisinage* V *de l'unité et* $c > 0$ *tels que pour* x,y *dans* V *on ait* $|\rho(x) - \rho(y)| \le c||x - y||$.
-10° *Il existe un voisinage* V *de l'unité tel que* $\rho(x + y) \le \rho(x) + \rho(y)$, *pour* x,y *dans* V .
-11° *Il existe un voisinage* V *de l'unité tel que* $\rho(xy) \le \rho(x)\,\rho(y)$, *pour* x,y *dans* V .
-12° *Il existe* $c > 0$ *tel que* $\rho(x + y) \le c(\rho(x) + \rho(y))$, *pour* $\rho(1 - x) < 1$ *et* $\rho(1 - y) < 1$.
-13° *Il existe un voisinage* V *de l'unité et* $c > 0$ *tels que pour* x,y *dans* V *on ait* $|\delta(x) - \delta(y)| \le c||x - y||$.
-14° *Il existe un voisinage* V *de l'unité et* $c > 0$ *tels que pour* x,y *dans* V *on ait* $\delta(x + y) \le c(\delta(x) + \delta(y))$.

Démonstration. - 1° implique n°, pour $2 \le n \le 14$. Comme $\mathrm{Sp}\,\dot{x} = \mathrm{Sp}\,x$, où $\dot{x}$ est la classe de x dans $A/\mathrm{Rad}\,A$, il est clair, d'après le lemme 1.1.3, que $\rho(x+y) = \rho(\dot{x}+\dot{y}) \le \rho(\dot{x})+\rho(\dot{y}) = \rho(x)+\rho(y)$, $\rho(xy) = \rho(\dot{x}\dot{y}) \le \rho(\dot{x})\rho(\dot{y}) = \rho(x)\rho(y)$ et $|\rho(x) - \rho(y)| = |\rho(\dot{x})-\rho(\dot{y})| \le \rho(\dot{x}-\dot{y}) = \rho(x-y) \le ||x-y||$. De plus $\delta(x) = \delta(\dot{x}) = \mathrm{Max}|\chi(\dot{x})-\eta(\dot{x})|$, pour tous les caractères χ,η de $A/\mathrm{Rad}\,A$, ainsi $\delta(x+y) \le \delta(x)+\delta(y)$ et $|\delta(x)-\delta(y)| \le \delta(x-y) \le \rho(x-y) \le ||x-y||$, pour x,y dans A .
2° implique 3°. Soit $\varepsilon > 0$, il existe $\alpha > 0$ tel que $||x-y|| < \alpha$ implique $|\rho(x)-\rho(y)| < \varepsilon$. Posons $a = \alpha x/2||x-y||$ et $b = \alpha y/2||x-y||$, en supposant $x \ne y$, alors $||a-b|| < \alpha$, donc $|\rho(x)-\rho(y)| \le (2\varepsilon/\alpha)||x-y||$, d'où le résultat.
3° implique 1°. Pour $x,y \in A$ posons $f(\lambda) = e^{\lambda x}ye^{-\lambda x}$ qui est une fonction analytique de $\mathbb{C}$ dans A , même si A n'a pas d'unité. Pour la fonction $g(\lambda) = (e^{\lambda x}ye^{-\lambda x}-y)/\lambda = [x,y]+ \frac{\lambda}{2}[x,[x,y]]+ \ldots$ on a :

$$\rho(g(\lambda)) \le \frac{\rho(e^{\lambda x}ye^{-\lambda x})+c||y||}{|\lambda|} = \frac{\rho_{\tilde{A}}(e^{\lambda x}\dot{y}e^{-\lambda x})+c||y||}{|\lambda|} = \frac{\rho(y)+c||y||}{|\lambda|} .$$

D'après le théorème de Liouville pour les fonctions sous-harmoniques, on a donc $\rho(g(\lambda)) \equiv 0$, soit $\rho([x,y]) = 0$ et on applique le corollaire 7.
4° implique 1°. La démonstration est identique sauf que $\rho(g(\lambda)) \le \frac{2c\rho(y)}{|\lambda|}$.
5° implique 3°. D'après le lemme 5, il suffit de supposer que A a une unité. Si on montre que $\Delta(\mathrm{Sp}\,x, \mathrm{Sp}\,y) \le c\rho(x-y)$, on aura $|\rho(x)-\rho(y)| \le c\rho(x-y) \le c||x-y||$. Supposons que $\lambda \in \mathrm{Sp}\,x$ avec $d(\lambda,\mathrm{Sp}\,y) > c\rho(x-y)$ alors on remarque que $\lambda-y$ est inversible, ainsi $\lambda-x = (\lambda-y)(1+(\lambda-y)^{-1}(y-x))$, qui avec $\rho((\lambda-y)^{-1} \times (y-x)) \le c\rho((\lambda-y)^{-1})\rho(y-x) < 1$, implique que $\lambda-x$ est inversible, comme produit

d'éléments inversibles, ce qui est absurde. En faisant le même raisonnement avec $\lambda \in \mathrm{Sp}\, y$ et $d(\lambda, \mathrm{Sp}\, x) > c\rho(x-y)$, on obtient ce qu'on voulait démontrer.

6° implique 7°. Raisonnement identique à celui de 2° implique 3°.

7° implique 1°. Comme plus haut on a $\delta(g(\lambda)) \le \frac{\delta(e^{\lambda x}ye^{-\lambda x})+c||y||}{|\lambda|}$, mais $\delta(e^{\lambda x}ye^{-\lambda x}) = \delta_{\tilde{A}}(e^{\lambda x}ye^{-\lambda x}) = \delta(y)$, de plus $\lambda \to \delta(g(\lambda))$ est sous-harmonique d'après le théorème 1.2.2, donc $\delta(g(\lambda)) \equiv 0$, soit $\delta(xy-yx) = 0$, quels que soient x,y dans A , ce qui signifie que $\# \mathrm{Sp}(xy-yx) = 1$, et on applique alors le lemme 1.

8° implique 1°. La démonstration est identique sauf que $\delta(g(\lambda)) \le \frac{2c\rho(y)}{|\lambda|}$.

9° implique 1°. Soient x,y dans A et $M > 0$ tel que $||x||,||y|| \le M$. Choisissons $r > 0$ de façon que $e^{\lambda x}, e^{\lambda y} \in V$ et $\rho(e^{\lambda x}), \rho(e^{\lambda y}) \ge \frac{1}{2}$, pour $|\lambda| \le r$, ce qui est possible puisque ρ est continu sur la sous-algèbre fermée engendrée par un élément. Alors on obtient :

$$|\mathrm{Log}\rho(e^{\lambda x})-\mathrm{Log}\rho(e^{\lambda y})| \le 2|\rho(e^{\lambda x})-\rho(e^{\lambda y})| \le 2c||e^{\lambda x}-e^{\lambda y}|| \le 2cr||x-y||+4c\sum_{n=2}^{\infty}\frac{(Mr)^n}{n!} .$$

Posons $\gamma_r(x) = \frac{1}{2\pi r}\int_0^{2\pi}\mathrm{Log}\rho(\exp(re^{i\theta}x))d\theta$. En reprenant la définition de γ donnée dans le lemme 3, on vérifie que $\gamma(x) = \gamma_r(x)$, donc que $|\gamma(x)-\gamma(y)| \le 2c||x-y||+4cre^M$, si $0 < r \le 1$. En faisant tendre r vers 0 on obtient $|\gamma(x)-\gamma(y)| \le 2c||x-y||$, ce qui donne, par un raisonnement identique à ce qui précède, $\gamma(g(\lambda)) \le \frac{\gamma(y)+2c||y||}{|\lambda|}$, donc le résultat, d'après les lemmes 1 et 3.

10° implique 1°. Posons $\theta(x) = \overline{\lim}\, \frac{|\rho(1+\lambda x)-1|}{|\lambda|}$, quand λ tend vers 0 avec $\lambda \ne 0$. Il est clair que $0 \le \theta(x) \le \rho(x)$. De plus $\theta(0) = 0$ et $\theta(\alpha x) = \overline{\lim}\, \frac{|\rho(1+\lambda\alpha x)-1|}{|\lambda\alpha|}.|\alpha| = |\alpha|\theta(x)$. Montrons maintenant que quels que soient x,y on a $\theta(x+y) \le \theta(x)+\theta(y)$. Pour λ assez petit, $1+\lambda x$, $1+\lambda y$ et $1+\lambda\frac{x+y}{2}$ sont dans V , donc $\rho(2+\lambda(x+y)) \le \rho(1+\lambda x)+\rho(1+\lambda y)$, ce qui donne $\theta(\frac{x+y}{2}) \le \frac{1}{2}(\theta(x)+\theta(y))$, soit, d'après ce qui précède, $\theta(x+y) = 2\theta(\frac{x+y}{2}) \le \theta(x)+\theta(y)$. D'après le lemme 2 on a $\theta(xy-yx) = 0$, quels que soient x,y dans A . Supposons que $\theta(a) = 0$ et soit $\alpha+i\beta \in \mathrm{Sp}\, a$, alors $1+\lambda\alpha+i\lambda\beta \in \mathrm{Sp}(1+\lambda a)$, donc pour $\lambda > 0$, on a $\rho(1+\lambda a) \ge ((1+\lambda\alpha)^2+\lambda^2\beta^2)^{\frac{1}{2}}$, ainsi $\frac{((1+\lambda\alpha)^2+\lambda^2\beta^2)^{\frac{1}{2}}-1}{\lambda}$ tend vers 0 quand λ tend vers 0 positivement, ce qui exige $\alpha = 0$, c'est-à-dire $\mathrm{Sp}\, a \subset i\mathbb{R}$. Mais on a également $\theta(ia) = 0$, donc $\mathrm{Sp}\, a \subset \mathbb{R}$, soit a quasi-nilpotent. On applique alors le corollaire 7.

11° implique 8°. Posons $\nu(x) = \mathrm{Log}\,\rho(e^x) \le \rho(x)$ et montrons que $\nu(x+y) \le \nu(x)+\nu(y)$. D'après le lemme 4, il existe une suite positive (λ_n) , tendant vers 0 , telle que $\rho(e^{x+y}) = \lim_{n\to\infty} \rho(e^{\lambda_n x}.e^{\lambda_n y})^{1/\lambda_n}$. Pour n assez grand, $e^{\lambda_n x}$ et $e^{\lambda_n y}$ sont dans V , donc :

$$\rho(e^{x+y}) \le \overline{\lim_{n\to\infty}}\, (\rho(e^{\lambda_n x}).\rho(e^{\lambda_n y}))^{1/\lambda_n} = \rho(e^x)\rho(e^y) ,$$

d'où le résultat. D'une façon identique on obtient que $\nu(-(x+y)) \le \nu(-x) + \nu(-y)$. Comme $\delta(x) = \underset{|\alpha|=1}{\mathrm{Max}}\,(\nu(\alpha x)+\nu(-\alpha x))$, on obtient $\delta(x+y) \le \delta(x)+\delta(y)$, quels que soient x,y dans A .
12° implique 1°. La démonstration est identique à celle de 4° implique 1° si l'on remarque que $\rho(1-y) < 1$ implique $\rho(e^{\lambda x}(y-1)e^{-\lambda x}) = \rho(e^{\lambda x}ye^{-\lambda x}-1) = \rho(y-1) < 1$.
13° implique 7°. Comme $Sp(1+x) = 1 + Sp\, x$, on a $\delta(1+\lambda x) = |\lambda|\delta(x)$, quels que soient x dans A et λ dans $\mathbb{C}$. Si $x,y \in A$ alors $1+\lambda x$, $1+\lambda y \in V$, pour λ assez petit, donc $|\delta(x)-\delta(y)| \le c\,||x-y||$.
14° implique 8°. Si $x,y \in A$, pour λ assez petit, on a $1+\lambda x$, $1+\lambda y \in V$ donc $\delta(2+\lambda(x+y)) = |\lambda|\delta(x+y) \le c(\delta(1+\lambda x)+\delta(1+\lambda y)) = c|\lambda|(\delta(x)+\delta(y))$. □

En utilisant le même argument que dans le théorème précédent et le corollaire 8 on obtient le :

COROLLAIRE 10. *Dans une algèbre de Banach les propriétés suivantes sont équivalentes :*
-1° x appartient à $Z(A)$.
-2° Il existe $c > 0$ tel que $\rho(x + y) \le c(\rho(x) + \rho(y))$, pour tout y de A .
-3° Il existe $c > 0$ tel que $\rho(x(1 + y)) \le c\, \rho(x)\, \rho(1 + y)$, pour tout y de A.
-4° Il existe $c > 0$ tel que $|\rho(x + y) - \rho(y)| \le c$, pour tout y de A .

Remarque 1. Dans les propriétés 10° et 11° il est nécessaire d'avoir $c = 1$. Pour nous en convaincre prenons $A = M_n(\mathbb{C})$, avec $n \ge 2$, qui n'est pas commutative et prenons $V = \{x|\ ||x-1|| \le \frac{1}{2}\}$. V est un voisinage compact de 1 et $x \to \rho(x)/||x||$ est continue sur V , donc atteint sa borne inférieure $m \ge 0$. Si $m = 0$ il existe $a \in V$ tel que $\rho(a) = 0$, ce qui est absurde car $1 = \rho(1) \le \rho(a)+\rho(1-a) \le ||1-a|| \le \frac{1}{2}$. Donc $\rho(x) \ge m||x||$, sur V , ce qui implique $\rho(x+y) \le ||x+y|| \le ||x||+||y|| \le \frac{1}{m}(\rho(x)+\rho(y))$ et $\rho(xy) \le ||xy|| \le ||x||.||y|| \le (1/m^2)\rho(x)\rho(y)$, pour x,y dans V .

Remarque 2. Il serait intéressant de savoir, bien que cela soit peu probable, si dans les propriétés locales du théorème 2 on peut remplacer V par un ouvert non vide quelconque ne contenant pas nécessairement l'unité. Dans l'affirmative cela résoudrait positivement le premier problème de R.A. Hirschfeld et W. Żelazko (voir § 2), d'après le théorème 2.2.3.

Remarque 3. Dans [200], D.Z. Spicer a donné une extension triviale de ces résultats en affirmant qu'une algèbre de Banach est commutative si et seulement si l'une des conditions 1° à 14° est vérifiée et s'il existe une norme $||\ ||_1$ sur A telle que $\rho(x) \ge ||x||_1$ pour tout x de A , obtenant ainsi une caractérisation purement topologique des algèbres commutatives. Les résultats non locaux du théorème 2 ont aussi été obtenus de façon élémentaire, c'est-à-dire sans utiliser les fonctions sous-harmoniques mais seulement les fonctions entières et le théorème de Liouville, par J. Zemánek [234] et V. Pták et J. Zemánek [176]. En fait il est même possible de se dispenser de l'utilisation des fonctions entières en utilisant le corollaire I.1 comme nous l'avons montré dans [27]. Cette jolie idée est malheureusement aussi inapplicable pour les caractérisations locales mais elle a l'avantage de pouvoir s'appliquer, avec l'aide du chapitre 3, à la caractérisation spectrale des algèbres de Banach réelles dont les représentations irréductibles sont $\mathbb{R}$, $\mathbb{C}$ ou $\mathbb{K}$ (voir chapitre 3, § 4).

Voici la méthode. En fait dans la démonstration de l'équivalence de 1° à n°, avec $2 \leq n \leq 5$, la seule étape non évidente est de prouver que $\operatorname{Sup} \rho(r - u^{-1}ru) < +\infty$, pour u inversible dans A, où A a une unité, implique que $xr - rx \in \operatorname{Rad} A$, pour tout x de A. On peut supposer que l'on a $\operatorname{Sup} \rho(r - u^{-1}ru) < 1$, soit Π une représentation irréductible de A sur l'espace vectoriel X, il est suffisant de montrer que $\Pi(x) = \lambda\Pi(1)$, pour un certain λ complexe. Dans le cas contraire il existe ξ dans X tel que ξ et $\eta = \Pi(r)\xi$ soient linéairement indépendants. D'après le corollaire I.1 il existe a inversible dans A tel que $\Pi(a)\xi = \xi$ et $\Pi(a)\eta = \xi + \eta$ donc :

$$\Pi(r-a^{-1}ra)\xi = \Pi(a^{-1})\Pi(ar-ra)\xi = \Pi(a^{-1})\xi = \xi$$

ce qui signifie que 1 est dans le spectre de $\Pi(r-a^{-1}ra)$, donc dans le spectre de $r - a^{-1}ra$, ce qui est absurde. □

Etudions maintenant le cas des algèbres de Banach involutives. Rappelons que le *$\star$-radical*, défini par J.L. Kelley et R.L. Vaught (voir [177], page 210), est l'intersection des noyaux des formes linéaires positives et continues sur A (la continuité est automatique si A a une unité ou plus généralement si $A^2 = A$). Comme nous le verrons plus loin, c'est aussi l'ensemble des x tels que $p(x) = 0$, où p est la semi-norme de Palmer (voir chapitre 4, § 3). En général $\operatorname{Rad} A$ est contenu dans le $\star$-radical I, avec $\operatorname{Rad} A \neq I$ et égalité dans quelques cas particuliers, par exemple si A est symétrique ou si $A = L^1(G)$.

THEOREME 3. *Soit A une algèbre de Banach involutive. Si l'une des propriétés suivantes est vérifiée :*

-1° $\rho\left(\frac{x + x^*}{2}\right) \leq \rho(x)$, pour tout x de A.

-2° $\rho(xx^*) \leq \rho(x)^2$, pour tout x de A.

alors A/I est commutative.

Démonstration. - Supposons d'abord 1° vérifié, alors, d'après les propriétés de la semi-norme de T.W. Palmer que nous verrons plus loin, on obtient :

$$p(x) \leq p\left(\frac{x+x^*}{2}\right)+p\left(\frac{x-x^*}{2i}\right) \leq \rho\left(\frac{x+x^*}{2}\right)+\rho\left(\frac{x-x^*}{2i}\right) \leq \rho(x)+\rho(ix) ,$$

donc $p(x) \leq 2\rho(x)$, pour tout x de A, ce qui, d'après le lemme 2, implique

$xy-yx \in I$. Si 2° est vérifié on a $p(x)^2 = p(x^*x) \leq \rho(x^*x) \leq \rho(x)^2$, d'où le résultat. □

En rapport avec ce théorème, voir les résultats presque triviaux de W. Tiller [208], sur ce qu'il appelle la *P-commutativité*, c'est-à-dire la commutativité de A/I . Peut-être, en réalité, que les conditions du théorème 3 entraînent que $A/\mathrm{Rad}\,A$ est commutative, mais c'est fort peu probable. Aussi est-il bon d'améliorer ce résultat par la condition nécessaire et suffisante suivante :

THEOREME 4. *Soit A une algèbre de Banach involutive. Les propriétés suivantes sont équivalentes :*

-1° $A/\mathrm{Rad}\,A$ est commutative.

-2° Il existe $c > 0$ tel que $\rho(ab) \leq c\,\rho(a)\,\rho(b)$, quels que soient a,b normaux, et quel que soit x dans A on a $\rho(\frac{x+x^*}{2}) \leq \rho(x)$.

Démonstration. - La condition nécessaire est évidente. Réciproquement, nous prouverons au chapitre 5, § 3, que la sous-multiplicativité du rayon spectral sur l'ensemble des éléments normaux implique l'existence d'une semi-norme $|\ |$ sur A vérifiant $\rho(x) \leq |x|$, pour tout x de A et $c(1+\sqrt{2})\rho(h) \geq |h|$, pour tout h hermitien de A . Donc en écrivant $x = h+ik$, avec $h = (x+x^*)/2$ et $k = (x-x^*)/2i$ on obtient $|x| \leq |h|+|k| \leq c(1+\sqrt{2})(\rho(h)+\rho(k)) \leq 2c(1+\sqrt{2})\rho(x)$. On applique alors le lemme 2 et le corollaire 7 pour obtenir le résultat. □

§ 2. *Deux problèmes de Hirschfeld et Żelazko.*

Dans [108], R.A. Hirschfeld et W. Żelazko énoncèrent les deux problèmes suivants :

Problème 1. Si A est une algèbre de Banach telle que ρ et $\|\ \|$ soient équivalents sur toute sous-algèbre commutative, alors A est commutative.

Problème 2. Si A est une algèbre de Banach sans éléments quasi-nilpotents dont le rayon spectral est continu, alors A est commutative.

Depuis 1968, sans résoudre aucun de ces problèmes, diverses personnes ont donné des exemples d'algèbres non commutatives sans éléments quasi-nilpotents. En considérant le produit croisé d'une algèbre de Banach commutative A sans diviseurs de zéro (par exemple l'algèbre de fonctions continues sur le disque unité fermé, holomorphes sur le disque unité ouvert) par le semi-groupe engendré par un automorphisme isométrique T de A , ce qui revient à considérer l'ensemble des suites (x_n) , avec $x_n \in A$, telles que $\sum_{n=0}^{\infty} \|x_n\| < +\infty$, muni de la multiplication $(x *_T y)_n = \sum_{k=0}^{\infty} x_k T^k y_{n-k}$, R.A. Hirschfeld et S. Rolewicz [107] ont pu montrer que l'algèbre obtenue est non commutative et sans diviseurs de zéro. Un calcul un peu plus poussé montre qu'elle est sans éléments quasi-nilpotents. Dans [40], Horst Behncke a donné des exemples voisins de celui qui suit. Si F est le semi-groupe libre à deux générateurs a,b et si $\ell^1(F)$ est l'ensemble des $\sum \alpha_n w_n$, avec $\sum |\alpha_n| < +\infty$, où w_n est un mot formé avec a et b, alors J. Duncan et A.W. Tullo [73] ont montré très facilement que $\ell^1(F)$ est sans éléments quasi-nilpotents. Pour une étude plus approfondie de $\ell^1(F)$, voir [35].

En fait, dans [22], nous avons montré que le deuxième problème est faux.

THEOREME 1. *Il existe une algèbre de Banach A avec unité, non commutative, sans éléments quasi-nilpotents, telle que la fonction spectre soit continue sur A.*

Démonstration.- Soit U le disque unité ouvert de $\mathbb{C}$ et B l'algèbre de Banach des fonctions continues sur $\bar{U} \times \bar{U}$, holomorphes sur $U \times U$, munie de la norme $||f|| = \mathrm{Max}\, |f(z_1,z_2)|$, pour $z_1,z_2 \in \partial U$. Nous verrons (théorème 5.1.3 et corollaire 5.1.1) que la fonction spectre est continue sur toute sous-algèbre de $M_2(B)$. Soit T l'automorphisme isométrique de B défini par $Tf(z_1,z_2) = f(z_2,z_1)$ et soit A le sous-ensemble de $M_2(B)$ formé par les matrices de la forme:

$$m = \begin{pmatrix} f(z_1,z_2) & , & g(z_1,z_2) \\ (z_1+z_2)Tg(z_1,z_2) & , & Tf(z_1,z_2) \end{pmatrix},$$

où $f,g \in B$.

Du fait que $T^2 = I$ et $T(z_1+z_2) = z_1+z_2$, on vérifie facilement que A est une sous-algèbre fermée de $M_2(B)$. Si m dans A est quasi-nilpotent alors $\mathrm{Sp}_{M_2(B)}m = \{0\}$ donc, d'après le corollaire 4.4.1, $\{0\}$ est la réunion des $\mathrm{Sp}(T_\chi m)$, pour tous les caractères χ de B, où l'on a:

$$T_\chi(m) = \begin{pmatrix} \chi(f(z_1,z_2)) & \chi(g(z_1,z_2)) \\ \chi((z_1+z_2)Tg(z_1,z_2)) & , \chi(Tf(z_1,z_2)) \end{pmatrix} \in M_2(\mathbb{C})$$

donc les $T_\chi(m)$ sont quasi-nilpotents, c'est-à-dire de carré nul, d'après le théorème de Cayley-Hamilton. Ainsi pour tout caractère χ de B on a les relations $\chi(f^2+(z_1+z_2)gTg) = \chi(fg+gTf) = \chi((z_1+z_2)(TfTg+(Tg)f)) = \chi((Tf)^2 + (z_1+z_2)gTg) = 0$. Donc si nous prenons tous les caractères d'évaluation en un point $\chi_\alpha(f) = f(\alpha)$, pour $\alpha \in U \times U$, on obtient que $m^2 = 0$, c'est-à-dire que l'on a $f(z_1,z_2)^2 + (z_1+z_2)g(z_1,z_2)g(z_2,z_1) \equiv 0$. Si $p_k(z_1,z_2)$ est le polynôme homogène, de degré k en z_1,z_2 le plus petit, qui figure dans le développement en série de f et si $q_r(z_1,z_2)$ est le polynôme homogène, de degré r en z_1,z_2 le plus petit, qui figure dans le développement en série de g on obtient $p_k(z_1,z_2)^2 = (z_1+z_2)q_r(z_1,z_2)q_r(z_2,z_1)$, ce qui est absurde car le du membre de gauche est de degré pair et celui de droite est de degré impair, donc $f = g = 0$, d'où $m = 0$. □

Longtemps nous nous sommes posé la question de savoir si une algèbre vérifiant une identité polynomiale et sans éléments quasi-nilpotents est commutative. Le même exemple prouve que non.

COROLLAIRE 1. *Il existe une algèbre de Banach avec unité, non commutative, sans éléments quasi-nilpotents, vérifiant une identité polynomiale.*

Démonstration.- Si $x,y,z \in M_2(\mathbb{C})$, comme la trace de $[y,z]$ est nulle, d'après le théorème de Cayley-Hamilton, il existe $\alpha \in \mathbb{C}$ tel que $[y,z]^2+\alpha 1 = 0$. Donc pour χ caractère de B et a,b,c dans A on a:

$$[T_\chi(a),[T_\chi(b),T_\chi(c)]^2] = 0 ,$$

soit $[a,[b,c]^2] = 0$, qui est une identité polynomiale. □

D'après le corollaire 1.1.7, on sait que la fonction spectre est continue en tout point de spectre totalement discontinu, aussi il est naturel de savoir, dans ce cas particulier, si le deuxième problème de R.A. Hirschfeld et W. Żelazko est vrai.

THEOREME 2. *Soit A une algèbre de Banach sans éléments quasi-nilpotents, dont tout élément a son spectre totalement discontinu, alors A est commutative. Si avec la dernière hypothèse on suppose seulement A sans éléments nilpotents alors $A/\mathrm{Rad}\, A$ est commutative.*

Démonstration.- Supposons que A ait une représentation irréductible Π de dimension supérieure à 1 , alors, d'après le théorème de Gelfand-Mazur, il existe x de A tel que $\# \,\mathrm{Sp}\, \Pi(x) > 1$. Soient α,β deux éléments distincts de $\mathrm{Sp}\, \Pi(x) \subset \mathrm{Sp}\, x$, comme $\mathrm{Sp}\, x$ est totalement discontinu, il existe un sous-ensemble ouvert et fermé C de $\mathrm{Sp}\, x$, contenant α et ne contenant pas β . Alors C et $\mathrm{Sp}\, x \setminus C$ sont deux fermés non vides et disjoints de $\mathbb{C}$, donc il existe deux ouverts disjoints U_1 et U_2 tels que $C \subset U_1$ et $\mathrm{Sp}\, x \setminus C \subset U_2$. Considérons les fonctions holomorphes $f_i(\lambda)$, pour $i = 1,2$, définies sur $U_1 \cup U_2$ par $f_i(\lambda) = 1$ si $\lambda \in U_i$ et par $f_i(\lambda) = 0$ sinon. Il est évident que $\hat{f}_1(x)\hat{f}_2(x) = 0$, d'après le calcul fonctionnel holomorphe, donc on a $(\hat{f}_2(x)A\hat{f}_1(x))^2 = \{0\}$. Si on suppose A sans éléments nilpotents alors $\hat{f}_2(x)A\hat{f}_1(x) = \{0\}$, ce qui donne donc $\Pi(\hat{f}_2(x))\Pi(A)\Pi(\hat{f}_1(x)) = \{0\}$. D'après le théorème de densité de Jacobson on a $\Pi(\hat{f}_1(x)) = 0$ ou $\Pi(\hat{f}_2(x)) = 0$, ce qui est absurde puisque leurs spectres contiennent 1 . Ainsi $A/\mathrm{Rad}\, A$ est commutative. Si A est sans éléments quasi-nilpotents il est clair que $\mathrm{Rad}\, A = \{0\}$. □

Le seul résultat que nous avons pu obtenir [17] en rapport avec le premier problème est le suivant:

THEOREME 3. *Si quel que soit* a *dans* A *il existe* $\alpha > 0$ *tel que l'on ait* $\rho(x) \geq \alpha \, ||x||$ *, pour tout* x *de la sous-algèbre fermée* $C(a)$ *engendrée par* a *, alors la fonction spectre est localement uniformément continue sur un ouvert partout dense de* A *.*

Démonstration.- D'après le lemme 1.1.4, on peut supposer que A a une unité. Pour $n \geq 1$ soit A_n l'ensemble des a tels que $\rho((a-\lambda)^{-1}) \geq \frac{1}{n} ||(a-\lambda)^{-1}||$ pour $\lambda \notin \mathrm{Sp}\, a$. Montrons que A_n est fermé. Soit (a_k) une suite d'éléments de A_n tendant vers a et soit $\lambda \notin \mathrm{Sp}\, a$. Pour $\varepsilon > 0$ donné, d'après le théorème 1.1.3, il existe k_1 tel que $k \geq k_1$ implique $\mathrm{Sp}\, a_k \subset \mathrm{Sp}\, a + B(0,\varepsilon)$. Soit $\lambda_k \in \mathrm{Sp}\, a_k$ tel que $|\lambda-\lambda_k| = d(\lambda,\mathrm{Sp}\, a_k)$, alors il existe $\mu_k \in \mathrm{Sp}\, a$ tel que $|\lambda_k-\mu_k| < \varepsilon$, ainsi $|\lambda-\mu_k| \leq d(\lambda,\mathrm{Sp}\, a_k) + \varepsilon$, soit donc $d(\lambda,\mathrm{Sp}\, a) \leq d(\lambda,\mathrm{Sp}\, a_k) + \varepsilon$, ce qui peut s'écrire:

$$\frac{1}{\rho((a-\lambda)^{-1})} \leq \frac{1}{\rho((a_k-\lambda)^{-1})} + \varepsilon \leq \frac{n}{||(a_k-\lambda)^{-1}||} + \varepsilon .$$

Il existe aussi k_2 tel que $k \geq k_2$ implique l'inégalité $||(a_k-\lambda)^{-1}|| \geq ||(a-\lambda)^{-1}|| - \varepsilon$, donc pour $k \geq \mathrm{Max}(k_1,k_2)$ on a:

$$\frac{1}{\rho((a-\lambda)^{-1})} \leq \varepsilon + \frac{n}{||(a-\lambda)^{-1}||-\varepsilon} ,$$

quel que soit $\varepsilon > 0$, d'où $a \in A_n$. D'après l'hypothèse, A est réunion des A_n , donc, d'après le théorème de Baire, il existe un ouvert non vide U et $c > 0$ tels que si $x \in U$ on ait $\rho((x-\lambda)^{-1}) \geq c||(x-\lambda)^{-1}||$, pour $\lambda \notin \mathrm{Sp}\, x$. Pour $x,y \in U$ on a donc $\Delta(\mathrm{Sp}\, x,\mathrm{Sp}\, y) \leq \frac{1}{c} ||x-y||$, d'où il résulte que la fonction spectre est uniformément continue sur U . En effet, dans le cas contraire, il existerait, par exemple, $\lambda \in \mathrm{Sp}\, x$ tel que $d(\lambda,\mathrm{Sp}\, y) > \frac{1}{c} ||x-y||$, auquel cas on aurait $\lambda \notin \mathrm{Sp}\, y$ et $\rho((y-\lambda)^{-1}) < c/||x-y||$, d'où en conséquence on obtient $||x-y||.||(y-\lambda)^{-1}|| < 1$, c'est-à-dire $\lambda-x = (\lambda-y)(1+(\lambda-y)^{-1}(y-x)$ inversible, ce qui est absurde. Soit V le plus grand ouvert sur lequel la fonction spectre est localement uniformément continue, V est partout dense dans A car sinon $F = A \setminus V$ est fermé, à intérieur non vide et alors comme $\mathring{F}$ est réunion des $\mathring{F} \cap A_n$ et est un espace de Baire, comme ouvert d'un espace complet, on déduit qu'il existe un ouvert W et $m \geq 1$ tels que $W \cap \mathring{F}$ soit non vide et contenu dans $A_m \cap \mathring{F}$, auquel cas la fonction spectre est uniformément sur $W \cap \mathring{F}$, donc localement uniformément continue sur $V \cup (W \cap \mathring{F})$ qui est strictement plus grand que V , ce qui est absurde. □

§ 3. *Quelques cas particuliers de commutativité.*

Dans le théorème qui suit C. Le Page [143] avait démontré la commutativité sans remarquer que l'algèbre est de dimension finie. C'est J. Duncan et A.W. Tullo [73] qui ont énoncé ce dernier point, lequel est connu depuis bien longtemps si l'on sait, comme l'indique I. Kaplansky dans [132], page 111, sans d'ailleurs le prouver, qu'une algèbre de Banach régulière au sens de von Neumann est de dimension finie.

Rappelons qu'une algèbre A est dite *régulière au sens de von Neumann* si pour tout x de A il existe y de A tel que $xyx = x$. L'exemple le plus simple d'une telle algèbre est $M_n(\mathbb{C})$. On peut prouver facilement les propriétés suivantes:

a) si A est régulière au sens de von Neumann alors $M_n(A)$ l'est aussi.
b) si A est régulière au sens de von Neumann alors A est sans radical ([132], théorème 21, page 111).
c) une somme directe d'algèbres régulières au sens de von Neumann est du même type.
d) si p est un projecteur d'une algèbre régulière au sens de von Neumann alors pAp l'est aussi.

LEMME 1. *Pour qu'une algèbre de Banach réelle ou complexe, sans radical, soit de dimension finie il faut et il suffit qu'elle soit régulière au sens de von Neumann.*

Démonstration.- La condition nécessaire est purement algébrique, elle résulte tout simplement du théorème de Wedderburn-Artin ([103], page 48) qui permet de déduire que A est somme directe de $M_k(\mathbb{R})$ ou $M_k(\mathbb{C})$ selon que A est réelle ou complexe. Si A est régulière au sens de von Neumann on peut la supposer complexe car $A \subset M_2(A)$, qui est régulière et $M_2(A)$ est une algèbre complexe, lorsque A est réelle, avec la multiplication $(\alpha+i\beta)\begin{pmatrix} a & b \\ c & d \end{pmatrix} = \begin{pmatrix} \alpha & \beta \\ -\beta & \alpha \end{pmatrix} \cdot \begin{pmatrix} a & b \\ c & d \end{pmatrix}$. Si A admet une infinité de projecteurs orthogonaux - on dit que les projecteurs p,q sont orthogonaux si $pq = qp = 0$ - alors soit (p_n) une telle suite. Posons $x = \sum_{n=1}^{\infty} \lambda_n p_n$, avec les $\lambda_n > 0$ tels que $\sum_{n=1}^{\infty} \lambda_n ||p_n||$ soit convergente. Alors il existe y tel que $xyx = x$, soit en multipliant à gauche par p_n cela donne $\lambda_n \sum_{m=1}^{\infty} \lambda_m p_n y p_m = \lambda_n p_n$. En multipliant à droite par p_m on obtient $p_n y p_m = 0$, pour $n \neq m$, ainsi $\lambda_n p_n y p_n = p_n$, soit $1 \leq ||p_n|| \leq \lambda_n ||p_n||.||y||.||p_n||$, donc $1 \leq \lambda_n ||p_n||.||y||$, d'où absurdité car $\lambda_n ||p_n||$ tend vers zéro quand n tend vers l'infini. En conclusion toute famille de projecteurs orthogonaux est finie. L'ensemble des familles de projecteurs orthogonaux, ordonné par l'inclusion, est inductif donc, d'après le théorème de Zorn, admet une famille orthogonale maximale finie $\{p_1,p_2,\ldots,p_k\}$. Pour $1 \leq i \leq k$, p_iAp_i est régulière au sens de von Neumann et n'a pas de projecteur différent de 0 autre que p_i , car si cette sous-algèbre contenait un autre projecteur $p = p_ixp_i$ alors $\{p_1,\ldots,p_{i-1}\} \cup \{p,p_i-p\} \cup \{p_{i+1},\ldots,p_k\}$ formerait une famille de projecteurs orthogonaux plus grande que la famille maximale, ce qui est absurde. Quel que soit x dans p_iAp_i non nul, il existe y dans p_iAp_i tel que $xyx = x$, auquel cas xy et yx sont des projecteurs non nuls de p_iAp_i , donc $xy = yx = p_i$, ce qui veut dire que

p_iAp_i est un corps, donc égal à $\mathbb{C}p_i$, d'après le théorème de Gelfand-Mazur. Comme A est somme des p_iAp_j , pour $1 \leq i,j \leq k$, pour prouver que A est de dimension finie il suffit de montrer que les p_iAp_j sont de dimension inférieure ou égale à 1 . Supposons que $p_iAp_j \neq \{0\}$ et soit $a \neq 0$ un élément de p_iAp_j , alors en particulier $a \in p_iA$. Montrons que $p_iA = aA$. Il est clair que $aA \subset p_iA$, supposons que $axp_i = 0$, pour tout x de A , alors $(ax)^2 = axax = axp_iyp_jx = 0$, donc a est dans le radical de A qui est nul, ce qui est absurde. Ainsi il existe x de A tel que $axp_i = p_iyp_jxp_i \neq 0$, donc d'après ce qui précède il existe $\lambda \in \mathbb{C}$ non nul tel que $axp_i = \lambda p_i$, ce qui donne $p_iA = a\frac{x}{\lambda}p_iA \subset aA$, d'où l'égalité. De $p_iA = aA$ on déduit qu'il existe b dans A tel que $p_i = ab = p_iyp_jb = (p_iyp_j)(p_jbp_i) = aa_1$, avec $a_1 \in p_jAp_i$. En répétant l'argument avec a_1 on déduit qu'il existe $a_2 \in p_iAp_j$ tel que $a_1a_2 = p_j$, donc $a = aa_1a_2 = p_ia_2 = a_2$, soit $p_ia = ap_j$. Pour l'application $R : x \to xa$ définie sur p_iAp_i , comme $Rx = Rxp_i = xp_ia = xap_j = p_ixap_j$, son image est contenue dans p_iA_j , de même $S : y \to ya_1$ envoie p_iAp_j dans p_iAp_i avec $R\circ S$ et $S\circ R$ respectivement réduits aux identités de p_iAp_i et p_iAp_i , ainsi p_iAp_j est de dimension 1 . □

THEOREME 1. *Pour qu'une algèbre de Banach avec unité soit sans radical, commutative et de dimension finie, il faut et il suffit que pour tout x de A il existe y de A tel que $x = x^2y$.*

Démonstration.- La condition nécessaire résulte du lemme précédent. Prouvons la condition suffisante.

a) A est sans éléments quasi-nilpotents donc sans radical: soit $x \neq 0$ supposé quasi-nilpotent, il existe y tel que $x = x^2y = x^3y^2 = \ldots = x^{n+1}y^n$, donc $||x||^{1/n} \leq ||x^{n+1}||^{1/n}||y^n||^{1/n}$, soit quand n tend vers l'infini, $1 \leq \rho(x)\rho(y)$, ce qui est absurde.

b) Si $x,y \in A$ et $x = yx^2$, alors yx est un projecteur car $(x(yx-1))^2 = x(yx^2-x)(yx-1) = 0$, donc, d'après a), $xyx = x$, soit $(yx)^2 = yx$.

c) Tout projecteur p commute avec tout élément x de A , car $px(1-p)$ et $(1-p)xp$ sont de carré nul, donc nuls, d'où $px = pxp = xp$.

d) Soit Π une représentation irréductible continue de A , alors $B = \Pi(A)$ possède la même propriété algébrique, ainsi pour x non nul dans B il existe y de B tel que yx soit un projecteur central non nul, d'après b) et c), donc, d'après le lemme de Schur (voir appendice I), il existe $\lambda \neq 0$ dans $\mathbb{C}$ tel que $yx = \lambda\Pi(1)$, mais alors B est un corps donc, d'après le théorème de Gelfand-Mazur, $B = \mathbb{C}$, ce qui implique que $A/\text{Rad}\, A$ est commutative, soit A commutative d'après le a).

e) Il suffit d'appliquer le lemme précédent pour obtenir que A est de dimension finie. □

Bien sûr pour démontrer ce résultat il n'est pas nécessaire de prouver la fin de la démonstration du lemme 1, car la commutativité implique que $p_iAp_j = p_ip_jA = \{0\}$, si $i \neq j$. Si nous avons donné ce lemme dans toute sa forme générale, c'est parce qu'il nous semble assez peu connu et parce que nous y ferons appel dans une remarque du chapitre 3, § 2. Donnons maintenant deux autres résultats algébriques dûs à J. Duncan et A.W. Tullo [73].

THEOREME 2. *Soient X un espace de Banach complexe et A une sous-algèbre de $\mathcal{L}(X)$ sans éléments nilpotents, alors tout élément de rang fini de A est dans le centre de A .*

Démonstration.- Soit a de rang fini dans A , alors aAa est de dimension finie, donc Rad aAa est nilpotent, d'où Rad $aAa = \{0\}$, d'après l'hypothèse. D'après le corollaire 2.1.5, aAa est commutative, de plus elle est engendrée par des projecteurs $p_1,\dots,p_k$ orthogonaux. Pour chaque i et pour x quelconque $xp_i-p_ixp_i$ et $p_ix-p_ixp_i$ sont nilpotents, donc nuls d'où x commute avec tout élément de aAa , ainsi en particulier $(ax)^n = (xa)^n$, pour x quelconque et n entier > 1 . Comme $ax^2a^2x = ax^2a.ax = ax.ax^2a = (ax)^2xa = (xa)^2xa = (xa)^3$ et $xa^2x^2a = xa.ax^2a = ax^2a.xa = ax(xa)^2 = (ax)^3 = (xa)^3$ on obtient $(ax-xa)^3 = 0$, soit $ax = xa$, quel que soit x de A . □

COROLLAIRE 1. *Soient X un espace de Banach de dimension supérieure à 1 et A une sous-algèbre irréductible de $\mathcal{L}(X)$ avec unité et sans éléments nilpotents, alors 0 est le seul opérateur de rang fini de A .*

Démonstration.- Le centre de A est $\mathbb{C}\mathrm{Id}$ et l'opérateur identité n'est de rang fini que si X est de dimension finie n , auquel cas, d'après le théorème de densité de Jacobson on a $A = M_n(\mathbb{C})$, mais si A n'a pas d'éléments quasi-nilpotents alors $n = 1$. □

Voici maintenant quelques théorèmes généraux qui englobent ceux de H. Behncke [40,41] et A.S. Nemirovskiĭ [158], ainsi que ceux de [17]. Rappelons quelques définitions et propriétés qu'on pourra trouver développées dans [149,156].

Soient A une algèbre de Banach commutative et I un idéal fermé de A , dans ce cas l'*enveloppe de I* , notée $h(I)$, est l'ensemble des caractères de A qui s'annulent sur I . L'enveloppe $h(I)$ est toujours fermée dans l'ensemble des caractères $X(A)$, muni de sa topologie localement compacte.

On dira que A est *régulière* si A est sans radical et si pour tout fermé F de $X(A)$ et tout caractère $\chi_0 \notin F$ il existe x dans A tel que $\chi_0(x) \neq 0$ et $\chi(x) = 0$, pour tout χ de F . On peut alors montrer que A est *complètement régulière*, c'est-à-dire que si F_1, F_2 sont deux fermés disjoints de $X(A)$, il existe x de A tel que $\chi(x) = 0$ si $\chi \in F_1$ et $\chi(x) = 1$ si $\chi \in F_2$.

Si F est un fermé de $X(A)$ on dénote par $k(F)$ l'intersection des noyaux des caractères de F. On a toujours $I \subset k(h(I))$, mais l'inclusion inverse n'est pas toujours vraie. Cela nous amène à dire que A est une *algèbre de Ditkin* si A est régulière et si pour tous $\chi \in X(A)$, $x \in A$ tels que $\chi(x) = 0$ et toute suite (V_n) de voisinages de χ, il existe une suite (x_n) d'éléments de A tels que $h(x_n) \subset V_n$ et xx_n tende vers x quand n tend vers l'infini. Comme exemples classiques d'algèbres de Ditkin il y a $\mathcal{C}(K)$, pour K localement compact et $L^1(G)$, pour G groupe localement compact commutatif (voir [149], page 57 et page 151). Dans le cas des algèbres de Ditkin, le théorème taubérien généralisé est vrai, c'est-à-dire que $I = k(h(I))$ si pour tout x de $k(h(I))$ l'ensemble $\partial h(x) \cap h(I)$ ne contient aucun ensemble parfait autre que le vide ([149], page 86). Il s'applique en particulier si $h(I)$ est fini.

THEOREME 3. *Si A est une algèbre de Banach sans radical et sans éléments nilpotents, admettant un ensemble Γ de générateurs tel que tout x de Γ est dans une sous-algèbre fermée de Ditkin de A, alors A est commutative.*

Démonstration.- Quitte à raisonner dans $\tilde{A}$ on peut supposer que A a une unité. Soient $x \in \Gamma$, B une sous-algèbre fermée de Ditkin contenant x, Π une représentation irréductible continue de A, alors $I = B \cap \operatorname{Ker} \Pi$ est un idéal bilatère fermé de B. Si $\chi_1 \neq \chi_2$ sont dans $h(I)$, comme $X(B)$ est localement compact il existe deux ouverts disjoints U_1 et U_2 contenant χ_1 et χ_2 respectivement. Soient $a_1, a_2 \in B$ tels que $\chi_i(a_i) = 1$, pour $i = 1,2$ et $\chi(a_i) = 0$, pour $\chi \notin U_i$. Alors $\chi(a_1 a_2) = 0$ pour tout caractère de B, donc $a_1 a_2 = 0$ puisque B est sans radical. Ainsi $(a_2 x a_1)^2 = 0$, pour tout x de A, soit $a_2 x a_1 = 0$, pour tout x de A puisque A est sans éléments nilpotents. Mais alors pour tout x de A on obtient donc $\Pi(a_2)\Pi(x)\Pi(a_1) = 0$, donc $\Pi(a_1) = 0$ ou $\Pi(a_2) = 0$, d'après le théorème de densité de Jacobson, soit $a_1 \in I$ ou $a_2 \in I$, ce qui est absurde puisque $\chi_1(a_1) = \chi_2(a_2) = 1$. Ainsi $h(I)$ a un seul élément, donc I est un idéal bilatère maximal, ce qui implique que $\dim \phi(B) = 1$, où $\phi = \Pi_{|B}$, donc que $\Pi(x) = \lambda \Pi(I)$, pour un certain λ de $\mathbb{C}$. Quels que soient $u,v \in A$ on en déduit que $\Pi(uv-vu) = 0$, donc $uv-vu \in \operatorname{Rad} A$, soit $uv = vu$ puisque A est sans radical. □

COROLLAIRE 2 (Behncke [40], Nemirovskiĭ [158]). *Si G est un groupe localement compact, pour que l'algèbre $L^1(G)$ soit commutative il faut et il suffit qu'elle soit sans éléments nilpotents.*

Démonstration.- La condition nécessaire résulte du fait que dans le cas commutatif tout élément nilpotent est dans le radical et que $\operatorname{Rad} L^1(G) = \{0\}$. Pour la réciproque, supposons d'abord G discret et $\ell^1(G)$ sans éléments nilpotents. G est un ensemble de générateurs, si $x \in G$ appelons H un sous-groupe commutatif maximal contenant x , alors $\ell^1(H)$ est une sous-algèbre fermée de Ditkin contenant x , donc, d'après le théorème précédent, $\ell^1(G)$ est commutative. Si G est un groupe localement compact non commutatif, appelons G' le même groupe muni de la topologie discrète, alors d'après ce qui précède il existe a non nul dans $\ell^1(G')$ tel que $a * a = 0$, mais a peut être considéré comme une mesure complexe sur G , donc si $x \in L^1(G)$ on a $y = a * x * a \in L^1(G)$. Si $y \neq 0$ pour un certain x , il est clair qu'on a trouvé dans l'algèbre un élément nilpotent. Si $a * x * a = 0$ pour tout x de $L^1(G)$, alors $z^2 = 0$, pour $z = a * x \in L^1(G)$, mais il existe un x de $L^1(G)$ tel que $a * x \neq 0$. □

COROLLAIRE 3 (Żelazko [229]). *Pour tout groupe localement compact G l'algèbre $L^1(G)$ a des diviseurs de zéro.*

Démonstration.- Si G n'est pas commutatif $L^1(G)$ a des éléments nilpotents. Si G est commutatif alors $L^1(G)$ est régulière, donc en raisonnant comme dans la démonstration du théorème 3 elle a des diviseurs de zéro. □

COROLLAIRE 4 ([17]). *Soit A une algèbre de Banach, si quel que soit x de A il existe a et $\alpha > 0$ tels que x appartienne à la sous-algèbre fermée $C(a)$ engendrée par a , avec Sp a sans points intérieurs ayant un nombre fini de trous, et vérifiant $\rho(y) \geq \alpha\, ||y||$ pour tout y de $C(a)$, alors A est commutative.*

Démonstration.- $\tilde{A}$ possède les mêmes propriétés, supposons donc A avec unité. On prend $\Gamma = A$, il suffit de remarquer que $C(a)$, munie de la norme ρ équivalente à $||\ ||$, est isométriquement isomorphe à $\mathcal{C}(\mathrm{Sp}\ a)$ et on applique le théorème 3. En effet, d'après la théorie de Gelfand, $x \to \hat{x}$ définie par $\hat{x}(\chi) = \chi(x)$, envoie $C(a)$ sur une sous-algèbre fermée de $\mathcal{C}(\mathrm{Sp}\ a)$. Si f est continue sur Sp a , alors d'après le théorème d'approximation de Mergelian, quel que soit $\varepsilon > 0$ il existe une fonction rationnelle r ayant ses pôles hors de Sp a telle que $\mathrm{Sup}\ |f(\lambda)-r(\lambda)| < \varepsilon$, pour $\lambda \in \mathrm{Sp}\ a$. Mais $r(x)$ est défini par le calcul fonctionnel holomorphe, ainsi $r(\hat{x}) = r(x)^\wedge$ est dans l'image de $C(a)$, d'où $C(a) = \mathcal{C}(\mathrm{Sp}\ a)$. □

Remarque 1. Le corollaire 4 est aussi vrai si on suppose seulement que la propriété précédente est vraie pour x appartenant à un ouvert non vide de A . Si dans l'énoncé on suppose que Sp a est de mesure planaire nulle dans $\mathbb{C}$, par exemple si Sp a est un arc, le résultat est aussi vrai d'après le théorème de Hartogs-Rosenthal. D'une façon générale, cela marche pourvu que Sp a vérifie les conditions analytiques de Vitouchkine pour l'approximation rationnelle (voir [82,228]). Si on pose l'hypothèse plus forte que quel que soit x de A , Sp x est sans points intérieurs ayant un nombre fini de trous et que $\rho(y) \geq \alpha\, ||y||$, pour tout y de $C(x)$, alors quel que soit x de A on a $C(x)$ isomorphe et isométrique à $\mathcal{C}(\mathrm{Sp}\ x)$, pour une norme équivalente à $||\ ||$, ce qui exige que $f(\mathrm{Sp}\ x)$ ne sépare pas le plan, quelle que soit f continue. Ainsi $\mathrm{Sp}\, x$ est totalement discontinu et le résultat devient un corollaire du théorème 2.2.2.

COROLLAIRE 5 ([17]). *Soient A une algèbre de Banach involutive et $\alpha > 0$ tels que pour tout h hermitien on ait $\rho(h) \geq \alpha\, ||h||$, ainsi que $\mathrm{Sp}\, h$ sans points intérieurs et ayant un nombre fini de trous. Alors si A n'a pas d'éléments nilpotents A est commutative.*

Démonstration.- Toujours pour les mêmes raisons on peut supposer que A a une unité. Prenons $\Gamma = H$, l'ensemble des éléments hermitiens. Si $x \in C(h)$ alors x est normal donc $x = u+iv$, avec $u = \frac{x+x^*}{2} \in H$ et $v = \frac{x-x^*}{2i} \in H$ et $\rho(u), \rho(v) \leq \rho(x)$. Ainsi $||x|| \leq ||u||+||v|| \leq \frac{1}{\alpha}(\rho(u)+\rho(v)) \leq \frac{2}{\alpha}\rho(x)$, donc par un raisonnement analogue à celui de la démonstration du corollaire 4 on obtient que $C(h)$ est isomorphe à $\mathcal{C}(\mathrm{Sp}\, h)$. Pour voir que A est sans radical il suffit de remarquer que $x \in \mathrm{Rad}\, A$ implique $u, v \in H \cap \mathrm{Rad}\, A$, donc $u = v = 0$. □

Remarque 2. Ce résultat est apparemment une généralisation du théorème classique sur les algèbres stellaires qui affirme qu'une telle algèbre sans éléments nilpotents est commutative. Car, dans ce cas, on a $\mathrm{Sp}\, h$ réel et $\rho(h) = ||h||$ pour h hermitien (voir chapitre 4, § 3). Dans la démonstration traditionnelle, donnée par exemple dans [131], page 132, on utilise le fait qu'un idéal fermé I d'une algèbre stellaire est stable par involution et qu'alors A/I est elle-même une algèbre stellaire. La démonstration qui précède a le mérite de montrer qu'on peut se dispenser de passer par ces étapes, le seul point important est que $C(h)$ est isomorphe à $\mathcal{C}(\mathrm{Sp}\, h)$. En fait, d'après la démonstration donnée et le difficile théorème de J. Cuntz que nous verrons au chapitre 4, cette généralisation est factice car les algèbres vérifiant les conditions du corollaire 5 sont des algèbres stellaires pour une norme équivalente.

La même démonstration que celle du corollaire 5 montre que le premier problème de R.A. Hirschfeld et W. Żelazko est vrai pour les algèbres de Banach involutives dont tout élément hermitien a son spectre sans points intérieurs avec un nombre fini de trous.

3 CARACTÉRISATION DES ALGÈBRES DE BANACH DE DIMENSION FINIE

En 1954, I.Kaplansky a démontré le résultat suivant: si ϕ est un morphisme d'anneaux d'une algèbre de Banach complexe A, sans radical, sur une algèbre de Banach complexe B, alors il existe des idéaux A_1, A_2 et A_3 de A tels que $A = A_1 \oplus A_2 \oplus A_3$, A_1 soit de dimension finie, ϕ soit linéaire sur A_2 et anti-linéaire sur A_3. La démonstration repose sur le lemme fondamental qui affirme que si dans une algèbre de Banach complexe tout élément a son spectre fini alors cette algèbre est de dimension finie modulo le radical. Bien plus tard, sans doute parce qu'ils ignoraient le résultat de I.Kaplansky, R.A.Hirschfeld et B.E.Johnson [106] l'ont redémontré par une méthode très voisine, peut-être légèrement plus compliquée au point de vue algébrique, mais qui avait l'avantage de ne pas faire appel à des connaissances poussées sur la structure des anneaux. Dans les deux cas l'élément central de la démonstration est analytique, il utilise la formule intégrale de Cauchy et le théorème de Gelfand-Mazur. Aussi la méthode ne s'applique-t-elle pas dans le cas des algèbres réelles et dans le cas des algèbres involutives, en supposant que tout élément hermitien a son spectre fini. R.A.Hirschfeld et B.E.Johnson avouent même leur incapacité de démontrer l'existence d'un majorant pour le nombre des éléments du spectre, en utilisant un argument de Baire analogue à celui appliqué dans la démonstration du théorème 3.2.1. C'est cet échec qui nous a incité à pousser plus loin dans cette direction, avec l'aide des fonctions sous-harmoniques encore peu utilisées dans la théorie des algèbres de Banach, pour obtenir le théorème de rareté des opérateurs de spectre fini sur un arc analytique d'une algèbre de Banach (voir [19] et le résumé [15]).

Avec ce théorème, dans le paragraphe 2, nous généraliserons très fortement aux cas réels et involutifs le théorème de I.Kaplansky et, ce qui est curieux, nous montrerons même que les algèbres de dimension finie sont caractérisées localement, c'est-à-dire qu'il suffit que le spectre soit fini sur un ouvert non vide de l'algèbre. Nous donnerons aussi quelques généralisations locales du théorème de Gelfand-Mazur, étendant alors celui obtenu par R.E.Edwards [75], ainsi que le résultat de A.M.Sinclair et A.W.Tullo [191] qui affirme que toute algèbre de Banach noethérienne est de dimension finie.

Dans le troisième paragraphe nous améliorerons notablement les résultats de B.A.Barnes concernant la caractérisation spectrale des algèbres modulaires annihilatrices en les étendant au cas réel et au cas involutif, ensuite nous donnerons une solution partielle à une conjecture de A.Pełczyński.

Le quatrième paragraphe donnera diverses applications de ce qui précède. D'abord nous prouverons que la conjecture de Kourosh pour les algèbres réelles est vraie dans le cas des algèbres de Banach, mais les trois conséquences les plus intéressantes seront la généralisation, au cas des algèbres localement de Ditkin, du théorème de H.Behncke sur les algèbres sans éléments quasi-nilpotents non nilpotents, du théorème de B.E.Johnson sur la continuité des morphismes d'une algèbre sans représentations irréductibles de dimension finie dans une autre algèbre et enfin nous étendrons l'analogue du théorème 2.1.2 au cas des algèbres réelles.

Le dernier paragraphe a seulement pour but de donner une idée de l'application des méthodes précédemment développées pour étendre le théorème de structure analytique de E.Bishop pour l'ensemble des caractères d'une algèbre de fonctions.

Le lecteur peu familier avec la théorie du potentiel de $\mathbb{R}^2$ consultera l'appendice II où toutes les notions nécessaires sont regroupées.

§1. *Sur la rareté des opérateurs de spectre fini.*

LEMME 1. *Soit* $\lambda \to f(\lambda)$ *une fonction analytique d'un domaine* D *de* $\mathbb{C}$ *dans une algèbre de Banach et soit* $\lambda_0 \in D$ *tel que* $\# \operatorname{Sp} f(\lambda_0) = n$. *Alors il existe* $r > 0$ *tel que :*

- *ou bien* $\# \operatorname{Sp} f(\lambda) = n$, *pour* $|\lambda-\lambda_0| < r$,
- *ou bien l'ensemble des* λ *tels que* $|\lambda-\lambda_0| < r$ *et* $\# \operatorname{Sp} f(\lambda) = n$ *est de capacité extérieure nulle.*

Démonstration.- Quitte à remplacer A par $\tilde{A}$ et $\lambda \to f(\lambda)$ par $\lambda \to f(\lambda)+\alpha$, où $|\alpha| > \rho(f(\lambda_0))$, ce qui ne change pas $\# \operatorname{Sp} f(\lambda)$, on peut supposer que $f(\lambda_0)$ est inversible. Soit $\operatorname{Sp} f(\lambda_0) = \{\alpha_1,\dots,\alpha_n\}$, il existe $s > 0$ tel que les disques $B(\alpha_i,s)$ soient disjoints et ne contiennent pas 0 . D'après les théorèmes 1.1.3 et 1.1.4, il existe $r > 0$ tel que $|\lambda-\lambda_0| < r$ implique $\operatorname{Sp} f(\lambda)$ inclus dans l'union des $B(\alpha_i,s)$ et $\operatorname{Sp} f(\lambda) \cap B(\alpha_i,s) \neq \emptyset$, pour $i = 1,2,\dots,n$. Considérons les fonctions définies par :

$$f_i(z) = \begin{cases} 1 & \text{si } z \in B(\alpha_i,s) \\ 0 & \text{si } z \in \bigcup B(\alpha_j,s) \text{ , pour } j \neq i \text{ .} \end{cases}$$

Ces fonctions sont holomorphes sur la réunion des disques et vérifient $f_i f_j = 0$, pour $i \neq j$, $f_i^2 = f_i$ et $\sum_i f_i = 1$. Donc si l'on a $\mathrm{Sp}\, x \subset B(\alpha_1,s) \cup \ldots \cup B(\alpha_n,s)$, d'après le calcul fonctionnel holomorphe, on peut définir les éléments $\hat{f}_i(x)$ qui vérifient $\hat{f}_i(x)\hat{f}_j(x) = 0$ pour $i \neq j$, $\hat{f}_i(x)^2 = \hat{f}_i(x)$, $\hat{f}_1(x)+\ldots+\hat{f}_n(x) = x$ et qui commutent avec x. Pour $|\lambda-\lambda_0| < r$, définissons la fonction :

$$\psi(\lambda) = \sum_{i=1}^{n} \mathrm{Max}\ \psi_i(\lambda)$$

où le maximum est pris pour $|\alpha| = 1$ et où les fonctions ψ_i sont définies par :

$$\psi_i(\lambda) = \mathrm{Log}\ \rho_A(\hat{f}_i(f(\lambda))\exp(\alpha f(\lambda))\hat{f}_i(f(\lambda))) + \mathrm{Log}\ \rho_A(\hat{f}_i(f(\lambda))\exp(-\alpha f(\lambda))\hat{f}_i(f(\lambda))) .$$

Comme $\lambda \to \hat{f}_i(f(\lambda))f(\lambda)\hat{f}_i(f(\lambda))$ est analytique de $B(\lambda_0,r)$ dans A, ψ est sous-harmonique, d'après le théorème 1.2.1 . Si A_i désigne la sous-algèbre définie par $\hat{f}_i(f(\lambda))A\hat{f}_i(f(\lambda))$, on sait, d'après le lemme 1.1.6, que pour $a \in A_i$ on a $\mathrm{Sp}_A\, a = \mathrm{Sp}_{A_i}\, a \cup \{0\}$, donc que $\rho_A(a) = \rho_{A_i}(a)$, ce qui implique, avec les propriétés des f_i que l'on a :

$$\psi(\lambda) = \sum_{i=1}^{n} \delta_{A_i}(f(\lambda)\hat{f}_i(f(\lambda))) .$$

En appliquant le théorème de Radó (théorème II.9) et le fait que $|e^{\alpha\lambda}|\psi(\lambda) = \sum_{i=1}^{n} \delta_{A_i}(e^{\alpha\lambda}f(\lambda)\hat{f}_i(f(\lambda)))$ est sous-harmonique, il résulte que $\lambda \to \mathrm{Log}\ \psi(\lambda)$ est sous-harmonique sur $B(\lambda_0,r)$. Ainsi, d'après le théorème de H.Cartan (théorème II.14), ou bien $\psi(\lambda) = 0$ sur ce disque ou bien $\{\lambda \mid |\lambda-\lambda_0| < r$ et $\psi(\lambda) = 0\}$ est de capacité extérieure nulle.

Plaçons nous dans le premier cas. Soit λ fixé tel que $|\lambda-\lambda_0| < r$ posons $x = f(\lambda)$ on a $\delta_{A_i}(x\hat{f}_i(x)) = 0$, pour $i = 1,\ldots,n$. Donc pour chaque i, le spectre de $x\hat{f}_i(x)$ dans A_i est réduit à un seul point β_i. Comme $\mathrm{Sp}\, x$ rencontre $B(\alpha_i,s)$ pour $i = 1,\ldots,n$, il est clair que $\mathrm{Sp}\, x$ a au moins n points. Montrons qu'il en a exactement n. Soit $\beta \in B(\alpha_i,s)$, avec $\beta \neq \beta_i$, montrons que $x - \beta$ est inversible dans A, ce qui prouvera que $\mathrm{Sp}\, x = \{\beta_1,\ldots,\beta_n\}$. Comme $\mathrm{Sp}_{A_i}(x\hat{f}_i(x)) = \{\beta_i\}$, alors $\mathrm{Sp}_{A_i}((x-\beta)\hat{f}_i(x)) = \{\beta_i-\beta\}$, puisque $\hat{f}_i(x)$ est l'unité de A_i, ainsi l'élément $(x-\beta)\hat{f}_i(x)$ est inversible dans A_i, donc il existe y_i de A tel que :

$$(x-\beta)\hat{f}_i(x)y_i\hat{f}_i(x) = \hat{f}_i(x)y_i\hat{f}_i(x)(x-\beta) = \hat{f}_i(x) .$$

En additionnant toutes ces relations on obtient :

$$(x-\beta).\sum_{i=1}^{n} \hat{f}_i(x)y_i\hat{f}_i(x) = \sum_{i=1}^{n} \hat{f}_i(x)y_i\hat{f}_i(x).(x-\beta) = 1$$

donc $x - \beta$ est inversible dans A.

Dans le deuxième cas, montrons que si $\# \mathrm{Sp}\, f(\lambda) = n$, pour $|\lambda-\lambda_0| < r$, alors on a $\# \mathrm{Sp}_{A_i}(f(\lambda)\hat{f}_i(f(\lambda))) = 1$, donc $\psi(\lambda) = 0$. Avec les mêmes notations que plus haut, si $\mathrm{Sp}\, x = \{\gamma_1,\ldots,\gamma_n\}$, avec γ_i dans $B(\alpha_i,s)$, alors, d'après le calcul fonctionnel holomorphe, on a $\mathrm{Sp}_A(x\hat{f}_i(x)) \subset \{\gamma_i,0\}$, donc, d'après le lemme 1.1.6 ,

$Sp_{A_i}(x\hat{f}_i(x)) \subset \{\gamma_i, 0\}$. Mais $x\hat{f}_i(x)$ est inversible dans A_i puisque x est inversible dans A , d'où $Sp_{A_i}(x\hat{f}_i(x)) = \{\gamma_i\}$. □

THEOREME 1. *Soit* $\lambda \to f(\lambda)$ *une fonction analytique d'un domaine* D *de* $\mathbb{C}$ *dans une algèbre de Banach* A *, alors :*

- ou bien l'ensemble des λ *de* D *tels que* $Sp\, f(\lambda)$ *soit fini est de capacité extérieure nulle,*

- ou bien il existe un entier $n \geq 1$ *tel que* $\# Sp\, f(\lambda) = n$ *, pour tout* λ *de* D *, sauf peut-être sur un ensemble fermé discret, donc dénombrable, de* D *. Dans ce cas les points du spectre varient holomorphiquement si* λ *est en dehors de cet ensemble fermé discret.*

Démonstration.- Si l'ensemble des λ de D tels que $Sp\, f(\lambda)$ soit fini n'est pas de capacité extérieure nulle, il existe un plus petit entier $n \geq 1$ tel que l'ensemble $D_n = \{\lambda \mid \lambda \in D \text{ et } \# Sp\, f(\lambda) = n\}$ soit de capacité extérieure strictement positive. Dans ce cas, il existe $\lambda_0 \in D_n$ tel que pour tout voisinage V de λ_0 on ait $c^+(D_n \cap V) > 0$, car sinon, la topologie de D admettant une base dénombrable de disques $\{U_k\}_{k=1}^{\infty}$, quel que soit $\lambda \in D_n$ il existerait un voisinage $U(\lambda)$ de λ , appartenant à cette base, avec $c^+(D_n \cap U(\lambda)) = 0$, mais alors D_n serait réunion dénombrable d'ensembles de capacité extérieure nulle, donc lui même de capacité extérieure nulle, ce qui est absurde. D'après le lemme précédent il existe un disque $U(\lambda_0)$, centré en λ_0 , contenu dans D_n . Appelons U la réunion des ouverts connexes contenus dans D_n et contenant $U(\lambda_0)$, U est connexe et contenu dans D_n . Nous allons montrer que U est le complémentaire dans D d'un ensemble fermé de capacité nulle. D'après le corollaire II.4, U est non effilé en chacun de ses points frontières, donc, d'après le corollaire 1.4.2, on a $\# Sp\, f(\lambda) \leq n$, pour $\lambda \in \partial U$. Montrons maintenant que $F = \{\lambda \mid \lambda \in \partial U \text{ et } \# Sp\, f(\lambda) \leq n-1\}$ est fermé. Supposons que la suite (μ_k) , avec $\mu_k \in F$, tend vers μ , alors comme ∂U est fermé, $\mu \in \partial U$, donc ou bien $\# Sp\, f(\mu) = n$ ou bien $\# Sp\, f(\mu) \leq n-1$. D'après le théorème 1.1.4, le premier cas est impossible, puisque pour μ_k voisin de μ , $Sp\, f(\mu_k)$ devrait avoir au moins n composantes connexes, ainsi F est fermé. S'il existe $k \leq n-1$ tel que $c^+(D_k \cap \partial U) > 0$, alors il existe $\lambda_1 \in D_k \cap \partial U$ tel que pour tout voisinage V de λ_1 on ait $c^+(D_k \cap \partial U \cap V) > 0$, mais alors, d'après le lemme précédent, on a $\# Sp\, f(\lambda) = k$, sur un voisinage $U(\lambda_1)$ de λ_1 , auquel cas $U(\lambda_1)$ rencontre U puisque λ_1 est frontière, ce qui est absurde, puisque l'on a $\# Sp\, f(\lambda) = n > k$ sur U , ainsi comme F est la réunion des $D_j \cap \partial U$, pour $j = 1,\dots,n-1$, on obtient que F est de capacité extérieure nulle. D'après le théorème II.13, le complémentaire de F relativement à D est connexe. Si $\overline{U} = D$, relativement à D , alors $\# Sp\, f(\lambda) = n$, pour tout λ de D en dehors de F . Sinon, soient $\alpha \in U$ et $\beta \notin \overline{U}$, alors il existe une ligne polygonale Γ , d'extrémités α et β , ne rencontrant pas F . Orientons Γ de α vers β et dénotons par γ la borne supérieure sur Γ des λ tels que $\Gamma(\lambda)$ soit inclus dans U , où $\Gamma(\lambda)$ désigne la partie de Γ limitée par α et λ, si λ est sur Γ. D'après ce qui précède $\# \operatorname{Sp} f(\gamma) \leq n$, le cas $\# \operatorname{Sp} f(\gamma) \leq n-1$ est impossible car il impliquerait que γ est dans F. Supposons donc que l'on a $\# \operatorname{Sp} f(\gamma) = n$, avec $\gamma \neq \beta$. D'après le lemme précédent, il existe $r > 0$ tel que $\# \operatorname{Sp} f(\lambda) = n$, pour $\lambda \in B(\gamma,r)$, puisque ce disque contient un morceau de Γ qui est de capacité strictement positive, mais dans ce cas $U' = U \cup B(\gamma,r)$ est un ouvert connexe contenu dans D_n, contenant $U(\lambda_0)$ et strictement plus gros que U, ce qui est absurde. Ainsi $\gamma = \beta$, d'où $\# \operatorname{Sp} f(\beta) = n$, ce qui prouve que $\# \operatorname{Sp} f(\lambda) = n$ en dehors de F qui est fermé et de capacité nulle. Si $\lambda \notin F$, $\operatorname{Sp} f(\lambda)$ a exactement n points $\alpha_1(\lambda), \ldots, \alpha_n(\lambda)$. D'après le théorème 1.2.5, ces points varient localement holomorphiquement, donc, en dehors de F, la fonction $\phi(\lambda) = \prod(\alpha_i(\lambda)-\alpha_j(\lambda))^2$, pour $1 \leq i < j \leq n$, est holomorphe. Si on pose $\phi(\lambda) = 0$ sur F, il n'est pas difficile de voir que ϕ est continue sur D. En appliquant le théorème d'extension de Radó (théorème II.15) on déduit que ϕ est holomorphe sur tout D, c'est-à-dire que F est fermé et discret, donc dénombrable. □

En reprenant la démonstration précédente et le corollaire 1.2.5 on peut ainsi obtenir une amélioration notable du théorème 1.2.5 de variation holomorphe des points isolés qui est la suivante :

THEOREME 2. *Soit* $\lambda \to f(\lambda)$ *une fonction analytique d'un domaine* D *de* $\mathbb{C}$ *dans une algèbre de Banach* A. *Supposons que* α_0 *est un point isolé du spectre de* $f(\lambda_0)$ *et que* $B(\alpha_0,r)$ *est un disque centré en* α_0 *de rayon assez petit de façon que* $B(\alpha_0,r) \cap \operatorname{Sp} f(\lambda_0) = \{\alpha_0\}$, *alors il existe un voisinage* V *de* λ_0 *tel que :*
- ou bien l'ensemble des λ *de* V *tels que* $B(\alpha_0,r) \cap \operatorname{Sp} f(\lambda)$ *soit fini est de capacité extérieure nulle,*
- ou bien il existe un entier $n \geq 1$ *tel que* $B(\alpha_0,r) \cap \operatorname{Sp} f(\lambda)$ *ait* n *points* $\alpha_1(\lambda),\ldots,\alpha_n(\lambda)$, *pour tout* λ *de* D, *sauf peut-être sur un ensemble fermé discret, donc dénombrable, de* D, *où l'on a* $\#(B(\alpha_0,r) \cap \operatorname{Sp} f(\lambda)) < n$. *Dans ce cas les* $\alpha_i(\lambda)$ *varient holomorphiquement sur* V *en dehors de l'ensemble fermé discret.*

Si pour tout λ de D le spectre de $f(\lambda)$ a au plus 0 comme point limite et si α_0 est un point isolé non nul du spectre de $f(\lambda_0)$ il est bien évident que le premier cas est impossible, puisqu'on a toujours $\operatorname{Sp} f(\lambda) \cap B(\alpha_0,r)$ fini si r est choisi assez petit. Donc :

COROLLAIRE 1. *Si* $\lambda \to f(\lambda)$ *est une fonction analytique d'un domaine* D *de* $\mathbb{C}$ *dans une algèbre de Banach telle que* $\operatorname{Sp} f(\lambda)$ *ait au plus* 0 *comme point limite pour tout* λ, *alors pour tout point isolé non nul* α_0 *du spectre de* $f(\lambda_0)$, *si* r *est choisi de façon que* $0 < r < |\alpha_0|$ *et* $\operatorname{Sp} f(\lambda_0) \cap B(\alpha_0,r) = \{\alpha_0\}$, *il existe un voisinage* V *de* λ_0, *un entier* $n \geq 1$ *et un sous-ensemble fermé discret* F *de* V *tels que* $\#(B(\alpha_0,r) \cap \operatorname{Sp} f(\lambda)) < n$, *pour* $\lambda \in F$ *et* $\#(B(\alpha_0,r) \cap \operatorname{Sp} f(\lambda)) = n$, *pour* $\lambda \in V \setminus F$, *auquel cas les* n *points de cet ensemble varient holomorphique-*

ment sur l'ensemble $V \setminus F$.

Le théorème 1 permet donc d'améliorer le corollaire 1.4.2 de la façon suivante :

COROLLAIRE 2. *Si* $\lambda \to f(\lambda)$ *est une fonction analytique d'un domaine* D *de* $\mathbb{C}$ *dans une algèbre de Banach et si* E *est un sous-ensemble de* D *, non effilé en* $\lambda_0 \in D$ *, tels que* $Sp\, f(\lambda)$ *soit fini pour tout* λ *de* E *, alors il existe un entier* $n \geq 1$ *tel que* $\# \, Sp\, f(\lambda) \leq n$ *, pour tout* λ *de* D .

Démonstration.- Il suffit de savoir qu'un ensemble est de capacité extérieure nulle si et seulement si il est effilé en chacun de ses points, donc $E \cup \{\lambda_0\}$ n'est pas de capacité extérieure nulle, d'où de même pour E et on applique le théorème 1. □

Remarque. Comme nous en avons fait la conjecture dans le chapitre 1, §2, si pour chaque n la fonction $\lambda \to \text{Log}\, \delta_n(f(\lambda))$ était sous-harmonique, la démonstration du théorème 1 serait immédiate. Si cette hypothèse était fausse, mais avec sous-harmonicité de $\lambda \to \text{Log}\, c(f(\lambda))$, la démonstration pourrait être beaucoup simplifiée car alors on aurait $c(f(\lambda)) = 0$, pour tout λ de D , donc $Sp\, f(\lambda)$ serait totalement discontinu sur D , ce qui prouverait, d'après le corollaire 1.1.7, que $\lambda \to Sp\, f(\lambda)$ est continue sur D , auquel cas il serait inutile d'utiliser le théorème de pseudo-continuité. Toujours dans cette hypothèse, on pourrait démontrer un analogue du théorème 1 pour les opérateurs quasi-algébriques, et comme nous allons le faire plus loin pour les algèbres de dimension finie et les algèbres modulaires annihilatrices, on pourrait obtenir des caractérisations purement locales des algèbres quasi-algébriques. D'une façon générale on peut se poser le grand problème suivant: soit $\mathcal{A}$ une classe d'opérateurs dont le spectre a certaines propriétés, est-il possible de trouver une fonction χ telle que $x \in \mathcal{A}$ équivaut à $\chi(x) = 0$ et telle que $\lambda \to \text{Log}\, \chi(f(\lambda))$ soit sous-harmonique, pour toute fonction analytique f ? Par exemple, existe-t-il une telle fonction caractérisant les opérateurs de spectre dénombrable, ceux dont le spectre est contenu dans un arc de Jordan, ceux dont le spectre est de mesure planaire nulle ? Comme illustration, si on prend $\chi(x) = \text{Max}_C\, \delta(C)$, pour tous les ouverts-fermés C de $Sp\, x$, alors $\chi(x) = 0$ caractérise les opérateurs dont le spectre est totalement discontinu, mais dans ce cas $\lambda \to \text{Log}\, \chi(f(\lambda))$ est-elle sous-harmonique pour f analytique à valeurs dans cet ensemble d'opérateurs ? Une question peut-être un peu plus simple, mais d'une grande importance parce qu'elle aurait des répercussions dans la théorie de la structure analytique pour les algèbres de fonctions, serait de savoir si l'analogue du théorème 1 reste vrai pour le spectre dénombrable, en remplaçant la condition de capacité extérieure nulle par une condition peut-être légèrement différente à savoir, par exemple, par la mesure linéaire nulle. Dans l'affirmative, en appliquant les méthodes que nous utiliserons plus loin, cela résoudrait complètement la conjecture de A.Pełczyński, qui dit que dans une algèbre stellaire si tout élément hermitien a son spectre dénombrable alors tout élément de l'algèbre a son spectre dénombrable.

§2. *Caractérisation des algèbres de Banach de dimension finie.*

Supposons d'abord que les algèbres de Banach sont complexes. Une fois utilisé le théorème 3.1.1, il y a plusieurs façons de terminer la démonstration du théorème qui suit. On peut suivre la méthode de I.Kaplansky qui, bien que surtout algébrique, a comme points analytiques l'existence de projecteurs et l'utilisation du théorème de Gelfand-Mazur; ou bien on peut montrer que A/Rad A est algébrique et appliquer la méthode algébrico-topologique de P.G.Dixon [67] (à ce propos il faut signaler que dans le corollaire, page 327, de son article, le raisonnement est incorrect, parce qu'il affirme que Sp x fini implique C(x) de dimension finie, ce qui est faux, car on a seulement C(x)/Rad C(x) de dimension finie); ou bien comme nous l'indiquons dans la remarque 3, on peut utiliser une modification légère de l' argument de R.A.Hirschfeld et B.E.Johnson. Nous mentionnons que dans [137], H.Kraljević et K.Veselić ont utilisé des arguments semblables à ceux qui précèdent. Dans la démonstration qui suit nous exploiterons à fond le résultat que n'avaient pas pu prouver R.A.Hirschfeld et B.E.Johnson, à savoir qu'il existe un entier n tel que Sp x ait au plus n éléments pour tout x de A , auquel cas un lemme classique de N.Jacobson ([119], théorème 12, pp.703-704), sur la structure algébrique des algèbres algébriques de degré borné, nous permet de terminer. Pour la commodité du lecteur, nous ne démontrerons ce lemme que dans le cas complexe, bien qu'il soit vrai pour tout corps infini.

LEMME 1. *Soient A une algèbre de Banach complexe, sans radical, avec unité et n un entier positif tel que tout élément de A soit racine d'un polynôme à coefficients complexes, de degré inférieur ou égal à n, alors A est somme directe d' au plus n algèbres isomorphes à $M_k(\mathbb{C})$, pour certains k inférieurs ou égaux à n.*

Démonstration.- Soient $P_1,\dots,P_m$ des idéaux primitifs de A. Appelons $A_m = A/P_1 \oplus \dots \oplus A/P_m$ et dénotons par $e_1,\dots,e_m$ les unités respectives de $A/P_1,\dots, A/P_m$. Soient $\lambda_1,\dots,\lambda_m$ des nombres complexes tous distincts et $x = \lambda_1 e_1+\dots+\lambda_m e_m$ on voit facilement que x est racine d'un polynôme de degré $\leq m$, mais il existe un morphisme d'algèbres de A sur A_m, ainsi A_m est algébrique de degré $\leq n$. Donc $m \leq n$, d'où il y a au plus n idéaux primitifs distincts dans A. Comme $\mathrm{Rad}\, A = P_1\cap\dots\cap P_n = \{0\}$, on a que A est isomorphe à A_n. Dénotons par $\Pi_i : A \to A/P_i$ la représentation irréductible sur un espace vectoriel X_i. Si la dimension de X_i est supérieure à n il existe $n+1$ vecteurs indépendants $\xi_1,\dots,\xi_{n+1}$ dans X_i, donc, d'après le théorème de densité de Jacobson, il existe a dans A tel que $\Pi_i(a)\xi_1 = \xi_1, \dots, \Pi_i(a)\xi_{n+1} = (n+1)\xi_{n+1}$, mais alors $\{1,2,\dots,n+1\} \subset \mathrm{Sp}\, \Pi_i(a) \subset \mathrm{Sp}\, a$, ce qui est absurde,puisque a est de degré $\leq n$. En appliquant à nouveau le théorème de densité de Jacobson, si $k = \dim X_i$, on obtient que $A/P_i =$

$M_k(\mathbb{C})$, ce qu'il fallait démontrer. □

THEOREME 1. *Si A est une algèbre de Banach complexe contenant un ouvert non vide U tel que pour tout x de U on ait $Sp\,x$ fini, alors $A/Rad\,A$ est de dimension finie.*

Démonstration.- On peut supposer que A a une unité, car sinon on la remplace par $\tilde{A}$ avec l'ouvert $U \times \mathbb{C}$. Quitte à raisonner avec $A/Rad\,A$, ce qui ne change pas le spectre, d'après le lemme 1.1.2, on peut supposer que A est sans radical. D'après le corollaire 1.1.7, la fonction spectre est continue sur U , donc les ensembles $U_m = \{x \mid x \in U \text{ et } \#\,Sp\,x \leq m\}$ sont fermés dans U . Or, par hypothèse, U est la réunion des U_m , pour $m = 1,2,\ldots$, et U est un espace de Baire comme ouvert d'un espace complet, donc il existe un ouvert non vide V de A et un plus petit entier n tels que $\#\,Sp\,x \leq n$, pour $x \in V$. Soient $a \in V$ et $b \in A$, alors la fonction $\lambda \to a + \lambda(b-a)$ est analytique de $\mathbb{C}$ dans A , mais V étant ouvert, il existe $r > 0$ tel que $|\lambda| < r$ implique $\#\,Sp(a+\lambda(b-a)) \leq n$, donc, d'après le théorème 3.1.1 et le fait que $\bar{B}(0,r/2)$ est de capacité strictement positive, on déduit que $\#\,Sp(a+\lambda(b-a)) \leq n$, pour tout λ de $\mathbb{C}$, donc en particulier pour $\lambda = 1$, c'est-à-dire que $\#\,Sp\,b \leq n$. Soit Π une représentation irréductible de A , il est clair que $\#\,Sp\,\Pi(x) \leq n$, pour tout x de A , d'où en reprenant la démonstration du lemme 1 on voit que $\Pi(A) = M_k(\mathbb{C})$, pour un certain $k \leq n$. Si x est quelconque dans A alors $Sp\,x = \{\alpha_1,\ldots,\alpha_q\}$, avec $q \leq n$, donc d'après le théorème de Hamilton-Cayley, on a $(\Pi(x)-\alpha_1)^n \ldots (\Pi(x)-\alpha_q)^n = 0$, ce qui prouve donc que $(x-\alpha_1)^n \ldots (x-\alpha_q)^n \in \bigcap_{\Pi} Ker\,\Pi = Rad\,A = \{0\}$, donc que A est algébrique de degré au plus n^2 . Il reste à appliquer le lemme précédent pour déduire que A est de dimension finie. □

Il est évident que la réciproque est vraie, d'après le théorème de Wedderburn-Artin. On obtient donc ainsi une caractérisation purement locale et spectrale des algèbres de dimension finie.

Remarque 1. Dans l'énoncé précédent on peut remplacer la condition U ouvert par la condition plus faible que U est absorbant en un point a , c'est-à-dire que quel que soit b de A il existe $r > 0$ tel que pour $-r \leq \lambda \leq r$ on ait $a+\lambda(b-a) \in U$. En effet $\{a+\lambda(b-a) \mid -r \leq \lambda \leq r\}$ est un ouvert de l'espace complet $\{a+\lambda(b-a) \mid \lambda \in \mathbb{R}\}$ donc il existe un entier n et $s > 0$ tels que $\#\,Sp(a+\lambda(b-a)) \leq n$, pour $-s \leq \lambda \leq s$. Mais un intervalle est de capacité strictement positive dans $\mathbb{C}$, donc $Sp\,b$ est fini pour tout b de A et on se ramène au théorème précédent.

Remarque 2. D'après le résultat de C.Feldman [78], on peut conclure du théorème 1 qu'il existe une sous-algèbre B de dimension finie dans A telle que $A = Rad\,A \oplus B$, où la somme est directe en tant que sous-espaces vectoriels. On peut obtenir le même résultat en appliquant le théorème 33, page 127, de [132].

Remarque 3. Une fois démontré que $\mathrm{Sp}\, x$ est fini pour tout x de A on peut se dispenser d'utiliser le lemme 1 pour terminer en raisonnant comme il est fait dans [106]. D'après le théorème de Cauchy, il y a des projecteurs dans A et une famille orthogonale de projecteurs - c'est-à-dire une famille (p_n) telle que $p_n p_m = 0$ si $n \neq m$ - est nécessairement finie car sinon $x = \sum_{n=1}^{\infty} \lambda_n p_n$, pour des λ_n choisis de façon que $\sum_{n=1}^{\infty} |\lambda_n| . ||p_n|| < +\infty$, aurait son spectre infini puisque $(x-\lambda_n)p_n = 0$. Comme dans la démonstration du lemme 2.3.1, on prend une famille maximale de projecteurs orthogonaux $p_1,\ldots,p_k$. D'après le lemme 1.1.6, le spectre est fini dans la sous-algèbre $p_i A p_i$ et cette sous-algèbre n'a pas de projecteurs autres que 0 et p_i, sinon cela contredirait la maximalité, donc, d'après le théorème de Gelfand-Mazur on a $p_i A p_i = \mathbb{C} p_i$. Par le même argument que dans le lemme cité on obtient que $\dim(p_i A p_i) \leq 1$, donc que A est de dimension finie.

Les résultats qui suivent ne peuvent se déduire des méthodes de I. Kaplansky, R.A.Hirschfeld et B.E.Johnson ou de P.G.Dixon, il faut nécessairement utiliser le théorème 1 pour les obtenir. En particulier ils généralisent, pour les algèbres involutives, ceux obtenus, dans le cas des algèbres stellaires, par T.Ogasawara [161] et B.E.Johnson [126], et dans le cas des A^*-algèbres par H.Behncke [41] et P.K.Wong [224].

THEOREME 2. *Soient A une algèbre de Banach complexe et H un sous-espace vectoriel réel fermé de A tel que $A = H + iH$. S'il existe un ouvert non vide U de H tel que pour tout x de U le spectre de x soit fini alors $A/\mathrm{Rad}\, A$ est de dimension finie.*

Démonstration.- D'après le théorème de Baire, il existe un ouvert non vide V de H et un entier n tels que $\# \mathrm{Sp}\, x \leq n$, pour $x \in V$. Soient $a \in V$ et $h \in H$ quelconques, alors $a+\lambda(h-a) \in V$, pour $-r \leq \lambda \leq r$, avec r assez petit, donc, d'après le théorème 3.1.1, $\# \mathrm{Sp}(a+\lambda(h-a)) \leq n$, puisque $[-r,r]$ n'est pas de capacité nulle. En particulier $\# \mathrm{Sp}\, h \leq n$, pour tout h de H. Si $x = h+ik \in A$, avec $h,k \in H$, alors $\# \mathrm{Sp}(h+\lambda k) \leq n$, pour tout λ de R, donc, à nouveau d'après le théorème 3.1.1, $\# \mathrm{Sp}(h+\lambda k) \leq n$, pour $\lambda \in \mathbb{C}$, donc en particulier pour $\lambda = i$. On applique ensuite le théorème 3.2.1 pour obtenir le résultat. □

Remarque 4. En reprenant l'argument de la remarque 1, on voit facilement qu'on peut remplacer l'hypothèse que U est ouvert dans H par le fait que U absorbe H en un point a. Il n'est pas nécessaire non plus de supposer H fermé, car il suffit de raisonner sur les droites réelles qui sont fermées.

Soit A une algèbre de Banach réelle, la *complexification* $A_{\mathbb{C}}$ de A est l'ensemble $A \times A$ muni des opérations et de la norme définies par :

$$(a,b) + (c,d) = (a+c,b+d)$$

$$(\alpha+i\beta)(a,b) = (\alpha a-\beta b,\alpha b+\beta a) \;,\; \text{si} \quad \alpha,\beta \in \mathbb{R}$$
$$(a,b).(c,d) = (ac-bd,ad+bc)$$
$$||(a,b)|| = \frac{1}{\sqrt{2}} \operatorname{Max}_{\theta} (||a\cos\theta-b\sin\theta||+||a\sin\theta+b\cos\theta||) \;.$$

On vérifie que $A_{\mathbb{C}} = A + iA$, si on identifie A avec $A \times \{0\}$, que $||(a,0)|| = ||a||$, que $A_{\mathbb{C}}$ est une algèbre de Banach complexe (pour plus de détails voir [177], pp.6-9 ou [45],pp.68-70). Rappelons aussi que le spectre d'un élément d'une algèbre de Banach réelle est défini comme étant le spectre de cet élément dans l'algèbre complexifiée. A ce propos donnons le petit lemme classique qui suit :

LEMME 2. *Si A est une algèbre de Banach réelle alors pour tout x de A le spectre de x est symétrique par rapport à l'axe réel.*

Démonstration.- Si $\lambda \in \operatorname{Sp} x$ et $\bar{\lambda} \notin \operatorname{Sp} x$ alors $x-\bar{\lambda}$ est inversible dans $A_{\mathbb{C}}$, donc il existe $y = a+ib \in A_{\mathbb{C}}$ tel que $(x-\bar{\lambda})y = y(x-\bar{\lambda}) = 1$ et alors on vérifie que $(x-\lambda)(a-ib) = (a-ib)(x-\lambda) = 1$, ce qui est absurde. □

THEOREME 3. *Si A est une algèbre de Banach réelle contenant un ouvert non vide U tel que pour tout x de U son spectre soit fini, alors $A/\operatorname{Rad} A$ est de dimension finie.*

Démonstration.- Soient $A' = A/\operatorname{Rad} A$ et $A'_{\mathbb{C}}$ la complexifiée de A' . Comme A' est une sous-algèbre réelle fermée de $A'_{\mathbb{C}}$ vérifiant $A'_{\mathbb{C}} = A'+iA'$, d'après le théorème 2, $A'_{\mathbb{C}}/\operatorname{Rad} A'_{\mathbb{C}}$ est de dimension complexe finie. Mais $\operatorname{Rad} A'_{\mathbb{C}} = \{0\}$ car si $x+iy$ est dans $\operatorname{Rad} A'_{\mathbb{C}}$ alors $x-iy$ est aussi dans $\operatorname{Rad} A'_{\mathbb{C}}$, donc $x,y \in \operatorname{Rad} A'_{\mathbb{C}} \cap A' \subset \operatorname{Rad} A' = \{0\}$, ainsi $A'_{\mathbb{C}}$ est de dimension complexe finie, d'où A' est de dimension réelle finie. □

COROLLAIRE 1. *Soit X un espace de Banach réel, pour que X soit de dimension finie il faut et il suffit que $\mathcal{LC}(X)$ contienne un ouvert non vide dont chaque élément a son spectre fini.*

Démonstration.- La condition nécessaire est évidente, car si X est de dimension n alors $\mathcal{LC}(X) = M_n(\mathbb{R})$. Pour la condition suffisante, d'après le théorème précédent, on déduit que $\mathcal{LC}(X)$ est de dimension finie, mais comme cette algèbre est irréductible, d'après le théorème de densité de Jacobson on déduit que X est de dimension finie. □

THEOREME 4. *Si A est une algèbre de Banach complexe involutive dont l'ensemble des éléments hermitiens contient un ouvert non vide U dont chaque élément a son spectre fini alors $A/\operatorname{Rad} A$ est de dimension finie.*

Démonstration.- D'après le théorème de B.E.Johnson (théorème 4.1.1), l'involution est continue sur $A' = A/\operatorname{Rad} A$, puisque A' est sans radical, donc H' l'ensemble des éléments hermitiens de A' est un sous-espace vectoriel réel fermé de A' tel que $A' = H'+iH'$. On applique alors le théorème 2. □

Dans le cas des algèbres symétriques (voir chapitre 4), il suffit même que cette propriété soit vraie sur un ouvert de H_+ , l'ensemble des éléments hermitiens de spectre positif.

R.E. Edwards [75] a caractérisé les corps $\mathbb{R}$, $\mathbb{C}$ et $\mathbb{K}$, par le fait que ce sont des algèbres réelles vérifiant $||x||.||x^{-1}|| = 1$, pour tout x inversible. Les petits résultats qui suivent, et qui généralisent fortement les résultats précédents, vont donner d'assez jolies caractérisations locales de ces trois corps.

COROLLAIRE 2. *Si* A *est une algèbre de Banach réelle avec unité contenant un ouvert non vide* U *d'éléments inversibles, tel que* $\rho(x).\rho(x^{-1}) = 1$ *, pour tout* x *de* U *, alors* $A/\text{Rad } A$ *est isomorphe à* $\mathbb{R}$ *,* $\mathbb{C}$ *,* $\mathbb{K}$ *ou* $M_2(\mathbb{R})$ *. Si* A *est une algèbre de Banach complexe alors* $A/\text{Rad } A$ *est isomorphe à* $\mathbb{C}$ *.*

Démonstration.- Comme précédemment on peut supposer A sans radical. Soit $x \in U$, il existe $r > 0$ tel que $-r \leq \lambda \leq r$ implique $x-\lambda \in U$, mais alors d'après l'hypothèse on a $\rho(x-\lambda).\rho((x-\lambda)^{-1}) = 1$, donc le spectre de x est contenu dans une intersection de cercles centrés sur l'axe réel, ainsi il a au plus deux éléments conjugués pour $\lambda \in [-r,r]$. D'après le théorème 3.1.1, on a $\# \text{ Sp } x \leq 2$, quel que soit x de A , ainsi, d'après le théorème 3, $A/\text{Rad } A$ est de dimension finie. D'après le théorème de Wedderburn-Artin, $A/\text{Rad } A$ est somme d'algèbres de matrices sur le centroïde de A qui est isomorphe à $\mathbb{R}$, $\mathbb{C}$ ou $\mathbb{K}$, d'après les théorèmes de Schur et Frobenius, donc comme $\# \text{ Sp } x \leq 2$ sur A on déduit que A est isomorphe à l'une des algèbres suivantes : $\mathbb{R}$, $\mathbb{C}$, $\mathbb{K}$, $\mathbb{R}^2$, $\mathbb{C}^2$, $M_2(\mathbb{R})$, $M_2(\mathbb{C})$. Il est facile de voir que $\mathbb{R}^2$ et $\mathbb{C}^2$ ne conviennent pas. Dans le premier cas si $x = (\alpha,\beta) \in \mathbb{R}^2$, alors $\rho(x) = \text{Max}(|\alpha|,|\beta|)$ et $\rho(x^{-1}) = \text{Max}(1/|\alpha|,1/|\beta|)$, donc on doit avoir $|\alpha| = |\beta|$ sur un ouvert de $\mathbb{R}^2$, ce qui est absurde. Le cas $\mathbb{C}^2$ se fait de la même façon. Supposons maintenant A isomorphe à $M_2(\mathbb{C})$. Soit $a \in U$ qui admet une forme triangulaire $a = m \begin{pmatrix}\alpha,\gamma\\0,\beta\end{pmatrix} m^{-1}$, supposons par exemple que $|\alpha| \leq |\beta|$ et posons $b = m \begin{pmatrix}\alpha(1-\varepsilon), & \gamma\\0 & ,\beta(1+\varepsilon)\end{pmatrix} m^{-1}$, où $\varepsilon > 0$ est choisi de façon que $b \in U$. Comme $\rho(b) = |\beta|(1+\varepsilon)$ et que $\rho(b^{-1}) = 1/|\alpha|(1-\varepsilon)$, on obtient $\rho(b).\rho(b^{-1}) \neq 1$, ce qui est absurde. Le cas $M_2(\mathbb{R})$ convient bien, car par exemple $a = \begin{pmatrix}0,1\\-1,0\end{pmatrix}$ a pour spectre $\{i,-i\}$ et dans un voisinage de a on aura $\text{Sp } b = \{\alpha,\bar{\alpha}\}$, pour un certain α de $\mathbb{C}$. Si A est complexe, le même argument que plus haut montre que $\# \text{ Sp } x = 1$ sur A , donc que $A/\text{Rad } A$ est isomorphe à $\mathbb{C}$ d'après le théorème de Gelfand-Mazur. Il est bon de remarquer que dans ce cas il n'est pas nécessaire d'appliquer le théorème 3.1.1, il suffit d'utiliser directement le théorème 1.2.2. □

Dans le cas réel si $\rho(x).\rho(x^{-1}) = 1$ sur toute la composante connexe de l'unité de l'ensemble des éléments inversibles alors le cas $M_2(\mathbb{R})$ est impossible car par exemple $\binom{1,0}{0,2}$ ne satisfait pas cette relation et est dans la composante connexe de l'unité.

COROLLAIRE 3. *Si* A *est une algèbre de Banach réelle avec unité contenant un ouvert non vide* U *d'éléments inversibles tel que* $||x||.||x^{-1}|| = 1$ *, pour tout* x *de* U*, alors* A *est isomorphe à* $\mathbb{R}$ *,* $\mathbb{C}$ *ou* $\mathbb{K}$ *. Si* A *est une algèbre de Banach complexe alors* A *est isomorphe à* $\mathbb{C}$ *.*

Démonstration.- Quitte à diminuer U on peut le supposer connexe. Commençons par montrer que $||x||.||x^{-1}|| = 1$, si $x \in G_1$, la composante connexe de l'unité dans le groupe des éléments inversibles. Soit E l'ensemble des x de G_1 vérifiant $||x||.||x^{-1}|| = 1$, c'est évidemment un fermé de G_1 contenant l'unité, c'est aussi un ouvert car si $a \in U$ et $x \in E$ alors pour $y \in Ua^{-1}$ on a les inégalités $1 \leq ||xy||.||y^{-1}x^{-1}|| = ||xyaa^{-1}||.||aa^{-1}y^{-1}x^{-1}|| \leq ||x||.||ya||.||a^{-1}||.||a||.$ $||a^{-1}y^{-1}||.||x^{-1}|| = 1$, comme en plus xUa^{-1} est un ensemble connexe contenant x on a $xUa^{-1} \subset E$, donc $xy \in E$, pour tout y dans le voisinage de l'unité Ua^{-1}. Supposons que $x \in \text{Rad } A$, avec $x \neq 0$, alors la fonction $t \to x_\lambda(t) = \frac{1+tx}{1+t}$, pour $0 \leq t \leq \lambda$, définit un arc continu qui joint 1 à $x_\lambda = \frac{1+\lambda x}{1+\lambda}$ dans le groupe des éléments inversibles, d'où $x_\lambda \in G_1$, quel que soit $\lambda \geq 0$, auquel cas on a donc $||x_\lambda||.||x_\lambda^{-1}|| = 1$. Quand λ tend vers $+\infty$, x_λ tend vers x donc $||x_\lambda^{-1}||$ tend $1/||x||$, auquel cas, d'après le lemme 1.1.5 , x est inversible, ce qui est absurde. Si on remarque que $1 \leq \rho(x).\rho(x^{-1}) \leq ||x||.||x^{-1}|| = 1$ sur G_1 , en appliquant le corollaire 2 et la remarque qui le suit on obtient le résultat. □

COROLLAIRE 4. *Soit* A *une algèbre de Banach complexe involutive avec unité dont l'ensemble des éléments hermitiens contient un ouvert non vide* U *d'éléments inversibles tel que* $\rho(x).\rho(x^{-1}) = 1$ *, pour tout* x *de* U *, alors* $A/\text{Rad } A$ *est isomorphe à* $\mathbb{C}$ *muni de l'involution* $u \to \bar{u}$ *ou à* $\mathbb{C}^2$ *muni de l'involution* $(u,v) \to (\bar{v},\bar{u})$*.*

Démonstration.- Comme dans la démonstration du corollaire 2 on voit que $\text{Sp } x$ a au plus deux éléments, quel que soit $x \in A$, donc que $A/\text{Rad } A$ est isomorphe à $\mathbb{C}$, $\mathbb{C}^2$ ou $M_2(\mathbb{C})$. Le dernier cas est impossible pour les raisons suivantes. Comme tout automorphisme de $M_2(\mathbb{C})$ est de la forme $x \to axa^{-1}$, avec a inversible (voir [103], théorème 4.3.1, page 99 ou [177], théorème 2.5.19, page 76), toute involution est de la forme $x^* = b.{}^t\bar{x}.b^{-1}$, avec b inversible, mais alors de $x^{**} = x$ on déduit que ${}^t\bar{b}b^{-1}$ est central, donc de la forme λI , avec $\lambda \in \mathbb{C}$, d'après le lemme de Schur, or $|\lambda| = 1$, car ${}^t\bar{b} = \lambda b$ implique $b = \bar{\lambda}{}^t\bar{b}$ donc $b = |\lambda|^2 b$, en posant $u = be^{i\theta/2}$, où $\theta = \text{Arg } \lambda$, on voit que $x^* = u{}^t\bar{x}u^{-1}$, avec $u = {}^t\bar{u}$. Mais $u^* = u = {}^t\bar{u}$, donc u appartient à l'ensemble H des éléments hermitiens pour l'involution $*$, ce qui implique, d'après le lemme 2, que $\text{Sp } u = \{\alpha,\bar{\alpha}\}$, pour un certain α de $\mathbb{C}$, d'un autre côté $u = {}^t\bar{u}$ implique que le spectre de u est réel, ainsi $\text{Sp } u = \{\alpha\}$, avec α réel, d'où, quitte à changer u en $-u$ cela permet de supposer que $\alpha > 0$, auquel cas u admet une racine carrée hermitienne. Si $x \in H$ alors $u^{-\frac{1}{2}}xu^{\frac{1}{2}} = u^{\frac{1}{2}}\,{}^t\overline{x}u^{-\frac{1}{2}}$, donc ce dernier élément est hermitien pour l'involution $m \to {}^t\overline{m}$, ce qui signifie que Sp x qui est égal à $\mathrm{Sp}(u^{-\frac{1}{2}}xu^{\frac{1}{2}})$ est réel, mais Sp x est aussi de la forme $\{\beta,\overline{\beta}\}$, avec $\beta \in \mathbb{C}$, donc $\mathrm{Sp}\,x = \{\beta\}$, pour β réel. De $\#\,\mathrm{Sp}\,x = 1$ sur H , par un raisonnement identique à celui utilisé dans la démonstration du théorème 2, on déduit que $\#\,\mathrm{Sp}\,x = 1$ sur $M_2(\mathbb{C})$, ce qui est absurde. Dans le cas de $\mathbb{C}$ la seule involution est $u \to \overline{u}$ qui convient. Dans le cas de $\mathbb{C}^2$, comme $(1,0)$ et $(0,1)$ sont des projecteurs, leurs images sont des projecteurs et du fait que l'involution est bijective les seules possibilités sont $(1,0)^* = (0,1)$ et $(0,1)^* = (1,0)$ ou $(1,0)^* = (1,0)$ et $(0,1)^* = (0,1)$. Pour ce dernier exemple l'involution est $(u,v)^* = (\overline{u},\overline{v})$ qui ne convient pas, car les éléments hermitiens sont de la forme $x = (u,v)$, avec u,v réels, et alors $\rho(x) = \mathrm{Max}(|u|,|v|)$ et $\rho(x^{-1}) = \mathrm{Max}(1/|u|,1/|v|)$, donc $\rho(x)\rho(x^{-1}) \neq 1$, si $|u| \neq |v|$. Pour le premier exemple les éléments hermitiens sont de la forme $x = (u,\overline{u})$ et la propriété est bien vérifiée. □

COROLLAIRE 5. *Soit A une algèbre de Banach complexe involutive avec unité dont l'ensemble des éléments hermitiens contient un ouvert non vide U d'éléments inversibles tel que $||x||.||x^{-1}|| = 1$, pour tout x de U , alors A est isomorphe à $\mathbb{C}$ muni de l'involution $u \to \overline{u}$ ou à $\mathbb{C}^2$ muni de l'involution $(u,v) \to (\overline{v},\overline{u})$.*

Démonstration.- Comme dans le corollaire 3 on a $||x||.||x^{-1}|| = 1$ sur l'ensemble $H \cap G_1$. Si $x = h+ik \in \mathrm{Rad}\,A$, avec $x \neq 0$, on a par exemple $h \neq 0$ et $h \in \mathrm{Rad}\,A$ donc en considérant $h_\lambda = \frac{1+\lambda h}{1+\lambda}$, pour $\lambda \geq 0$, on a $h_\lambda \in H \cap G_1$ et en plus h inversible, d'après le lemme 1.1.5, ce qui est absurde. Comme A est sans radical on utilise le corollaire précédent. □

Il est bien connu (voir par exemple [48], exercice 27, page 93) qu'une algèbre de Banach commutative noethérienne est de dimension finie. A.M. Sinclair et A.W. Tullo [191] ont étendu ce résultat au cas non commutatif, dans l'hypothèse où A est complexe, ils signalent aussi le passage au cas réel mais leur argument semble peu clair. L'idée principale est de remplacer le théorème de structure des idéaux d'un anneau noethérien commutatif par le théorème 3.

LEMME 3. *Soient T un opérateur borné sur un espace de Banach X et λ un point frontière du spectre de T tel que l'image de $T - \lambda I$ soit fermée, alors λ est une valeur propre de T .*

Démonstration.- Supposons que $\mathrm{Ker}(T-\lambda I) = \{0\}$, alors $T-\lambda I$ est un isomorphisme continu de X sur $(T-\lambda I)(X)$. D'après le théorème de l'application ouverte il existe $k > 0$ tel que $||\xi|| \leq k\,||(T-\lambda I)\xi||$, pour $\xi \in X$. Comme $\lambda \in \partial\mathrm{Sp}\,T$, d'après le corollaire 1.1.3, il existe une suite (T_n) d'éléments de $\mathcal{L}(X)$ telle que l'on ait $||T_n|| = 1$ et $(T-\lambda I)T_n$ qui tende vers 0 . Choisissons ξ_n dans X tel que

$||\xi_n|| = 1$, $||T_n\xi_n|| \geq \frac{1}{2}$ et posons $\eta_n = T_n\xi_n/||T_n\xi_n||$, alors $||\eta_n|| = 1$ et $||(T-\lambda I)\eta_n||$ tend vers 0 , ce qui est absurde. □

Si A est noethérienne pour les idéaux à gauche, tout idéal à gauche I de A a un nombre fini de générateurs, autrement dit il existe $x_1,\ldots,x_n$ de I tels que $I = Ax_1+\ldots+Ax_n$. Dans le cas des algèbres de Banach cela va impliquer que tout idéal à gauche est fermé. Curieusement, la réciproque est vraie, c'est-à-dire que si tout idéal à gauche d'une algèbre de Banach réelle est fermé alors l'algèbre est noethérienne, comme l'a montré S.J. Sidney.

LEMME 4. *Soit A une algèbre de Banach réelle, si I est un idéal à gauche de A tel que $\overline{I}$ soit engendré par un nombre fini de ses éléments, alors I est fermé.*

Démonstration.- Soient $a_1,\ldots,a_n \in \overline{I}$ tels que $\overline{I} = Aa_1+\ldots+Aa_n$ et soit X l'espace de Banach des suites de n éléments dans A , avec la norme définie par $||(x_1,\ldots,x_n)|| = \operatorname{Max}_i ||x_i||$. Soit ϕ l'application linéaire de X dans $\overline{I}$ définie par $\phi(x_1,\ldots,x_n) = x_1a_1+\ldots+x_na_n$. C'est un opérateur continu qui envoie X sur $\overline{I}$, donc qui est ouvert, autrement dit il existe $k > 0$ tel que $k \operatorname{Max}_i ||x_i|| \leq ||x_1a_1+\ldots+x_na_n||$. Soit $\varepsilon > 0$ et $B(\varepsilon)$ la boule de A de centre 0 et de rayon ε , alors on a $I + B(\varepsilon)a_1+\ldots+B(\varepsilon)a_n$ qui contient $\overline{I}$, car si $x \in \overline{I}$ il existe $y \in I$ tel que $||x-y|| < k\varepsilon$, mais $x-y \in \overline{I}$, donc $x-y = c_1a_1+\ldots+c_na_n$, avec $\operatorname{Max}_i ||c_i|| < \varepsilon$. Quel que soit n entier positif on peut donc trouver $b_1,\ldots,b_n$ dans I et des c_{ij} dans $B(1/n)$, où $i,j = 1,\ldots,n$, tels que :

$$a_i = b_i + \sum_{j=1}^{n} c_{ij}a_j \quad .$$

En langage matriciel dans $M_n(\tilde{A})$ cela signifie que :

$$\begin{pmatrix} b_1 \\ \vdots \\ b_n \end{pmatrix} = (I-(c_{ij}))\begin{pmatrix} a_1 \\ \vdots \\ a_n \end{pmatrix} .$$

Mais puisque $||(c_{ij})|| < 1$, $I-(c_{ij})$ est inversible dans $M_n(\tilde{A})$, donc $a_1,\ldots,a_n \in I$, auquel cas $\overline{I} \subset I$, c'est-à-dire que I est fermé. □

On peut aussi utiliser un argument très simple que nous a communiqué R.J. Loy si l'on sait que l'ensemble des applications linéaires continues d'un espace de Banach sur un autre espace de Banach est ouvert. Pour cela il suffit pour chaque i de choisir une suite $(a_{ij})_{j=1}^{\infty}$ dans I et convergeant vers a_i et de définir l'application linéaire ϕ_i de X dans $\overline{I}$ par $\phi_i(x_1,\ldots,x_n) = \sum_j x_ja_{ij}$, alors les ϕ_i convergent vers ϕ et cette dernière est surjective, donc ϕ_i est surjective pour i assez grand.

THEOREME 5. *Une algèbre de Banach réelle noethérienne est de dimension finie.*

Démonstration.- a) Commençons par montrer que $A/\mathrm{Rad}\,A$ est de dimension finie. Soit

x de A et supposons que $\partial\mathrm{Sp}\, x$ contienne une suite infinie (λ_n) de points distincts. Pour $n \geq 1$, posons I_n égal à l'ensemble des y tels que l'on ait $y(\lambda_1 - x)\dots(\lambda_n - x) = 0$, il est clair que les idéaux à gauche I_n forment une suite croissante. Soit T l'application linéaire $z \to zx$ de A dans A , d'après les lemmes 3 et 4, les λ_n sont des valeurs propres de T , car $\mathrm{Sp}\, x \cup \{0\} = \mathrm{Sp}\, T \cup \{0\}$. De plus si z est un vecteur propre non nul correspondant à λ_n on a $z(\lambda_n - x) = 0$, donc $z \in I_n$, mais $z \notin I_{n-1}$ car $z(\lambda_1 - x)\dots(\lambda_n - x) = (\lambda_n - \lambda_1)\dots(\lambda_n - \lambda_{n-1})z \neq 0$. Ainsi la suite des I_n est strictement croissante, ce qui est absurde. En conséquence $\mathrm{Sp}\, x$ est fini pour tout x de A , donc, d'après le théorème 3 , $A/\mathrm{Rad}\, A$ est de dimension finie.

b) Montrons maintenant que tout élément de $\mathrm{Rad}\, A$ est nilpotent. Soient $x \in \mathrm{Rad}\, A$ et J_n l'ensemble des y tels que $yx^n = 0$, les J_n forment une suite croissante d'idéaux à gauche, donc il existe m tel que $J_m = J_k$, pour $k \geq m$. Supposons $J_m \neq A$ et soit Y l'espace de Banach A/J_m muni de l'opérateur $S(y+J_m) = yx+J_m$. S est borné, quasi-nilpotent puisque x est dans le radical et injectif puisque $yx \in J_m$ implique $y \in J_{m+1} = J_m$. De plus l'image de S est fermée car c'est $(Ax+J_m)/J_m$, où l'idéal à gauche $Ax+J_m$ est fermé d'après le lemme 4. D'après le lemme 3, on a $0 \notin \mathrm{Sp}\, S$, ce qui est absurde, donc $J_m = A$, ce qui implique que x est nilpotent. En appliquant le lemme 3.4.1 que nous prouverons plus loin on déduit qu'il existe un entier N tel que $(\mathrm{Rad}\, A)^N = \{0\}$.

c) Comme dans le cas commutatif, si on note par R le radical, on voit facilement que R^n/R^{n+1} est un module de type fini sur A/R , donc, d'après a), R^n/R^{n+1} est de dimension réelle finie. En commençant avec l'entier N et en reculant on obtient que $\mathrm{Rad}\, A$ est de dimension finie, d'où A également. □

COROLLAIRE 6 (Sidney). *Pour qu'une algèbre de Banach réelle A soit de dimension finie il faut et il suffit que tout idéal à gauche de A soit fermé.*

Démonstration.- La condition nécessaire est évidente puisque les idéaux à gauche sont des sous-espaces vectoriels de dimension finie. Réciproquement montrons que tout idéal à gauche I est de type fini. Si I n'est pas de type fini, il existe une suite infinie (a_n) d'éléments distincts de I tels que la suite des idéaux à gauche $I_n = Aa_1 + \dots + Aa_n$ soit strictement croissante. Posons J égal à l'union des I_n , c'est lui-même un idéal à gauche, donc par hypothèse J est fermé. D'après le théorème de Baire, il existe un entier N et un ouvert U de J tels que $U \subset I_N$. Soit $a \in U$ et $x \in J$, alors $y = a + \lambda(x-a) \in I_N$, pour λ réel assez petit, donc $x = \frac{\lambda - 1}{\lambda} a + \frac{y}{\lambda} \in I_N$, ce qui est absurde. En utilisant le théorème 5 on déduit que A est de dimension finie. □

Dans le cas des modules des résultats analogues ont été obtenus par S. Grabiner [92]. En rapport avec tous ces résultats, voir [209] où sont données d'autres caractérisations algébriques des algèbres de dimension finie.

§3. *Caractérisation des algèbres modulaires annihilatrices.*

Dans le cas des algèbres de Banach complexes un grand nombre de résultats qui suivent ont été obtenus par B.A. Barnes [30,31,32]. En utilisant la technique des fonctions sous-harmoniques nous allons les étendre au cas réel, au cas involutif et même au cas local. Donnons d'abord quelques définitions et lemmes bien connus.

Un idéal à gauche I est dit *minimal* s'il est non nul et si les seuls idéaux à gauche contenus dans I sont I et $\{0\}$. Pour les idéaux à droite minimaux la définition est semblable. Un projecteur e est dit *minimal* si $e \neq 0$ et si eAe est un corps.

LEMME 1. *Soit I un idéal minimal à gauche et soit u quelconque dans A, alors $Iu = \{0\}$ ou Iu est un idéal minimal à gauche.*

Démonstration.- Supposons $Iu \neq \{0\}$ et soit J un idéal à gauche tel que $\{0\} \neq J \subset Iu$, appelons K l'ensemble des $x \in I$ tels que $xu \in J$. Alors K est un idéal à gauche et $\{0\} \neq K \subset I$, c'est-à-dire $K = I$, donc $Iu \subset J$, soit $Iu = J$. □

LEMME 2. *Soit A une algèbre de Banach réelle sans radical. Alors tout idéal minimal à gauche de A est de la forme Ae où e est un projecteur minimal et réciproquement tout idéal à gauche de la forme Ae, où e est un projecteur minimal, est un idéal minimal à gauche. Pour les idéaux minimaux à droite la conclusion analogue est vraie.*

Démonstration.- Supposons que I est un idéal minimal à gauche. Commençons par montrer que $I^2 \neq \{0\}$, en effet si $I^2 = \{0\}$ alors I est contenu dans l'ensemble des $x \in A$ tels que $xI = \{0\}$, lequel est un idéal bilatère J tel que $JA = \{0\}$, donc, d'après le théorème I.2, $J \subset \text{Rad } A$, soit $I = \{0\}$ ce qui est absurde. En particulier il existe $a \in I$ tel que $Ia \neq \{0\}$, mais Ia est un idéal à gauche contenu dans I donc, d'après la minimalité, $Ia = I$, ainsi il existe $e \in I$ tel que $ea = a$, d'où $I \not\subset \{y \mid ya = 0\}$. Mais $I \cap \{y \mid ya = 0\}$ est un idéal à gauche strictement inclus dans I, donc nul. Comme $e \in I$ on a $e^2 - e \in I$ et également $(e^2-e)a = 0$, donc $e^2 = e$. Il reste à prouver que e est un projecteur minimal car $I = Ae$ résulte immédiatement de $\{0\} \neq Ae \subset I$. Il est clair que eAe est une sous-algèbre de A ayant e comme unité, montrons que c'est un corps. Soit $eae \neq 0$, comme on a $eae = e(eae) \in Aeae$, il résulte que $\{0\} \neq Aeae \subset I$, donc $Aeae = I$, en particulier il existe $b \in A$ tel que $beae = e$, d'où $(ebe)(eae) = e$, c'est-à-dire que eae est inversible dans eAe. Pour la réciproque montrons que Ae est un idéal minimal à gauche si le projecteur e est minimal. Supposons donc que $\{0\} \neq K \subset Ae$, pour un certain idéal à gauche K, par un argument analogue à celui qu'on a fait au début il résulte que $K^2 \neq \{0\}$, donc il existe ae et be dans K

tels que $aebe \neq 0$. Ainsi $ebe \neq 0$ et comme eAe est un corps il existe $c \in eAe$ tel que $cebe = e$. Alors $Ae = Acebe \subset Abe \subset K$, d'où Ae est minimal. Pour les idéaux à droite le raisonnement est identique sauf qu'on utilise les idéaux de la forme eA. □

LEMME 3. *Soit A une algèbre de Banach réelle sans radical, si elle admet des idéaux minimaux à gauche elle admet aussi des idéaux minimaux à droite et la somme des idéaux minimaux à gauche est égale à la somme des idéaux minimaux à droite, donc c'est un idéal bilatère de l'algèbre.*

Démonstration.- Le début est évident, d'après le lemme précédent, si l'on remarque que Ae minimal à gauche équivaut à eA minimal à droite. Pour le reste il suffit de remarquer que tout élément d'un idéal minimal à droite est dans un idéal minimal à gauche. Soit donc $x \in eA$, avec $x \neq 0$, alors $x = eu$, avec $u \in A$, donc $Ax = (Ae)x$ contient $ex = x$, donc est non nul, d'après le lemme 1 il résulte que Ax est un idéal minimal à gauche. □

Cet idéal bilatère somme des idéaux minimaux à gauche de A ou des idéaux minimaux à droite est appelé le *socle* de A, dénoté par $\mathrm{soc}(A)$. Quand A n'a pas d'idéaux minimaux à gauche ou à droite on pose par convention que le socle est nul.

La démonstration qui suit généralise très fortement un résultat de B.A. Barnes [30] et donne une démonstration complètement nouvelle où la fin est inspirée d'un argument de R. Basener [36] que nous avons déjà utilisé dans la démonstration du théorème 1.2.6.

THEOREME 1. *Soient A une algèbre de Banach complexe sans radical, sans idéaux minimaux à gauche ou à droite et H un sous-espace vectoriel réel fermé tel que $A = H + iH$, alors l'ensemble des éléments de H dont le spectre est non dénombrable est dense dans H.*

Démonstration.- Soit U un ouvert de H dont tout élément a son spectre dénombrable et soit V une boule fermée de H contenue dans U. Si $\mathrm{Sp}\, h$ a un seul point pour tout h de V alors $A/\mathrm{Rad}\, A = A = \mathbb{C}$, d'après le théorème 1.2.2 et le théorème de Gelfand-Mazur, ce qui est absurde. Supposons donc qu'il existe $h_0 \in V$ tel que son spectre ait au moins deux points isolés α_0, α_1. Choisissons deux disques disjoints D_0 et D_1 centrés respectivement en ces points de façon que $D_0 \cap \mathrm{Sp}\, h_0 = \{\alpha_0\}$ et $D_1 \cap \mathrm{Sp}\, h_0 = \{\alpha_1\}$. D'après les théorèmes 1.1.3 et 1.1.4, il existe $r > 0$ tel que $\|h-h_0\| \leq r$ implique $D_0 \cap \mathrm{Sp}\, h \neq \emptyset$, $D_1 \cap \mathrm{Sp}\, h \neq \emptyset$ et $\mathrm{Sp}\, h \cap (\partial D_0 \cup \partial D_1) = \emptyset$. Si p_0 et p_1 dénotent les projecteurs associés aux deux disques et à $h_0 \in V$ et si $A_0 = p_0Ap_0$, $A_1 = p_1Ap_1$ désignent les sous-algèbres correspondantes, posons $\phi_0(x) = \mathrm{Log}\, \delta_{A_0}(p_0xp_0)$ et $\phi_1(x) = \mathrm{Log}\, \delta_{A_1}(p_1xp_1)$. D'après le théorème 1.2.1, les

composées de ϕ_0 et ϕ_1 avec une fonction analytique de $\mathbb{C}$ dans A sont sous-harmoniques.
Premier cas. Supposons que pour tout h de V tel que $||h-h_0|| \leq r$ on ait $\phi_0(h) + \phi_1(h) = -\infty$. Alors $B = \{h | h \in V$ et $||h-h_0|| \leq r\} = F_0 \cup F_1$, où F_i est l'ensemble des h de B tels que $\phi_i(h) = -\infty$. Le spectre étant supposé dénombrable sur U la fonction spectre est continue sur U, d'après le corollaire 1.1.7, donc ϕ_0 et ϕ_1 sont continues sur U, ce qui implique que F_0 et F_1 sont fermés. Ainsi l'un d'eux, par exemple F_0, contient une boule $B(h_1,r_1)$ de H. Si $h \in H$ alors $h_1+\lambda(h-h_1) \in B(h_1,r_1)$, pour λ réel assez petit, donc, d'après le théorème de H. Cartan, $\delta_{A_0}(p_0hp_0) = 0$, pour tout h de H, ce qui implique, d'après le théorème 3.2.2, appliqué à p_0Hp_0 dans p_0Ap_0 et le théorème de Gelfand-Mazur, que $p_0Ap_0 = \mathbb{C}p_0$, donc que Ap_0 est minimal à gauche ce qui est absurde.
Deuxième cas. Il existe h dans B tel que $\phi_0(h) \neq -\infty$ et $\phi_1(h) \neq -\infty$. Comme $\mathrm{Sp}\, h \supset \mathrm{Sp}_{A_0} p_0hp_0 \cup \mathrm{Sp}_{A_1} p_1hp_1$, on déduit que $\#(\mathrm{Sp}\, h \cap D_0) \geq 2$ et $\#(\mathrm{Sp}\, h \cap D_1) \geq 2$, ainsi Sp h contient au moins quatre points isolés $\alpha_{00}, \alpha_{01}, \alpha_{10}, \alpha_{11}$, avec $\alpha_{00}, \alpha_{01} \in D_0$ et $\alpha_{10}, \alpha_{11} \in D_1$. En construisant quatre disques disjoints D_{ij}, où $i,j = 0,1$, centrés en ces points, ainsi que les projecteurs p_{ij} associés à ces disques et à h, et les fonctions ϕ_{ij} correspondantes, par un argument analogue à celui qui précède appliqué à $p_{ij}Hp_{ij}$ dans $p_{ij}Ap_{ij}$, on déduit que $\phi_{ij}(h) \neq -\infty$, pour $i,j = 0,1$, pour un certain h de V. Ainsi de proche en proche on peut construire une suite (h_n) d'éléments de V telle que $||h_n-h_{n+1}|| \leq 1/2^{n+1}$, où $\mathrm{Sp}\, h_n$ a au moins un point dans chacun des 2^{n+1} disques disjoints correspondants. La suite converge vers un élément h de V et par la continuité de la fonction spectre on a $\mathrm{Sp}\, h = \lim \mathrm{Sp}\, h_n$, ce qui, d'après l'argument de la fin de la démonstration du théorème 1.2.6, montre que Sp h n'est pas dénombrable, d'où absurdité. Ainsi tout ouvert de H contient des éléments dont le spectre n'est pas dénombrable. □

En conclusion, si A est une algèbre de Banach complexe sans radical telle que $A = H + iH$, où H est un sous-espace vectoriel fermé réel contenant un ouvert non vide d'éléments de spectre dénombrable, alors A admet un socle non nul. En raisonnant avec les droites réelles qui sont fermées cela marche aussi si H est non fermé et s'il contient un ensemble absorbant non vide d'éléments de spectre dénombrable.

COROLLAIRE 1. *Soit A une algèbre de Banach complexe involutive et sans radical dont tout élément d'un ensemble absorbant non vide de l'ensemble des éléments hermitiens a son spectre dénombrable, alors le socle de A est non nul.*

Démonstration.- Elle est immédiate d'après ce qui précède si l'on remarque que $A = H + iH$, où H est l'ensemble des éléments hermitiens. □

Dans le cas réel le même argument montre que le socle de $A_{\mathbb{C}}$ est non nul, mais il est beaucoup plus difficile de prouver que le socle de A est non nul. Pour cela il faut utiliser un lemme dû à J.C. Alexander [3].

LEMME 4. *Soit A une algèbre de Banach réelle sans radical. Si aAa est de dimension finie alors a est dans le socle de A. Si en plus l'algèbre est complexe alors réciproquement a dans le socle de A implique aAa de dimension finie.*

Démonstration.- Soit a non nul tel que aAa soit de dimension finie. Comme A est sans radical $Aa \neq \{0\}$, d'après le théorème I.2. Soit L un idéal à gauche de A, non nul, inclus dans Aa. Toujours puisque A est sans radical $L^2 \neq \{0\}$, donc il existe ba, ca dans L avec $baca \neq 0$. Alors $aca \neq 0$ et $aca \in L \cap aAa$, donc aAa est un sous-espace vectoriel réel de dimension finie ayant une intersection non nulle avec tout idéal à gauche non nul de A contenu dans Aa. Il en résulte qu'il existe un sous-espace $X_1 \neq \{0\}$ de aAa et un idéal à gauche L_1 de A avec $L_1 \subset Aa$ et $L_1 \cap aAa = X_1$, tels que pour tout idéal à gauche L de A vérifiant $L \subset Aa$ on ait $L \cap X_1 = \{0\}$ ou $L \cap X_1 = X_1$. Soit L_2 l'intersection de tous les idéaux à gauche de A tels que $L \subset Aa$ et $L \cap aAa = X_1$, alors L_2 est un idéal minimal à gauche donc de la forme Ae pour un projecteur minimal e de A. Soit $a_1,\dots,a_n$ une base de aAa avec $a_1,\dots,a_m \in X_1$, où $m \leq n$. On a $a_r = a_r e$, pour $1 \leq r \leq m$. Soit $b \in A$, supposons que $aba = \sum_{r=1}^{n} \lambda_r a_r$ et $aeba = \sum_{r=1}^{n} \mu_r a_r$. Alors on a :

$$(a-ae)b(a-ae) = aba-abae-aeba+aebae = \sum_{r=1}^{n} \lambda_r(a_r-a_re) - \sum_{r=1}^{n} \mu_r(a_r-a_re) = \sum_{r=m+1}^{n}(\lambda_r-\mu_r)(a_r-a_re).$$

Donc $(a-ae)A(a-ae) \subset \sum_{r=m+1}^{n} \mathbb{R}b_r$, où $b_r = a_r-a_re$ et donc $(a-ae)A(a-ae)$ est de dimension strictement inférieure à n. En répétant l'argument plusieurs fois on obtient $(a-a')A(a-a') = \{0\}$, donc $(a-a')A = \{0\}$ puisque A est sans radical, avec a' dans le socle de A, et à nouveau puisque A est sans radical $a = a'$, d'où a est dans le socle de A.

Pour la deuxième partie nous allons commencer par montrer que si e et f sont deux projecteurs minimaux de A alors il existe g de A tel que $eAf = \mathbb{C}g$. En reprenant le lemme 2.8.8, page 98 de [177], on montre que $\overline{AeA}$ et $\overline{AfA}$ sont des idéaux bilatères fermés minimaux. Donc ou bien $\overline{AeA} \cap \overline{AfA} = \{0\}$ ou bien $\overline{AeA} = \overline{AfA}$. Dans le premier cas, puisque $eAf \subset \overline{AeA} \cap \overline{AfA}$, on obtient $eAf = \{0\}$. Dans le deuxième cas on remarque que $\overline{AeA}$ est une algèbre primitive puisque c'est un idéal bilatère fermé minimal et que A est sans radical. En plus $\overline{AeA}$ admet des idéaux minimaux d'un seul côté. D'après le théorème 2.4.12, page 67 de [177], il existe une paire d'espaces de Banach X et Y en dualité et un isomorphisme continu $a \to T_a$ de $\overline{AeA}$ dans $\mathcal{L}(X)$ tel que le socle de $\overline{AeA}$ s'envoie sur la sous-algèbre des opérateurs de la forme $x \otimes y$, où $x \in X$ et $y \in Y$, $x,y \neq 0$. Ainsi $T_e = x_1 \otimes y_1$ et $T_f = x_2 \otimes y_2$, pour certains $x_1,x_2 \in X$ et $y_1,y_2 \in Y$, puisque e et f sont minimaux dans $\overline{AeA}$. Alors il est clair qu'il existe a,b dans $\overline{AeA}$ tels que $f = aeb$. Ainsi $eAf = eAaeb = \mathbb{C}eb$, car $eAe = \mathbb{C}e$ du fait que e est minimal et eAf

est non nul car autrement $\{0\} = \overline{eAfA} = \overline{eAeA} = eA$, ce qui est absurde. Pour terminer la démonstration, en supposant a dans $soc(A)$, il suffit d'écrire $a = \sum_i a_i e_i$, où la somme est finie et les e_i sont des projecteurs minimaux pour déduire que $aAa \subset \sum_{i,j} a_i e_i A a_j e_j \subset \sum_{i,j} a_i e_i A e_j = \sum_{i,j} \mathbb{C} a_i g_{ij}$, où les g_{ij} sont définis comme plus haut. Ainsi A est de dimension finie. □

COROLLAIRE 2. *Soit* A *une algèbre de Banach réelle sans radical dont tout élément d'un ensemble absorbant non vide a son spectre dénombrable, alors le socle de* A *est non nul.*

Démonstration.- En raisonnant dans $A_{\mathbb{C}}$ on voit que $A_{\mathbb{C}}$ admet un projecteur minimal $p = x+iy \neq 0$. Il est impossible que x soit nul car sinon $iy = -y^2$, ce qui implique $y = 0$. Il est clair que $\overline{p} = x-iy$ est aussi un projecteur minimal de $A_{\mathbb{C}}$, donc $x = (p+\overline{p})/2 \in soc(A_{\mathbb{C}})$, ce qui implique, d'après la deuxième partie du lemme précédent, que $xA_{\mathbb{C}}x$ est de dimension complexe finie, auquel cas xAx est de dimension réelle finie. D'après la première partie du lemme précédent on obtient donc que $x \in soc(A)$. □

Au paragraphe 2 nous avons vu que les algèbres de Banach sans radical dont tout élément est de spectre fini ont une caractérisation algébrique simple : ce sont les algèbres de dimension finie. Existe-t-il aussi une caractérisation algébrique simple dans le cas où le spectre de tout élément est dénombrable ? Jusqu'à maintenant ce problème est non résolu, mais dans le cas particulier des algèbres de Banach complexes sans radical dont tout élément a son spectre avec au plus 0 comme point limite, B.A. Barnes [30,31] a pu montrer qu'une telle caractérisation algébrique existe : ce sont les algèbres modulaires annihilatrices qui originellement ont été introduites par B. Yood [226]. L'objet de ce qui suit est d'étendre ce résultat au cas réel et au cas involutif, mais auparavant rappelons quelques définitions.

Un idéal à gauche I (respectivement à droite) est appelé *modulaire* dans l'algèbre A s'il existe $e \in A$ tel que $xe-x \in I$, pour tout x de A (respectivement s'il existe $f \in A$ tel que $fx-x \in I$, pour tout x de A). Si E est un sous-ensemble de A , l'*annulateur à gauche de* E (respectivement à droite) est l'ensemble $G(E)$ des x tels que $xE = \{0\}$ (respectivement l'ensemble $D(E)$ des x tels que $Ex = \{0\}$). Une algèbre de Banach sera dite *modulaire annihilatrice* si $G(A) = D(A) = \{0\}$ et si pour tout idéal maximal modulaire à gauche I et pour tout idéal maximal modulaire à droite J on a $D(I) \neq \{0\}$ et $G(J) \neq \{0\}$. Il va résulter de ce qui suit qu'une algèbre annihilatrice, donc plus généralement une algèbre compacte au sens de J.C. Alexander [3], est modulaire annihilatrice. Il existe de nombreux exemples d'algèbres modulaires annihilatrices (voir [32]) en particulier certains qui ne correspondent pas à des algèbres compactes.

Dans [31], en utilisant le fameux résultat de A.F. Ruston [*J.London*

Math. Soc. 29 (1954), 318-326] qui affirme que sur un espace de Banach un opérateur borné T, tel que $\lim_{n\to\infty} ||T^n - C_n||^{1/n} = 0$, pour certains opérateurs compacts C_n, est un opérateur de Riesz, B.A. Barnes a pu prouver que pour les algèbres modulaires annihilatrices le spectre de chaque élément a au plus 0 comme point limite. Pour démontrer cela nous suivrons plutôt la méthode de M.R. Smyth [193], elle-même inspirée d'une idée de J.C. Alexander. En fait nous ne donnerons pas tous les détails car cela nous entraînerait trop loin dans l'étude des opérateurs de Riesz sur un espace de Banach.

THEOREME 2. *Si A est une algèbre de Banach réelle sans radical et modulaire annihilatrice alors tout élément de A a son spectre avec au plus 0 comme point limite.*

Sommaire de démonstration.- Il n'est pas difficile de démontrer que tout idéal maximal modulaire à gauche est de la forme $A(1-e)$, pour un certain projecteur minimal e, donc en particulier $\operatorname{soc}(A) \neq \{0\}$. En fait $k(h(\operatorname{soc}(A))) = k(h(\overline{\operatorname{soc}(A)})) = A$, donc la classe de $x \in A$ est dans le radical de l'algèbre quotient $A/\overline{\operatorname{soc}(A)}$, c'est-à-dire quasi-nilpotente, autrement dit pour tout $\varepsilon > 0$ il existe un entier N et $t_n \in \operatorname{soc}(A)$ tels que $||x^n - t_n|| < \varepsilon^n$, si $n \geq N$. Dénotons par $a \wedge a$ l'opérateur sur $\mathcal{L}(A)$ défini par $x \to axa$, alors on a donc $||(x\wedge x)^n - (t_n \wedge t_n)|| = ||(x^n \wedge x^n) - (t_n \wedge t_n)|| \leq \varepsilon^n(2||x^n|| + \varepsilon^n)$, ce qui donne donc $||(x\wedge x)^n - (t_n \wedge t_n)||^{1/n} \leq \varepsilon(2||x|| + \varepsilon)$, pour $n \geq N$. Mais il n'est pas difficile de voir que $t_n \wedge t_n \in F$, l'idéal des opérateurs bornés de rang fini sur A, donc $\rho(\overline{x\wedge x}) \leq \varepsilon(2||x|| + \varepsilon)$, quel que soit $\varepsilon > 0$, où $\overline{x\wedge x}$ désigne la classe de $x \wedge x$ dans $\mathcal{L}(A)/\overline{F}$, ainsi $\rho(\overline{x\wedge x}) = 0$, donc d'après le résultat de A.F. Ruston, $x \wedge x$ est un opérateur de Riesz sur A. Soit Z le centralisateur de x, c'est-à-dire l'ensemble des u de A tels que $xu = ux$, alors c'est un sous-espace fermé invariant par $x \wedge x$, donc, d'après [203,204], $x \wedge x_{|Z}$ est un opérateur de Riesz, d'où $(\tilde{x}_{|Z})^2 = x \wedge x_{|Z}$ aussi, où $\tilde{x}$ dénote l'image de x par la représentation régulière à gauche de A, ainsi $\tilde{x}_{|Z}$ est un opérateur de Riesz, donc son spectre a au plus 0 comme point limite. Il reste à vérifier facilement que $\operatorname{Sp} x = \operatorname{Sp} \tilde{x}_{|Z}$. □

Il serait très intéressant de trouver une démonstration de ce théorème liée aux propriétés des algèbres de Banach et ne faisant pas intervenir des résultats assez profonds sur la théorie des opérateurs de Riesz.

Pour améliorer les résultats de B.A. Barnes nous avons besoin de quelques lemmes.

LEMME 5. *Soit A une algèbre de Banach complexe sans radical avec unité, telle que $A = H + iH$, où H est un sous-espace vectoriel réel de A contenant l'unité. Si tout élément d'un sous-ensemble absorbant non vide E de H a son spectre avec au plus 0 comme point limite alors A est de dimension finie.*

Démonstration.- Supposons qu'il existe h dans E ayant son spectre infini, alors $\mathrm{Sp}\, h$ est de la forme $\{\alpha_1,\ldots,\alpha_n,\ldots 0\}$, où (α_n) est une suite d'éléments distincts convergeant vers 0. Comme E est absorbant en h il existe λ réel et non nul tel que $h+\lambda \in E$, mais alors $\mathrm{Sp}(h+\lambda) = \mathrm{Sp}\, h + \lambda$ contient λ comme point limite, ce qui est absurde. Ainsi $\mathrm{Sp}\, h$ est fini pour tout h de E, donc, d'après la remarque 1 du paragraphe 2, A est de dimension finie. □

COROLLAIRE 3. *Soit A une algèbre de Banach complexe sans radical, telle que $A = H + iH$, où H est un sous-espace vectoriel réel de A. Si tout élément d'un ensemble absorbant non vide de H a son spectre avec au plus 0 comme point limite alors tout projecteur e de H est dans le socle de A.*

Démonstration.- La sous-algèbre eAe est fermée, sans radical, avec unité e et l'on a $eAe = eHe + i(eHe)$. Si E est absorbant dans H il est facile de voir que eEe est absorbant dans eHe, de plus il est clair que $e \in eHe$ car $e = eee$. Si $x \in A$ alors, d'après le lemme 1.1.6, on a $\mathrm{Sp}_{eAe}\, exe \cup \{0\} = \mathrm{Sp}_A\, exe$, donc il résulte que $\mathrm{Sp}_{eAe}\, exe$ a au plus 0 comme point limite. D'après le lemme 5, eAe est de dimension finie donc, d'après le lemme 4, $e \in \mathrm{soc}(A)$. □

Soit A une algèbre de Banach complexe, nous dirons que $x \to x^*$ est une *involution généralisée* si :

a) pour tous x,y de A on a $(x+y)^* = x^*+y^*$.

b) pour tout x de A on a $(x^*)^* = x$.

c) pour tout x de A et tout λ de $\mathbb{C}$ on a $(\lambda x)^* = \bar{\lambda}\, x^*$.

d) pour tous x,y de A on a $(xy)^* = x^*y^*$ ou pour tous x,y de A on a $(xy)^* = y^*x^*$.

Il est clair qu'une involution habituelle est une involution généralisée, de plus si A est une algèbre réelle $x+iy \to x-iy$ est une involution généralisée de $A_{\mathbb{C}}$. Nous dénoterons de même par $H = \{x \mid x = x^*\}$ l'ensemble des éléments hermitiens. On a évidemment $A = H + iH$. Le théorème de B.A. Barnes sur la caractérisation spectrale des algèbres complexes modulaires annihilatrices va donc se généraliser sous la forme suivante :

THEOREME 3. *Soit A une algèbre de Banach complexe munie d'une involution généralisée. Supposons que pour tout élément d'un ensemble absorbant non vide de l'ensemble des éléments hermitiens a son spectre avec au plus 0 comme point limite, alors tout élément de A a son spectre avec au plus 0 comme point limite, auquel cas $A/\mathrm{Rad}\, A$ est une algèbre modulaire annihilatrice.*

Démonstration.- Quitte à remplacer A par $A/\mathrm{Rad}\, A$ ce qui ne change pas le spectre, d'après le lemme 1.1.2, on peut supposer A sans radical, donc l'involution continue, d'après le théorème 4.1.1 légèrement modifié. Soit h dans l'ensemble absorbant E, on a $\mathrm{Sp}\, h$ symétrique par rapport à l'axe réel. Si $\alpha \in \mathrm{Sp}\, h$ avec α

non réel et si p est le projecteur associé à α par le calcul fonctionnel holomorphe, on constate sans difficulté que p^* est le projecteur associé à $\overline{\alpha}$ et que $pp^* = p^*p = 0$. Ainsi $p+p^*$ est un projecteur hermitien donc, d'après le corollaire 3, $p+p^* \in soc(A)$, d'où $p = p(p+p^*) \in soc(A)$. Si α est réel, avec $\alpha \neq 0$, alors $p = p^*$ et directement $p \in soc(A)$. Soit $\varepsilon > 0$, appelons $\alpha_1,\ldots,\alpha_n$ les valeurs spectrales de h qui vérifient $|\alpha| > \varepsilon$ et $p_1,\ldots,p_n$ les projecteurs associés. Il est clair que $\rho(h - \sum_i \lambda_i p_i) \leq \varepsilon$, où $1 \leq i \leq n$, avec $\sum_i \lambda_i p_i \in soc(A)$, autrement dit si $\overline{h}$ désigne la classe de h dans $A/\overline{soc(A)}$ on a $\rho(\overline{h}) = 0$, pour tout $\overline{h} \in \overline{E}$, qui est absorbant dans $\overline{H}$. En appliquant le corollaire 1.2.2 on déduit que $\rho(\overline{x}) = 0$, pour tout x de A , donc en reprenant la démonstration du théorème 2 on voit que le spectre de x a au plus 0 comme point limite. Ce qui suit est exactement la démonstration de B.A. Barnes. Montrons que A est modulaire annihilatrice. Soit M un idéal maximal modulaire à gauche, d'après un résultat de B. Yood [226] ou bien $soc(A) \subset M$ ou bien $D(M) \neq \{0\}$. Supposons que $soc(A) \subset M$. Comme M est modulaire il existe u de A tel que $A(1-u) \subset M$. Soit C une sous-algèbre commutative maximale de A contenant u , si $y \in C$ alors $Sp_A\, y = Sp_C\, y$, autrement dit pour tout élément de C son spectre relativement à C admet au plus 0 comme point limite. Admettons pour l'instant que $B = C/Rad\, C$ est modulaire annihilatrice et soit ϕ le morphisme canonique de C sur B . Comme B est modulaire annihilatrice et sans radical , $\phi(u)$ est quasi-inversible selon le socle de B , d'après [226], théorème 3.4(3), page 38, donc il existe $x_1,\ldots,x_n,w \in C$ et des projecteurs minimaux $f_1,\ldots,f_n$ de B tels que $\phi(w)(1-\phi(u))+\phi(u) = \sum_i \phi(x_i)f_i$. Mais il existe des projecteurs $e_1,\ldots,e_n$ de C tels que $\phi(e_i) = f_i$, pour $i = 1,\ldots n$, (voir [177], théorème 2.3.9, p.58). Donc il existe r de $Rad\, C$ tel que l'on ait $r = w(1-u)+u-(x_1e_1+\ldots+x_ne_n)$. Le même argument que dans la démonstration du corollaire 3 montre que $e_1,\ldots,e_n \in soc(A)$, ainsi comme $A(1-w)(1-u) \subset M$ et comme $A(x_1e_1+\ldots+x_ne_n) \subset soc(A) \subset M$ on obtient $A(1-r) \subset M$, ce qui est contradictoire, car il existe y de A tel que $(1+y)(1-r) = 1+u-r$ dans $\tilde{A}$, c'est-à-dire $y(1-r) = u$, d'où $A = M$. Ainsi $D(M) \neq \{0\}$ pour tout idéal maximal modulaire à gauche. Un argument semblable marche pour les idéaux maximaux modulaires à droite. Il reste à prouver que si C est une algèbre de Banach complexe commutative et sans radical dont tout élément a son spectre avec au plus 0 comme point limite alors C est modulaire annihilatrice. On peut évidemment supposer que C n'est pas de dimension finie. Soit Ω l'ensemble des idéaux maximaux modulaires de C et Γ l'ensemble des points isolés de Ω . D'après le théorème 1, Γ est non vide, en effet si e est un projecteur minimal il existe un caractère χ tel que $\chi(e) = 1$ et pour tout autre caractère ν on a $\nu(e) = 0$ ou $\nu(e) = 1$, comme $Ce = eCe = \mathbb{C}e$ et $C = Ce \oplus C(1-e)$ le dernier cas impliquerait $\chi = \nu$ ce qui est absurde, ainsi $\nu(e) = 0$ pour $\nu \neq \chi$, c'est-à-dire que χ est isolé pour la topologie de Gelfand. Montrons d'abord que Γ est fermé. Soit $\psi \in \Omega$ limite d'éléments de Γ avec $\psi \notin \Gamma$, choisissons v de C tel que $\psi(v) = 1$. Comme 1 est isolé dans $Sp_C\, v$ il existe un disque ouvert U du plan complexe tel que $U \cap Sp_C\, v = \{1\}$. Alors V l'ensemble des ν tels que $\nu(v) = 1$ est un ouvert de Ω qui contient ψ , donc une suite (ν_n) de points de Γ auxquels correspondent des projecteurs minimaux e_n tels que $\nu_n(e_n) = 1$ et $\psi(e_n) = 0$. Finalement choisissons une suite (λ_n) de nombres complexes distincts tels que $|\lambda_n| \leq 1/2^n||e_n||$ et posons $w = v + \sum_n \lambda_n e_n$, où la série du second membre converge par construction. Alors on a donc $\nu_n(w) = 1+\lambda_n$, avec λ_n tendant vers 0 , donc 1 n'est pas isolé dans le spectre de w , ce qui est absurde. Posons maintenant $\Delta = \Omega \setminus \Gamma$ et dénotons par $k(\Delta)$ l'intersection de tous les idéaux de Δ . Soit D l'algèbre quotient $C/k(\Delta)$ qui est sans radical et dont tout élément a son spectre avec au plus 0 comme point limite. Toujours d'après le théorème 1, D admet des projecteurs minimaux, mais il est bien connu que Δ est homéomorphe à l'ensemble des caractères de D , donc Δ admet des points isolés. Comme Γ est fermé, Δ est ouvert et tout point isolé de Δ est un point isolé de Ω . Cette contradiction montre que Δ est vide, donc que $\Gamma = \Omega$. Si M est un idéal modulaire maximal de C , d'après ce qui précède il correspond à un caractère ψ de Γ , donc à un projecteur minimal e tel que $\psi(e) = 1$ et $\nu(e) = 0$, si $\nu \neq \psi$. Si $x \in M$ alors $\chi(xe) = 0$, pour tout caractère χ , donc $Me = \{0\}$ puisque C est sans radical. Ainsi $M(1-e) \neq \{0\}$, d'où C est modulaire annihilatrice, ce qui restait à démontrer. □

Le théorème de B.A. Barnes s'étend donc aux algèbres de Banach réelles et aux algèbres de Banach involutives. Dans ces deux cas il montre l'équivalence des propriétés suivantes :

a) A est sans radical et modulaire annihilatrice,

b) A est sans radical et est une algèbre de Riesz (voir [196]),

c) A est sans radical et le spectre a au plus 0 comme point limite pour tous les éléments d'un ensemble absorbant.

Les arguments qui précèdent nous ont amené à donner une réponse partielle à la conjecture suivante de A. Pełczyński : *si A est une algèbre stellaire dont tout élément hermitien a son spectre dénombrable alors tout élément de A a son spectre dénombrable.* Peut-être même cette conjecture est-elle vraie dans le cas des algèbres de Banach involutives. Nous espérons qu'une méthode utilisant la sous-harmonicité, le théorème de Ruston et la condensation des singularités, un peu plus compliquée que celle qui suit, finira par résoudre ce problème ouvert.

THEOREME 4. *Soit A une algèbre de Banach involutive dont tout élément hermitien a son spectre qui a au plus un nombre fini de points limites. Alors tout élément de A a son spectre qui a au plus un nombre fini de points limites et $A/kh(soc(A))$ est de dimension finie.*

Démonstration.- On peut supposer que A est sans radical ce qui ne change pas le spectre. Soit $h_0 \in H$ tel qu'il existe une suite (α_n) de points isolés, non deux à deux conjugués, du spectre de h_0 , qu'on peut supposer convergeant vers α du spectre de h_0 , telle que les projecteurs associés à certains petits disques centrés en ces points ne soient pas dans le socle de A . Dénotons par p_n le projecteur associé à un disque de centre α_n et disjoint des autres points du spectre. Posons $H_i^n = \{ h \in H | \# \mathrm{Sp}\, p_i h p_i \leq n\}$. Comme d'après le corollaire 1.1.7 la fonction spectre est continue sur H , les H_i^n sont des fermés de H . Il est impossible que $H = \bigcup_{i,n=1}^{\infty} H_i^n$, car sinon, d'après le théorème de Baire appliqué à H qui est fermé d'après le théorème de B.E. Johnson, il existerait $h_1 \in H$, $r > 0$, i_0 et n_0 entiers tels que $h \in H$ avec $||h-h_1|| < r$ implique $\# \mathrm{Sp}\, p_{i_0} h p_{i_0} \leq n_0$, c'est-à-dire, d'après le théorème 3.2.4, que $p_{i_0} A p_{i_0}$ est de dimension finie, puisque $\mathrm{Rad}(p_{i_0} A p_{i_0}) = \{0\}$, autrement dit p_{i_0} serait dans le socle de A , ce qui est absurde par construction. Ainsi il existe h' de H tel que $\mathrm{Sp}\, p_i h' p_i$ soit infini pour tout $i = 1,2,\ldots$. Posons $k = \sum_i \lambda_i p_i h' p_i$, où les λ_i sont réels et assez petits pour que la série converge, ce qui implique que $k \in H$. Pour $i \neq j$ on a $p_i h' p_i \cdot p_j h' p_j = 0$, donc, d'après la continuité du spectre sur H on a $\mathrm{Sp}\, k \cup \{0\} = \bigcup_{i=1}^{\infty} \lambda_i \mathrm{Sp}(p_i h' p_i) \cup \{0\}$, ce qui résulte du fait que si $ab = 0$ et $\lambda \neq 0$ on a $\lambda-(a+b) = \lambda(1-\frac{a}{\lambda})(1-\frac{b}{\lambda})$. Si on dénote par b_i un point limite de $\mathrm{Sp}(p_i h' p_i)$ et on choisit la suite (λ_i) de façon que tous les $\lambda_i b_i$ soient distincts, alors $\mathrm{Sp}\, k$ contient une infinité de points limites, ce qui est contradictoire. Ainsi pour tout h de H les projecteurs associées aux points isolés du spectre de h sont dans $\mathrm{soc}(A)$, sauf un nombre fini d'entre eux. Fixons h de H , appelons $\alpha_1,\ldots,\alpha_n$ les points isolés du spectre de h pour lesquels les projecteurs correspondants ne sont pas dans le socle. Soit $\varepsilon > 0$ tel que $\varepsilon < \mathrm{Min}\, |\alpha_i|$, pour $i = 1,\ldots,n$. En considérant des disques disjoints centrés aux points limites du spectre de h et de rayon inférieur à ε , de façon que leurs bords ne rencontrent pas $\mathrm{Sp}\, h$, et en appliquant le calcul fonctionnel holomorphe au bord de ces disques on obtient ainsi $h = h_1 + \sum_i \alpha_i p_i$, où i varie de 1 à N , où les p_i sont les projecteurs associés aux valeurs spectrales qui ne sont pas dans la réunion de ces disques. On a évidemment $N \geq n$ et on peut supposer que les n premiers projecteurs sont exactement ceux qui ne sont pas dans le socle. On sait que h_1 commute avec h et que $\mathrm{Sp}\, h_1 \subset ((\mathrm{Sp}\, h)' \cup \{0\}) + B(0,\varepsilon)$, où $(\mathrm{Sp}\, h)'$ dénote l'ensemble des points limites de $\mathrm{Sp}\, h$. En considérant les classes dans $A/kh(\mathrm{soc}(A))$ on obtient $\bar{h} = \bar{h}_1+\alpha_1\bar{p}_1+\ldots+\alpha_n\bar{p}_n$, qui avec $\mathrm{Sp}\, \bar{h}_1 \subset \mathrm{Sp}\, h_1$ donne $\mathrm{Sp}\, \bar{h} \subset \{\alpha_1,\ldots,\alpha_n\} \cup (((\mathrm{Sp}\, h)'\cup\{0\})+B(0,\varepsilon))$ quel que soit $\varepsilon > 0$, donc $\mathrm{Sp}\, \bar{h} \subset \{\alpha_1,\ldots,\alpha_n\} \cup (\mathrm{Sp}\, h)'$, c'est-à-dire $\mathrm{Sp}\, \bar{h}$ fini. D'après le théorème 3.2.4, $A/kh(\mathrm{soc}(A))$ est de dimension finie, donc quel que soit x de A il existe un polynôme p tel que $p(p(\bar{x})) = 0$. En reprenant la démonstration du théorème 2 on déduit que $\mathrm{Sp}\, p(x)$ a au plus 0 comme point limite donc $\mathrm{Sp}\, x$ a au plus un nombre fini de points limites qui sont parmi les zéros du polynôme p . □

§4. *Applications à la théorie des algèbres de Banach.*

Une algèbre A est dite *localement finie* si toute sous-algèbre engendrée par un nombre fini d'éléments de A est de dimension finie. Le célèbre problème de Kurosh est le suivant : est-ce qu'une algèbre algébrique est localement finie ? La réponse est oui lorsque l'algèbre est algébrique et satisfait une identité polynômiale, donc par exemple lorsqu'elle est algébrique de degré borné (voir [103], théorèmes 6.4.3 et 6.4.4). Mais le problème général est faux comme l'ont montré E. S. Golod et I.R. Shafarevitch, en construisant une algèbre de dimension infinie , engendrée par trois éléments et dont tout élément est nilpotent (voir [103], chapitre 8 ou [104], p.116). Cependant nous allons montrer que la conjecture est vraie pour les algèbres de Banach réelles, ce qui laisse supposer qu'elle soit vraie pour une classe plus vaste d'algèbres topologiques. P.G. Dixon [67] a obtenu le même résultat, mais d'une façon complètement différente. Afin d'éviter au lecteur de longs préliminaires algébriques nous admettrons que si I est un idéal bilatère d'une algèbre A tel que I et A/I soient localement finies alors A est localement finie ([103], lemme 6.4.1, p.162).

LEMME 1 (Grabiner [90]). *Si A est une algèbre de Banach réelle dont tout élément est nilpotent alors il existe un entier n tel que* $A^n = \{0\}$ *, où* A^n *désigne l'ensemble des sommes de produits de n éléments de A .*

Démonstration.- Soit A_k l'ensemble des x tels que $x^k = 0$, c'est un fermé de A et A est réunion des A_k , pour $k = 1,2,\ldots$, donc, d'après le théorème de Baire, il existe un entier n et un ouvert non vide $U \subset A_n$. Soient $a \in U$ et $x \in A$, pour λ réel assez petit $a+\lambda(x-a) \in U$, donc $p(\lambda) = (a+\lambda(x-a))^n = 0$, mais comme le polynôme $p(\lambda)$ ne peut avoir une infinité de zéros que s'il est identiquement nul, alors $x^n = 0$. D'après le théorème de Nagata-Higman ([120],p.274), on déduit donc que $x_1 \ldots x_n = 0$, quels que soient les x_i de A . □

THEOREME 1. *Toute algèbre de Banach réelle algébrique est localement finie.*

Démonstration.- Si A est algébrique, A/Rad A est algébrique donc tout élément de A/Rad A est de spectre fini. D'après le théorème 3.2.3, A/Rad A est de dimension finie, donc localement finie. D'après la remarque faite plus haut il suffit de vérifier que Rad A est localement finie. Mais Rad A est une sous-algèbre fermée de A dont tout élément est nilpotent, car dans une algèbre algébrique un élément quasi-nilpotent est nilpotent. En appliquant le lemme 1 on déduit que Rad A est algébrique de degré borné, donc localement finie. □

A propos des algèbres algébriques T.J. Laffey [140] énonce le résultat suivant : si A est une algèbre de Banach algébrique de dimension infinie alors Rad A $\neq \{0\}$ et A contient une sous-algèbre B de dimension infinie telle que $B^2 = \{0\}$. Le premier point résulte du théorème 3.2.3, mais pour le reste il utilise le lemme suivant : si X est une algèbre de dimension infinie sur un corps algébriquement clos F alors X contient une sous-algèbre Y de dimension infinie telle que $Y^2 = \{0\}$. Les démonstrations contiennent un certain nombre d'obscurités qui depuis ont été en partie éclaircies par [238].

Comme autre application du théorème 3.2.1 nous aurions pu donner le résultat de I. Kaplansky cité au début de ce chapitre, mais comme ce théorème déjà ancien n'est aucunement amélioré ni simplifié par nos méthodes, nous ne croyons pas utile de rappeler sa démonstration, laissant au lecteur le soin de la lire [129].

Donnons maintenant deux applications beaucoup plus importantes. La première généralise les résultats obtenus par H. Behncke [41], en particulier le théorème 2 qu'il avait énoncé pour une algèbre stellaire et pour une $*$ - représentation hilbertienne. Dans [17], nous avions déjà étendu ce résultat au cas où l'algèbre vérifie $\rho(h) \geq \alpha||h||$ et $\mathrm{Sp}\, h$ sans points intérieurs, avec un nombre fini de trous, pour tout h hermitien, et où la représentation est hilbertienne. Ici nous allons montrer, par une méthode différente que c'est vrai pour n'importe quelle représentation irréductible. La deuxième application généralise le théorème de B.E. Johnson, primitivement obtenu pour les algèbres stellaires et sa démonstration en est légèrement simplifiée.

LEMME 2. *Soient A une algèbre de Banach complexe, H un sous-espace vectoriel réel tel que $A = H + iH$ et que tout x de H appartienne à une sous-algèbre de Ditkin. Si I est un idéal primitif de A tel que pour toute sous-algèbre de Ditkin B on ait $h(I \cap B)$ fini, alors A/I est de dimension finie.*

Démonstration.- Si $x \in A$ nous dénotons par $\overline{x}$ la classe de x dans A/I . D'après le théorème 3.2.1, il suffit de prouver que $\mathrm{Sp}\, \overline{x}$ est fini pour $x \in H$. Soit B une sous-algèbre de Ditkin contenant x , alors $h(B \cap I) = \{\chi_1,\ldots,\chi_n\}$, où les χ_i sont des caractères de B . Alors $B \cap I = \mathrm{Ker}\, \chi_1 \cap \ldots \cap \mathrm{Ker}\, \chi_n$, donc on a $B/B\cap I$ isomorphe à $\mathbb{C}^n$. Si ϕ désigne le morphisme canonique de B sur $B/B\cap I$ alors $\mathrm{Sp}_{A/I}\, \overline{x} \subset \mathrm{Sp}_{B/B\cap I}\, \phi(x)$ qui est fini, donc $\mathrm{Sp}_{A/I}\, \overline{x}$ est fini. Pour terminer il suffit de remarquer que A/I est sans radical, puisque irréductible. □

THEOREME 2. *Soient A une algèbre de Banach complexe, H un sous-espace vectoriel réel tel que $A = H + iH$ et que tout x de H appartienne à une sous-algèbre de Ditkin. Si tout élément quasi-nilpotent de A est nilpotent alors toutes les représentations irréductibles de A sont de dimension finie, auquel cas la fonction spectre est continue sur A .*

Démonstration.- Supposons que Π est une représentation irréductible de dimension infinie et soit $I = \mathrm{Ker}\, \Pi$ qui est primitif. Si pour toute sous-algèbre de Ditkin

B , $h(B\cap I)$ est fini, alors d'après le lemme précédent A/I est de dimension finie, ce qui est absurde. Donc il existe une sous-algèbre de Ditkin B pour laquelle $h(B\cap I)$ est un ensemble fermé et infini de $X(B)$. D'après la compacité on peut construire dans $X(B)$ une suite d'ouverts disjoints U_n contenant respectivement les éléments distincts χ_n de $h(B\cap I)$. D'après la régularité de B on peut trouver une suite (a_n) de B telle que $\chi_n(a_n) = 1$ et $\chi(a_n) = 0$ si $\chi \notin U_n$. Alors il est immédiat que $a_n a_m = 0$, si $n \neq m$, puisque B est sans radical. De plus a_n n'est pas dans I car sinon $\chi_n(a_n) = 0$, puisque $\chi_n \in h(B\cap I)$. En choisissant une suite convenable (c_n) d'éléments de A , nous allons montrer que $x = \sum_{n=1}^{\infty} a_n c_n a_{n+1}$ est quasi-nilpotent mais non nilpotent. Soit $0 < r < \frac{1}{2}$ et posons $x_n = a_n c_n a_{n+1}$. Il n'est pas difficile de voir qu'il existe des c_n de façon que chaque produit $x_1 x_2 \ldots x_k$ soit non nul. En effet si $a_1 c_1 a_2 = 0$, pour tout c_1 , alors $\Pi(a_1)\Pi(c_1)\Pi(a_2) = 0$, mais, d'après le théorème de densité de Jacobson, on déduit que $\Pi(a_1) = 0$ ou $\Pi(a_2) = 0$, ce qui est absurde; c_1 étant choisi si $a_1 c_1 a_2^2 c_2 a_3 = 0$, pour tout c_2 , on déduit de même que $\Pi(a_1) = 0$ ou $\Pi(a_2^2) = 0$ ou $\Pi(a_3) = 0$, ce qui est absurde, ensuite on continue de la même façon. On peut même choisir les c_n de façon que :

$$||x_2 x_3 \ldots x_n|| \leq r\,||x_1 x_2 \ldots x_{n-1}||$$
$$||x_3 x_4 \ldots x_n|| \leq r^2 ||x_1 x_2 \quad x_{n-2}||$$
$$\vdots$$
$$||x_n|| \leq r^{n-1} ||x_1||$$

Pour $p \geq 1$ on a :
$x^p = x_1 x_2 \ldots x_p + x_2 x_3 \ldots x_{p+1} + x_3 x_4 \ldots x_{p+2} + \ldots$, donc d'après les inégalités précédentes $||x^p|| \leq ||x_1 x_2 \ldots x_p||(1+r+r^2+\ldots) \leq ||x_1|| r^{1+2+\ldots+p-1}/(1-r)$, ce qui donne $||x^p||^{1/p} \leq (||x_1||/(1-r))^{1/p}\, r^{(p-1)/2}$, autrement dit $\rho(x) = 0$. Si on avait $x^p = 0$ on aurait $x_1 x_2 \ldots x_p = - x_2 x_3 \ldots x_{p+1} - x_3 x_4 \ldots x_{p+2} - \ldots$, mais le membre de droite a sa norme inférieure ou égale à la quantité $||x_1 \ldots x_p||(r+r^2+\ldots) = ||x_1 \ldots x_p||(r/1-r) < ||x_1 \ldots x_p||$, ce qui est absurde. D'après le corollaire 5.1.7 que nous verrons plus loin la fonction spectre est continue sur A . □

COROLLAIRE 1. *Soient A une algèbre de Banach involutive et $\alpha > 0$ tels que pour tout h hermitien on ait $\rho(h) \geq \alpha\, ||h||$, ainsi que $Sp\, h$ sans points intérieurs et ayant un nombre fini de trous. Alors si A admet une représentation irréductible de dimension infinie, A contient des éléments quasi-nilpotents non nilpotents.*

COROLLAIRE 2 (H. Behncke). *Si A est une algèbre stellaire admettant une représentation irréductible de dimension infinie alors A admet des éléments quasi-nilpotents non nilpotents.*

Cela généralise le résultat de D. M. Topping sur les algèbres stellaires antiliminaires. La fin de la démonstration donnée par H. Behncke est incorrecte. Car pour un opérateur hermitien T , sur l'espace de Hilbert, il n'existe pas nécessairement $\xi \neq 0$ tel que $T\xi = \pm||T||\xi$. On peut seulement affirmer que $||T||$ et $-||T||$ sont des valeurs propres approximatives, c'est-à-dire qu'il existe une suite (ξ_n) telle que $||\xi_n|| = 1$ avec $\lim_{n\to\infty} ||T\xi_n - ||T||\xi_n|| = 0$ ou bien $\lim_{n\to\infty} ||T\xi_n + ||T||\xi_n|| = 0$. Elle se corrige en raïsonnant comme plus haut.

Remarque 1. Toujours dans [41], en utilisant la théorie des algèbres stellaires liminaires, H. Behncke a pu montrer que si A est une algèbre stellaire séparable dont tout élément quasi-nilpotent est nilpotent il existe un entier n tel que tout élément quasi-nilpotent x de A vérifie $x^n = 0$. En utilisant le théorème 2 on est capable d'étendre ce résultat au cas non séparable si on peut résoudre la conjecture suivante : soient A une algèbre stellaire et I un idéal primitif de codimension finie dans A , si la classe de x dans A/I est quasi-nilpotente alors il existe y de I et q quasi-nilpotent dans A tels que $x = y + q$. En fait cette conjecture est un cas particulier de celle de M.R.F. Smyth [193] qui affirme que si A est une algèbre de Banach contenant un idéal bilatère fermé I alors tout élément de Riesz associé à I est la somme d'un élément de I et d'un élément quasi-nilpotent. Tout cela est à raprocher du résultat de G. Pedersen [167] dont G. J. Murphy et T.T. West viennent de donner une nouvelle démonstration très simple (Spectral radius formula, Trinity College preprint 1978) basée sur le fait que pour x dans une algèbre stellaire on a $\rho(x) = \mathrm{Inf}\ ||uxu^{-1}||$, où u décrit l'ensemble des éléments inversibles.

Dans le cas des algèbres de Banach sans radical on sait que toutes les normes d'algèbres de Banach sont équivalentes (théorème I.5). Dans [128], pour le cas de $\mathcal{B}(X)$, I. Kaplansky a posé le problème plus général de savoir si toute norme d'algèbre, non nécessairement complète, est équivalente à $||\ ||$. Dans cet article il prouve qu'une telle norme domine $||\ ||$ et indique que le problème est équivalent à prouver la continuité de tout morphisme de $\mathcal{B}(X)$ dans une autre algèbre de Banach. Récemment H.G. Dales et J. Esterle ont prouvé que cette conjecture générale est fausse [61,62,63,64,77], par contre R. Solovay a pu montrer qu'elle est vraie dans certains modèles de la théorie des ensembles. En rapport avec ces questions, B.E. Johnson [125] a montré que tout morphisme d'algèbres de A dans B est continu si A est de la forme $\mathcal{L}(X)$ ou $\mathcal{LB}(X)$, avec $X = \ell^p$, $L^p([0,1])$, $\mathcal{C}([0,1])$. Dans [126], il a pu obtenir le même résultat pour les algèbres stellaires *très peu commutatives*, c'est-à-dire n'ayant pas de représentations irréductibles de dimension finie.

Nous allons légèrement généraliser ce résultat de B.E. Johnson en utilisant le lemme 2 et nous allons en simplifier la démonstration. Soient A et B deux algèbres de Banach et ϕ un morphisme d'algèbres de A dans B . Posons $S = \{y \mid y \in B$ et il existe $(x_n) \to 0$ avec $\phi(x_n) \to y\}$ et $I = \{x \mid x \in A$ tels que $\phi(x)y = 0$, pour tout $y \in S\}$. S est un idéal bilatère fermé de B et, d'après le théorème du graphe fermé, $S = \{0\}$ si et seulement si ϕ est continu. I est un idéal bilatère de A .

LEMME 3 (Cleveland). *Soient F un sous-espace vectoriel fermé de B et f l'application linéaire canonique de B sur B/F . Alors $f\circ\phi$ est continu si et seulement si $S \subset F$.*

Démonstration.- Soit $y \in S$, il existe (x_n) tendant vers 0 , avec $\phi(x_n)$ tendant vers y . Comme $f\circ\phi$ et f sont continues $f(\phi(x_n))$ tend vers $f(y) = 0$, d'où $y \in F$. Pour la condition suffisante, supposons d'abord que $S = F$. Appliquons le théorème du graphe fermé en supposant qu'il existe (x_n) tendant vers 0 avec $f(\phi(x_n))$ tendant vers $\bar{y}$ dans B/F . Mais alors il existe (y_n) tendant vers 0 dans F telle que $||\phi(x_n)-y-y_n|| \leq 2|||f(\phi(x_n))-\bar{y}|||$ et comme $S = F$ on peut trouver (z_n) tendant vers 0 , avec $\phi(z_n)-y_n$ tendant vers 0 . Alors x_n-z_n tend vers 0 et $\phi(x_n-z_n)$ tend vers y , donc $y \in S$, soit $\bar{y} = 0$, d'où $f\circ\phi$ est continue. Si $S \subset F$ il suffit de décomposer $f\circ\phi$ en l'application $A \to B/S$ qui est continue, d'après ce qui précède, et l'application canonique $B/S \to (B/S)/(F/S) \simeq B/F$, qui est continue. □

Le lemme qui suit est une modification d'un résultat de W.G. Badé et P.C. Curtis Jr.

LEMME 4 (Johnson). *Si (x_n) et (y_n) sont deux suites de A telles que $y_n y_m = x_n y_m = 0$, pour $n \neq m$, et $x_n y_n = x_n$, pour tout n , alors $x_n \in I$, sauf pour un nombre fini de n .*

Démonstration.- Supposons le résultat faux, alors, quitte à remplacer (x_n) par une sous-suite on peut supposer que $x_n \notin I$, pour tout n . Posons $F_n = \{y|\ y \in B$ et $\phi(x_n)y = 0\}$, qui est un sous-espace vectoriel fermé de B et dénotons par f_n l'application linéaire canonique de B sur B/F_n . Comme $x_n \notin I$ alors $S \not\subset F_n$, d'où d'après le lemme précédent $f_n \circ \phi$ n'est pas continue, il existe donc z_n de A tel que $||z_n|| < 1/2^n||y_n||$ et $|||f_n(\phi(z_n))||| \geq n$. Posons $z = \sum_{n=1}^{\infty} y_n z_n$, alors $x_n(z-z_n) = x_n y_n z_n - x_n z_n = 0$, donc $\phi(z)-\phi(z_n) \in F_n$, autrement dit $f_n(\phi(z)) = f_n(\phi(z_n))$, ce qui donne $||\phi(z)|| \geq |||f_n(\phi(z_n))||| \geq n$, quel que soit n , ce qui est absurde. □

THEOREME 3. *Soient A une algèbre de Banach complexe, H une sous-espace réel tel que $A = H + iH$ et que tout x de H appartienne à une sous-algèbre de Ditkin . Si A est sans représentations irréductibles de dimension finie alors tout morphisme d'algèbres de A dans une algèbre de Banach est continu.*

Démonstration.- Quitte à remplacer A par $\tilde{A}$ on peut supposer que A a une unité. Si $I = A$ alors en faisant $x = 1$ on obtient $S = \{0\}$, donc que ϕ est continu . Si $I \neq A$, d'après le théorème de Krull, il existe un idéal maximal à gauche M contenant I , alors $J = (M:A) = \{x \mid xA \subset M\}$ est un idéal primitif contenant I . S'il existe x de H , appartenant à une sous-algèbre de Ditkin B , tel que l'ensemble $h(B\cap J)$ soit infini, alors, comme dans la démonstration du théorème 2, on peut construire une suite infinie $\chi_1,\ldots,\chi_n,\ldots$ dans $X(B)$ et deux suites de voisinages (U_n) et (F_n) , respectivement des χ_n , tels que les U_n soient ouverts et disjoints, les F_n soient fermés et contenus dans les U_n . Alors d'après la régularité de B , il existe deux suites (x_n) et (y_n) telles que $\chi_n(x_n) \neq 0$, $\chi(x_n) = 0$ pour $\chi \notin F_n$, $\chi(y_n) = 1$ pour $\chi \in F_n$ et $\chi(y_n) = 0$ pour $\chi \notin U_n$. Ces deux suites vérifient les conditions du lemme précédent, ainsi $x_n \in B_n \cap I \subset B\cap J$, pour n assez grand, ce qui est absurde car $\chi_n(x_n) \neq 0$ et $\chi_n \in h(B\cap J)$. On applique le lemme 2 pour déduire que A/J est irréductible et de dimension finie, d'où contradiction. □

COROLLAIRE 3. *Soient A une algèbre de Banach involutive et $\alpha > 0$ tels que pour tout h hermitien on ait $\rho(h) \geq \alpha \,||h||$, ainsi que $Sp\ h$ sans points intérieurs et ayant un nombre fini de trous. Si A a toutes ses représentations irréductibles de dimension infinie, alors tout morphisme d'algèbres de A dans une algèbre de Banach est continu.*

COROLLAIRE 4 (Johnson). *Si A est une algèbre stellaire dont toutes les représentations irréductibles sont de dimension infinie, alors tout morphisme d'algèbres de A dans une algèbre de Banach est continu.*

Dans le cas des algèbres de von Neumann, J.D. Stein Jr [202] a légèrement amélioré le résultat en prouvant qu'en général ϕ est continu sur une sous-algèbre dense. Pour plus de détails dans le cas des algèbres stellaires voir [63,141, 142,188,189,190]

Comme nous l'avons signalé dans la remarque 3 du chapitre 2, § 1, nous allons maintenant démontrer l'analogue du théorème 2.1.2 pour le cas réel. Si Π est une représentation irréductible de l'algèbre de Banach réelle A sur l'espace vectoriel X on dénotera par Q_Π le commutant de $\Pi(A)$ dans l'algèbre des transformations linéaires sur X . On sait (voir appendice I) que Q_Π est isomorphe à $\mathbb{R}$, $\mathbb{C}$ ou $\mathbb{K}$ et que si l'algèbre est complexe il est isomorphe à $\mathbb{C}$.

THEOREME 4 ([27]). *Soit A une algèbre de Banach réelle avec unité, alors les propriétés suivantes sont équivalentes :*

-1° *Pour toute représentation irréductible Π , l'algèbre $\Pi(A)$ est isomorphe à Q_Π .*

-2° *Pour tout x de A on a $\operatorname{Sup} \rho(x - u^{-1}xu) < \infty$, lorsque u décrit l'ensemble des éléments inversibles de A .*

-3° *Le rayon spectral est uniformément continu sur A .*

-4° *Il existe $c > 0$ tel que $\rho(x + y) \leq c(\rho(x) + \rho(y))$, pour x,y dans A .*

-5° *Il existe $c > 0$ tel que $\rho(xy) \leq c\, \rho(x)\rho(y)$, pour x,y dans A .*

Démonstration.- Comme le rayon spectral coïncide avec la norme dans $\mathbb{R}$, $\mathbb{C}$ et $\mathbb{K}$ et que pour chaque x de A il existe une représentation irréductible Π telle que $\rho(x) = \rho(\Pi(x))$, on conclut que 1° implique les autres propriétés. Il est aussi facile de voir que 3° ou 4° implique 2°. Montrons maintenant que 2° implique 1°. Prenons une représentation irréductible Π de A sur l'espace vectoriel réel X et notons simplement Q pour Q_Π . Supposons qu'il existe x dans A et ξ dans X tels que ξ et $\eta = \Pi(x)\xi$ soient linéairement Q-indépendants. En multipliant x par une constante positive convenable on peut supposer que $\text{Sup}\ \rho(x-u^{-1}xu) < 1$. Soient Y le sous-espace vectoriel réel engendré par ξ et η et T l'application linéaire définie sur Y par $T\xi = \xi$ et $T\eta = \frac{\xi}{2} + \eta$. D'après le corollaire I.2, il existe a inversible dans A tel que $\Pi(a)\xi = \xi$ et $\Pi(a)\eta = \xi + \eta$, d'où $\Pi(x - a^{-1}xa)\xi = \Pi(a^{-1})\Pi(ax - xa)\xi = \Pi(a^{-1})\xi = \xi$, donc 1 est dans le spectre de $\Pi(x - a^{-1}xa)$, qui est contenu dans le spectre de $x - a^{-1}xa$, ce qui est contradictoire. Supposons donc maintenant que pour tout x de A et pour tout ξ de X les vecteurs ξ et η soient Q-dépendants. Pour l'instant fixons x , alors $\Pi(x)\xi = q(\xi)\xi$, où $q(\xi)$ est dans Q . Comme Q est isomorphe à $\mathbb{R}$, $\mathbb{C}$ ou $\mathbb{K}$, soit $q^*(\xi)$ le conjugué naturel de $q(\xi)$, alors $(\Pi(x)-q^*(\xi))(\Pi(x)-q(\xi))\xi = 0$, donc ξ est annulé par un polynôme en $\Pi(x)$ à coefficients réels et de degré 2 . D'après le théorème de I. Kaplansky (théorème I.6) on déduit que $\Pi(x)$ est algébrique sur $\mathbb{R}$, quel que soit x dans A , de plus $\Pi(A)$ est une algèbre de Banach pour la norme définie par l'isomorphisme sur $A/\text{Ker}\ \Pi$. D'après le théorème 3.2.3, $\Pi(A)$ est de dimension finie sur $\mathbb{R}$, donc sur Q . D'après le théorème de densité de Jacobson $\Pi(A)$ est Q-transitive, donc $\Pi(A)$ est isomorphe à $M_n(Q)$, pour un certain entier n . Si $n \geq 2$ alors $M_n(Q)$ contient une sous-algèbre isomorphe à $M_2(\mathbb{R})$, mais sur cette sous-algèbre on a $\text{Sup}\ \rho(x-u^{-1}xu) = +\infty$, avec $x = \begin{pmatrix} 0,-1 \\ 1,\ 0 \end{pmatrix}$ et $u = \begin{pmatrix} 1,0 \\ 0,k \end{pmatrix}$, $k = 1,2,\ldots$, ce qui est contradictoire. Donc on a $n = 1$. Il reste à prouver que 5° implique 1°. Pour x dans A posons $|x| = \text{Sup}|\lambda|$, où λ décrit l'ensemble des points réels de $\text{Sp}\ x$ si cet ensemble est non vide, sinon on pose $|x| = 0$. Il est clair que $|x| \leq \rho(x)$. Montrons que l'on a pour x,y dans A , $|x+y| \leq c(\rho(x)+\rho(y))$. Soit λ réel tel que $|\lambda| \geq \rho(x)+c\rho(y)$, alors $\lambda-(x+y) = (\lambda-x)(1-(\lambda-x)^{-1}y)$, où $(\lambda-x)^{-1} = \frac{1}{\lambda}(1 + \frac{x}{\lambda} + \frac{x^2}{\lambda^2} + \ldots)$ est dans A . D'après l'hypothèse on a $\rho((\lambda-x)^{-1}y) \leq c\ \rho((\lambda-x)^{-1})\ \rho(y) \leq c\ (|\lambda|-\rho(x))^{-1}\rho(y) < 1$. Cela signifie que $|x+y| \leq \rho(x)+c\rho(y) \leq c(\rho(x)+\rho(y))$. En appliquant cette relation on obtient $|x-u^{-1}xu| \leq c(\rho(x)+\rho(u^{-1}xu)) = 2c\rho(x) < 1$, quel que soit u inversible, si on choisit x avec $\rho(x) < 1/2c$. Par le même argument que plus haut, si $\Pi(x)$ n'est pas algébrique sur $\mathbb{R}$ il existe ξ dans X tel que ξ et $\eta = \Pi(x)\xi$ soient Q-indépendants. Comme plus haut on déduit qu'il existe a inversible dans A tel que 1 soit dans le spectre de $x - a^{-1}xa$, mais $|x - a^{-1}xa| < 1$ donne une contradiction. Ainsi $\Pi(A)$ est algébrique sur $\mathbb{R}$, donc de dimension finie et l'on termine comme précédemment. □

Remarque 2. Dans le cas complexe on peut prouver directement l'équivalence de 4° et 5°, par exemple, sans passer par 1°. Mais dans le cas réel nous sommes jusqu'à maintenant incapables de le faire. La démonstration de ce théorème est d'autant plus intéressante qu'elle évite la théorie des fonctions d'une variable complexe et l'utilisation de la complexification de l'algèbre qui dans cette situation sont inadaptées. D'un point de vue esthétique il est toujours aussi remarquable que des propriétés élémentaires du rayon spectral correspondent à une structure algébrique simple pour l'algèbre.

Remarque 3. Pour la condition 5° il suffit de supposer qu'elle soit vérifiée dans un voisinage de l'unité, avec $c = 1$. Pour cela il suffit de remarquer, en utilisant le lemme 2.1.4, que $d(x) = \mathrm{Log}\, \rho(e^x) + \mathrm{Log}\, \rho(e^{-x})$, c'est-à-dire le diamètre de la projection réelle du spectre, est sous-additif sur A.

Donnons maintenant quelques applications du théorème de rareté, la première due à A. Sołtysiak [197] et les autres à nous-mêmes, lesquelles généralisent en quelque sorte le théorème de caractérisation du radical de J. Zemánek (théorème 1.3.2).

Pour l'algèbre de Banach complexe A, dénotons par F l'ensemble des éléments de A de spectre fini. Il est clair que F contient l'ensemble N des éléments quasi-nilpotents, ainsi que tous les projecteurs, de plus en général F n'est pas fermé, par exemple dans $\mathcal{L}(H)$, où H est un espace de Hilbert de dimension infinie, un opérateur normal est limite d'éléments de F. Nous avons vu au chapitre 1, § 2, qu'en général F n'est stable ni par addition ni par multiplication.

LEMME 5. *Si F est stable par addition c'est un idéal de Lie de A.*

Démonstration.- Soient x dans A et y dans F. Comme $\mathrm{Sp}(e^{\lambda x} y e^{-\lambda x}) = \mathrm{Sp}\, y$, on a $e^{\lambda x} y e^{-\lambda x} \in F$, mais d'après la stabilité de F par addition on déduit que $f(\lambda) = [x,y] + \frac{\lambda}{2}[x,[x,y]] + \ldots \in F$, pour $\lambda \neq 0$, donc, d'après le théorème 3.1.1, on a aussi $\mathrm{Sp}\, f(0)$ fini, c'est-à-dire $[x,y] \in F$. □

THEOREME 5 (Sołtysiak). *Les propriétés suivantes sont équivalentes :*
-1° F est stable par addition.
-2° F est stable par multiplication.

Démonstration.- Supposons F stable par addition. Si x,y appartiennent à F alors $(x+y)^2$, x^2 et y^2 sont dans F, donc $xy+yx = (x+y)^2-x^2-y^2$ appartient à F. D'après le lemme précédent $xy-yx$ appartient à F, donc xy est dans F. Supposons maintenant F stable par multiplication et soient x,y dans F. En prenant λ assez petit, alors pour $x_1 = \lambda x$ et $y_1 = \lambda y$ on a $\|x_1\| < 1$ et $\|y_1\| < 1$. En raisonnant dans $\tilde{A}$ on a ainsi :

$$1+x_1+y_1 = (1+x_1)\,[1-(1+x_1)^{-1}x_1y_1(1+y_1)^{-1}]\,(1+y_1)\ .$$

Par le théorème du calcul fonctionnel holomorphe les éléments $(1+x_1)^{-1}x_1$ et $y_1(1+y_1)^{-1}$ sont dans F , donc leur produit aussi, d'où le crochet, d'où $1+x_1+y_1$ aussi, c'est-à-dire que x_1+y_1 est dans F , donc $x+y$ également. □

LEMME 6 (Herstein [104],p.4). *Soit A un anneau sans radical, supposons que L est un idéal de Lie, non nul, qui est stable par multiplication, alors L est dans le centre de A ou bien L contient un idéal bilatère non nul de A .*

Démonstration.- Supposons d'abord L non commutatif, c'est-à-dire qu'il existe a et b de L tels que $ab-ba \neq 0$. Soit x dans A , alors comme L est un idéal de Lie, $a(bx)-(bx)a = (ab-ba)x+b(ax-xa)$ est dans L . Pour la même raison et le fait que L est stable par multiplication $b(ax-xa)$ est dans L , donc $(ab-ba)A \subset L$. Mais alors pour x,y dans A on a $((ab-ba)x)y-y((ab-ba)x) \in L$, ce qui donne $A(ab-ba)A \subset L$. Si $A(ab-ba)A = \{0\}$ alors $(A(ab-ba))^2 = \{0\}$, donc $ab-ba \in \mathrm{Rad}\,A$, d'après la propriété 7 du théorème I.2, ce qui est contradictoire. Ainsi L contient l'idéal bilatère non nul engendré par $A(ab-ba)A$. Si L est commutatif, montrons qu'il est dans le centre de A . Si $a \in L$ et $x \in A$, par hypothèse a et $ax-xa$ commutent. Pour $x,y \in A$, $a(a(xy)-(xy)a) = (a(xy)-(xy)a)a$, mais on a $a(xy)-(xy)a = (ax-xa)+x(ay-ya)$, qui avec le fait que a commute avec $ax-xa$ et $ay-ya$ donne $(ax-xa)(ay-ya) = 0$. Pour $z \in A$ on a donc $(ax-xa)z(ax-xa) = (ax-xa)[a(zx)-(zx)a+(za-az)x] = 0$, en posant successivement $y = zx$ et $y = z$. Ainsi $(ax-xa)A(ax-xa) = \{0\}$, qui implique $(A(ax-xa))^2 = \{0\}$, donc comme plus haut $ax = xa$, c'est-à-dire a dans le centre de A . □

THEOREME 6. *Soit A une algèbre de Banach complexe avec unité, sans radical, telle que F soit stable par addition ou stable par multiplication, alors F est contenu dans le centre de A ou sinon il existe un idéal bilatère maximum I non nul , tel que F commute modulo I , c'est-à-dire que $a,b \in F$ implique $ab-ba \in I$.*

Démonstration.- D'après le théorème 5 la stabilité par addition ou multiplication sont équivalentes. D'après le lemme 6, si F n'est pas dans le centre de A , en prenant la somme des idéaux bilatères contenus dans F , on obtient un idéal bilatère maximum contenu dans F . En reprenant l'argument du début de la démonstration du lemme, en supposant $ab-ba \notin I$, on voit que l'idéal engendré par $A(ab-ba)A$ est dans F et non contenu dans I , ce qui contredit la maximalité de I . □

COROLLAIRE 5. *Si A est une algèbre de Banach complexe avec unité, simple, telle que F soit stable par addition ou stable par multiplication, alors $F = \mathbb{C}1$ ou sinon il existe un entier n tel que $A = M_n(\mathbb{C})$.*

Démonstration.- A est sans radical, car sinon $A = \mathrm{Rad}\,A$ et $1 \in \mathrm{Rad}\,A$, ce qui est absurde. Comme $\mathrm{Rad}\,A = \{0\}$ est l'intersection des idéaux primitifs de A (voir théorème I.2) alors $\{0\}$ est primitif, donc A est primitive, c'est-à-dire que son centre est $\mathbb{C}1$ (lemme I.1). Si $F \neq \mathbb{C}1$, d'après le théorème précédent il existe un idéal bilatère I contenu dans F et non nul, auquel cas $I = F = A$, donc, d'après le théorème 3.2.1, A est de dimension finie et primitive, soit de la forme $M_n(\mathbb{C})$, d'après le théorème de densité de Jacobson. □

Le corollaire précédent suggère la conjecture suivante : est-ce qu'une algèbre de Banach avec unité, simple et sans éléments quasi-nilpotents est isomorphe à $\mathbb{C}$? Dans l'affirmative on aurait une caractérisation très simple des algèbres de matrices. Une chose facile à vérifier est de montrer que dans ce cas l'algèbre a pour seuls projecteurs 0 et 1 , autrement dit que $F = \mathbb{C}1$. Car si $ab = 0$ alors $\rho(ab) = \rho(ba) = 0$, donc $ba = 0$, autrement dit s'il existe a,b non nuls tels que $ab = 0$ alors $I = \{x \mid ax = 0\}$ est un idéal bilatère non nul, d'où $I = A$, ce qui implique $a = 0$, d'où contradiction, ainsi A est sans diviseurs de zéro d'un côté, donc sans projecteurs non triviaux.

En fait en utilisant une méthode un peu plus compliquée on peut se dispenser d'utiliser le lemme 6 et on obtient des résultats encore meilleurs. Nous donnons cette méthode bien que nous pensons ne pas en avoir encore tiré le maximum.

LEMME 7. *Supposons que* $a + F \subset F$ *alors il existe un entier* n *tel que pour tout* x *de* A *on ait* $\# \, Sp\, [a,x] \leq n$.

Démonstration.- Il est clair que a est dans F . Soit A_k l'ensemble des x de A tels que $e^x a e^{-x} - a$ ait au plus k points dans son spectre. Comme $e^x a e^{-x} - a$ est dans F , quel que soit x de A , il est clair que A est réunion des A_k . De plus la fonction spectre étant continue sur F , A_k est fermé dans A . D'après le théorème de Baire l'un des A_m contient une boule $B(x_0,r)$. Fixons x dans A , $\lambda \to \phi(\lambda) = e^{x_0+\lambda(x-x_0)} a e^{-(x_0+\lambda(x-x_0))} - a \in F$ est analytique et $\phi(\lambda) \in B(x_0,r)$, pour λ assez petit, autrement dit, d'après le théorème 3.1.1, $\phi(\lambda) \in A_m$ pour tout λ , donc en particulier pour $\lambda = 1$, ce qui implique que $A = A_n$, pour un certain entier $n \leq m$. Fixons maintenant x alors $\# \, Sp\, (e^{\lambda x} a e^{-\lambda x} - a)/\lambda \leq n$, pour tout $\lambda \neq 0$, donc, à nouveau d'après le théorème 3.1.1, $\# \, Sp\, [a,x] \leq n$. □

LEMME 8. *Si* $a + F \subset F$ *alors* a *est algébrique modulo le radical de* A .

Démonstration.- D'après ce qui précède il existe n tel que $\# \, Sp\, [a,x] \leq n$, pour tout x de A . Soit Π une représentation irréductible de A sur l'espace de Banach X et soit ξ dans X . Supposons que $\xi_0 = \xi$, $\xi_1 = \Pi(a)\xi_0$,..., $\xi_{k+1} = \Pi(a)\xi_k$, soient linéairement indépendants. Pour $\alpha_0,\ldots,\alpha_{k+1}$ donnés dans X , d'après le théorème de densité de Jacobson, il existe x dans A tel que $\Pi(x)\xi_0 = \alpha_0$,..., $\Pi(x)\xi_{k+1} = \alpha_{k+1}$, d'où $[\Pi(a),\Pi(x)]\xi_0 = 0$, $[\Pi(a),\Pi(x)]\xi_1 = \xi_1$, ... $[\Pi(a),\Pi(x)]\xi_k = k\xi_k$, si on prend $\alpha_1 = \Pi(a)\alpha_0$, $\alpha_2 = \Pi(a)\alpha_1 - \xi_1$,..., $\alpha_{k+1} =$

$\Pi(a)\alpha_k - k\xi_k$, autrement dit $\{0,1,\dots,k\} \subset \mathrm{Sp}\,[a,x]$, ce qui est absurde. D'après le théorème I.6 et la remarque qui le suit on déduit que, puisque a est dans F avec $\mathrm{Sp}\, a = \{\beta_1,\dots,\beta_p\}$ et $\mathrm{Sp}\,\Pi(a) \subset \mathrm{Sp}\, a$, $((\Pi(a)-\beta_1)\dots(\Pi(a)-\beta_p))^{kp} = 0$, pour toute représentation irréductible Π , donc $((a-\beta_1)\dots(a-\beta_p))^{kp} \in \mathrm{Rad}\, A$, ce qui prouve que a est algébrique de de degré $\leq kp$ modulo le radical . □

THEOREME 7. *Soit A une algèbre de Banach complexe avec unité, sans radical, telle que F soit stable par addition ou stable par multiplication, alors F est égal à l'ensemble des éléments algébriques de A . De plus ou bien F est contenu dans le centre de A ou bien le socle de A est non nul et est le plus grand idéal bilatère contenu dans F .*

Démonstration.- Il est clair que l'ensemble des éléments algébriques est inclus dans F , l'inclusion inverse résulte du lemme 8. D'après le théorème 6, si F n'est pas dans le centre de A , il existe un idéal bilatère non nul I inclus dans F qui est maximum. Si $x \in \mathrm{soc}(A)$ alors $x^n \in xAx$, qui est une algèbre de dimension finie d'après le lemme 3.3.4, donc x est algébrique, autrement dit $\mathrm{soc}(A) \subset I$. Pour prouver que $\mathrm{soc}(A) = I$ il suffit de montrer que tout projecteur de I est dans $\mathrm{soc}(A)$ et que pour tout x de I il existe un projecteur p de I vérifiant $x = xp$. Nous renvoyons à [193], lemme 3.1, (v) et (vi), pour la démonstration de ces résultats qui ne sont pas très difficiles mais qui nous entraînerait dans trop de calculs. □

COROLLAIRE 6. *Soit A une algèbre stellaire avec unité telle que F soit stable par addition ou stable par multiplication, alors toutes les représentations irréductibles de A sont de dimension finie. En particulier si A est primitive c'est une algèbre de matrices.*

Démonstration.- D'après ce qui précède tout élément quasi-nilpotent est algébrique donc nilpotent. Ainsi d'après le théorème 3.4.2 toutes les représentations irréductibles de A sont de dimension finie. Si en plus A est primitive alors elle est donc de dimension finie ce qui, d'après le théorème de densité de Jacobson, montre que c'est une algèbre de matrices. □

Ainsi pour une algèbre stellaire primitive avec unité de dimension infinie il existe deux éléments de spectre fini dont la somme est de spectre infini (même chose pour le produit). Est-ce aussi vrai pour $\mathcal{L}(X)$, où X est un espace de Banach complexe ? C'est oui d'après le petit résultat de S. Grabiner [91] qui suit.

LEMME 9. *Soit A une algèbre de Banach complexe, si l'ensemble M des éléments nilpotents contient un sous-espace vectoriel sur lequel le degré de nilpotence est non borné alors A contient un élément quasi-nilpotent non nilpotent qui est limite d'éléments nilpotents.*

Démonstration.- Commençons par montrer que $M \cap X$ est maigre dans X , où X désigne l'adhérence du sous-espace de M mentionné. Dans le cas contraire il existerait un entier k tel que $X_k = \{x \mid x \in M \cap X$ tels que $x^k = 0\}$ ait un point intérieur z , relativement à la topologie de X . Si $x \in X$ alors $z+\lambda(x-z) \in X_k$, pour λ assez petit, donc $(z+\lambda(x-z))^k = 0$, pour tout λ , c'est-à-dire que $X_k = X$, mais cela contredit le fait que le degré de nilpotence est non borné sur X . Montrons maintenant que les éléments quasi-nilpotents de A forment un G_δ . Soit G l'ensemble des x de A tels que $\lim_n x^n = 0$, si $x \in G$ alors il existe un entier k tel que $||x^k|| < 1$, donc G contient l'ensemble ouvert des y tels que $||y^k|| < 1$, ce qui prouve que G est ouvert . Maintenant il est facile de voir que N est l'intersection des $(1/n)G$, donc c'est un G_δ . Comme $M \cap X$ est dense dans X , les éléments quasi-nilpotents de X forment un G_δ dense pour la topologie relative de X . Donc les éléments nilpotents de X forment un ensemble maigre de X et les éléments quasi-nilpotents non nilpotents de X forment un ensemble non maigre de X , ce qui termine la démonstration. □

COROLLAIRE 7. *Soit X un espace de Banach complexe de dimension infinie, alors il existe deux opérateurs bornés sur X de spectre fini dont la somme est de spectre infini, de même il existe deux opérateurs bornés sur X de spectre fini dont le produit est de spectre infini.*

Démonstration.- Si F était stable par addition ou par multiplication tout élément quasi-nilpotent de $\mathcal{L}(X)$ serait nilpotent, d'après le théorème 7 , autrement dit, d'après le lemme 9, si l'ensemble M des éléments nilpotents contient un sous-espace vectoriel le degré de nilpotence est borné dessus. Soit (X_k) une suite de sous-espaces fermés de X tels que $X_0 = \{0\}$ et chaque X_k est un sous-espace propre de X_{k+1} , pour chaque entier n soit A_n l'ensemble des opérateurs bornés T tels que $T(X) \subset X_n$ et $T(X_k) \subset X_{k-1}$, pour $k = 1,\dots,n$. Soit A la réunion des A_n , c'est un sous-espace vectoriel de M qui contient des opérateurs de degré de nilpotence aussi grand que l'on veut si X est de dimension infinie, ce qui est contradictoire. □

§5. *Applications à la théorie des algèbres de fonctions.*

Soit Γ un arc de Jordan de $\mathbb{C}^n$ on sait qu'en général il n'y a pas approximation polynômiale sur Γ , c'est-à-dire qu'il existe des fonctions continues sur cet arc qui ne sont pas limite uniforme de polynômes. Cependant si l'arc est assez régulier, comme nous le verrons plus loin, il y a approximation polynômiale. En fait dans la démonstration le point le plus difficile est de prouver que l'arc est polynomialement convexe. L'idée de base, qui remonte aux premiers travaux de J. Wermer sur les arcs analytiques, est de prouver que $\hat{\Gamma} \setminus \Gamma$ admet une structure analytique, où $\hat{\Gamma}$ désigne l'enveloppe polyniomalement convexe de Γ , car alors de façon très intuitive il existe une "membrane" de bord Γ , ce qui est absurde car Γ est un arc non fermé. Malheureusement, G. Stolzenberg a montré l'existence d'algèbres de fonctions dont l'ensemble des caractères n'a pas de structure analytique. Cependant E. Bishop a pu obtenir un remarquable théorème de structure analytique qui permet de prouver l'approximation polynômiale sur les arcs C^1 par morceaux (théorème de Bishop-Stolzenberg) et même sur les arcs rectifiables (théorème de Alexander-Björk). Nous ne donnerons pas les démonstrations très difficiles de ces beaux résultats, renvoyant le lecteur aux chapitres 12 et 13 de [219], pour le cas des arcs de Jordan analytiques, et à l'article de T.W. Gamelin, *Polynomial approximation on thin sets*, Symposium on several complex variables, Park City, 1970, Lecture Notes in Mathematics n°184, Springer-Verlag, où les autres cas sont étudiés.

Dans ce qui suit nous nous proposons de donner la meilleure généralisation possible du théorème de E. Bishop, en utilisant une démonstration nouvelle basée sur les idées du paragraphe 2, donc de la théorie des fonctions sous-harmoniques. Cette généralisation a évidemment l'avantage de simplifier les démonstrations données dans [219] et l'article de T.W. Gamelin.

Soient K un ensemble compact, A une algèbre de fonctions sur K et M l'ensemble des caractères de A. Pour f dans A et λ complexe on dénote par $f^{-1}(\lambda)$ la *fibre* $\{\chi \mid \chi \in M , \chi(f) = \lambda\}$.

THEOREME 1 (Bishop). *Soient K,A,M,f comme précédemment et soit W une composante connexe de $\mathbb{C} \setminus f(K)$. Supposons qu'il existe un sous-ensemble G de W tel que :*
-1° G est de mesure planaire strictement positive.
-2° les fibres $f^{-1}(\lambda)$ sont finies sur G.
Alors il existe un entier $n \geq 1$ tel que $f^{-1}(\lambda)$ ait au plus n éléments sur W. Il en résulte que $f^{-1}(W)$ a une structure analytique d'une variété analytique complexe de dimension 1 sur laquelle chaque élément de A est analytique.

La démonstration classique de ce résultat est très difficile, voir par exemple le chapitre 11 de [219]. Elle utilise de façon systématique le :

LEMME 1 (Principe du maximal local de Rossi). *Soit A une algèbre de Banach commutative dont l'ensemble des caractères est M et dont la frontière de Chilov est S. Alors quel que soit $\chi_0 \in M \setminus S$, si U est un voisinage de χ_0 dans M disjoint de S, pour tout f de A on a $|\chi_0(f)| \leq \mathrm{Max}\, |\chi(f)|$, où $\chi \in \partial U$.*

Sa démonstration basée sur le principe de Cousin est très technique, voir le chapitre 9 de [219]. Ce résultat a l'avantage de montrer que même s'il n'y a pas de structure analytique sur M, il y en a une très grossière puisque le principe du maximum local est satisfait. Dans ce qui va suivre ce lemme va jouer le rôle du théorème du calcul fonctionnel holomorphe que nous avions utilisé systématiquement dans le § 2. Le rôle du théorème d'E. Vesentini va être tenu par le théorème suivant qui une fois de plus confirme l'existence d'une structure analytique grossière dans M .

LEMME 2 (Wermer [218]). *Fixons* g *de* A *et pour* λ *de* W *posons* $\rho_g(\lambda) = \mathrm{Max}\, |g(f^{-1}(\lambda))|$, *alors* $\lambda \to \rho_g(\lambda)$ *et* $\lambda \to \mathrm{Log}\, \rho_g(\lambda)$ *sont sous-harmoniques.*

Démonstration.- Si $f^{-1}(\lambda_0)$ est non vide pour un λ_0 de W on peut alors montrer facilement que $f^{-1}(\lambda)$ est non vide pour tout λ de W . Il est aussi facile de vérifier que ρ_g est semi-continue supérieurement. Pour prouver la sous-harmonicité de $\mathrm{Log}\, \rho_g$ utilisons le théorème II.3 . Soient D un disque fermé inclus dans W et p un polynôme, supposons que $\mathrm{Log}\, \rho_g(\lambda) \leq \mathrm{Re}\, p(\lambda)$ sur ∂D , alors on obtient que $\rho_g(\lambda)|\exp(-p(\lambda))| \leq 1$ sur ∂D . Pour chaque $\zeta \in \partial D$, si $\chi \in f^{-1}(\zeta)$ alors $|\chi(g)|.|\chi(\exp(-p(f))| \leq 1$ ou $|g.\exp(-p(f))| \leq 1$ en χ . Mais $g.\exp(-p(f)) \in A$, posons $U = f^{-1}(\mathring{D})$, la frontière de U est contenue dans $f^{-1}(\partial D)$ donc, d'après le principe du maximal local de Rossi, pour chaque $\eta \in U$ il existe $\chi \in f^{-1}(\partial D)$ tel que $|\eta(g.\exp(-p(f)))| \leq |\chi(g.\exp(-p(f)))| \leq 1$. Fixons $\zeta_0 \in \mathring{D}$ et choisissons $\eta \in f^{-1}(\zeta_0)$ tel que $|\eta(g)| = \rho_g(\zeta_0)$. En appliquant les inégalités précédentes on obtient $\rho_g(\zeta_0)|\exp(-p(\zeta_0))| \leq 1$, donc $\mathrm{Log}\, \rho_g(\zeta_0) \leq \mathrm{Re}\, p(\zeta_0)$. Ainsi $\mathrm{Log}\, \rho_g$ et donc ρ_g sont sous-harmoniques. □

Les idées qui suivent, entièrement inspirées par la démonstration du théorème de rareté du paragraphe 2, ont été obtenues dans [25,26]. L'analogue du théorème 1.2.2 est le :

LEMME 3. *Si* $\delta_g(\lambda)$ *désigne le diamètre de* $g(f^{-1}(\lambda))$ *alors* $\lambda \to \delta_g(\lambda)$ *et* $\lambda \to \mathrm{Log}\, \delta_g(\lambda)$ *sont sous-harmoniques .*

Démonstration.- On voit sans difficulté que $\delta_g(\lambda) = \mathrm{Max}_{|\alpha|=1} \left(\mathrm{Log} \left(\mathrm{Max}_{f^{-1}(\lambda)} |e^{\alpha g}|\right) + \mathrm{Log} \left(\mathrm{Max}_{f^{-1}(\lambda)} |e^{-\alpha g}|\right) \right)$. Comme e^{g} est dans A , d'après le lemme 2, on déduit que $\delta_g(\lambda)$ satisfait l'inégalité de la moyenne, de plus elle est semi-continue supérieurement, donc sous-harmonique. Pour montrer la sous-harmonicité de $\mathrm{Log}\, \delta_g$ on applique le théorème de Radó (théorème II.15), pour cela il suffit de vérifier que $|e^{\beta\lambda}|\delta_g(\lambda)$ est sous-harmonique, mais c'est $\delta_h(\lambda)$ avec $h = e^{\beta f}.g \in A$, donc on utilise le début. □

L'analogue du corollaire 1.2.3 est le :

LEMME 4. *Soit* E *inclus dans* W *de capacité extérieure strictement positive tel que* $\# f^{-1}(\lambda) = 1$ *sur* E , *alors* $\# f^{-1}(\lambda) = 1$ *sur* W .

Démonstration.- Fixons g dans A . Pour $\lambda \in E$, $g(f^{-1}(\lambda))$ a un seul point, donc $\mathrm{Log}\, \delta_g(\lambda) = -\infty$. D'après le théorème de H. Cartan (théorème II.14) et le lemme 3 , $\mathrm{Log}\, \delta_g(\lambda) = -\infty$ sur W , donc $g(f^{-1}(\lambda))$ a un seul point pour $\lambda \in W$. Si pour un

λ de W , # $f^{-1}(\lambda) > 1$ alors il existe g de A telle que # $g(f^{-1}(\lambda)) > 1$, d'où contradiction. Ainsi # $f^{-1}(\lambda) = 1$ sur W . □

Supposons que $f^{-1}(\lambda)$ soit fini sur un ensemble G de capacité extérieure strictement positive inclus dans W . Dénotons par A_n l'ensemble des $\lambda \in W$ tels que # $f^{-1}(\lambda) = n$. Il est clair que G est inclus dans la réunion des A_n . Il existe n tel que $c^+(A_n) > 0$ car dans le cas contraire on aurait $c^+(G) = 0$. Maintenant nous affirmons qu'il existe $\lambda_0 \in A_n$ tel que pour tout disque Δ centré en λ_0 on ait $c^+(A_n \cap \Delta) > 0$. En effet comme W admet une base topologique dénombrable, dans le cas contraire on pourrait recouvrir A_n par une infinité dénombrable de Δ_i tels que $c^+(A_n \cap \Delta_i) = 0$ et on aurait $c^+(A_n) = 0$. L'analogue du lemme 3.1.1 est le :

LEMME 5. *Supposons que $c^+(A_n) > 0$ et soit λ_0 de A_n tel que $c^+(A_n \cap \Delta) > 0$ pour tout disque Δ centré en λ_0 , alors il existe un disque D centré en λ_0 tel que # $f^{-1}(\lambda) = n$, pour tout λ à l'intérieur de D .*

Démonstration.- Nous suivrons les arguments de E. Bishop comme ils sont exposés dans le chapitre 11 de [219]. Soit D un disque centré en λ_0 suffisamment petit pour que $f^{-1}(D)$ soit formé de n fermés disjoints contenant respectivement un point de $f^{-1}(\lambda_0)$. Dénotons par $p_1,\dots,p_n$ les points de $f^{-1}(\lambda_0)$ et par $J_1,\dots,J_n$ les composantes de $f^{-1}(D)$ qui contiennent $p_1,\dots,p_n$. Pour chaque i soit B_i la fermeture de la restriction à J_i de A . D'après [219], pages 65-66, on a pour chaque entier i :

a) l'ensemble des caractères de B_i est J_i .
b) la frontière de Chilov de B_i est envoyée par f dans ∂D .
c) f envoie J_i sur D .

Fixons i et dénotons par S la frontière de Chilov de B_i . Nous considérons maintenant que B_i est une algèbre de fonctions sur S . Comme f envoie S dans ∂D , d'après b), l'intérieur de D est dans $\mathbb{C} \setminus f(S)$. Soit $\zeta \in \mathring{D} \cap A_n$ et supposons que deux points distincts de J_i s'envoient par f sur ζ . D'après c), pour chaque $j \neq i$, un point de J_j s'envoie par f sur ζ , ce qui contredit le fait que $\zeta \in A_n$. Donc il y a un seul point de J_i qui s'envoie par f sur ζ , pour chaque ζ de $\mathring{D} \cap A_n$. Par choix de λ_0 , $\mathring{D} \cap A_n$ est de capacité extérieure strictement positive. Appliquons le lemme 4 avec S,B_i,J_i,f jouant les rôles de X,A,M,f et pour W prenons la composante de $\mathbb{C} \setminus f(S)$ contenant $\mathring{D}$. Alors pour chaque point λ de $\mathring{D}$ il existe un point unique de J_i qui s'envoie par f sur λ . Comme c'est vrai pour $i = 1,\dots,n$, on a # $f^{-1}(\lambda) \geq n$, pour $\lambda \in D$. Montrons qu'il y a égalité dans $\mathring{D}$. Sinon il existe $\lambda \in \mathring{D}$ et il existe $y \in f^{-1}(\lambda)$ avec y n'appartenant pas à la réunion des J_i , pour $i = 1,\dots,n$. Soit K la composante connexe de $f^{-1}(D)$ qui contient y . Pour chaque i , K est disjoint de J_i . Le lemme 11.3 de [219] nous dit que $f(K) \supset D$, ce qui est contradictoire. □

Arrivé à ce stade, en appliquant le théorème de Bishop avec le disque D qui est de mesure planaire strictement positive, on peut en déduire une généralisation du théorème qui consiste à remplacer la condition *G est de mesure planaire strictement positive* par la condition plus faible *G est de capacité extérieure strictement positive.* Mais nous voulons utiliser les idées du paragraphe 2 jusqu'au bout pour obtenir directement la généralisation.

LEMME 6. *Soient g dans A et λ_0 dans W, fixons α qui n'est pas dans l'enveloppe polynomialement convexe de $g(f^{-1}(\lambda_0))$. Alors $r_{g-\alpha} = Max\ 1/|z-\alpha|$, pour z dans $g(f^{-1}(\lambda))$, est sous-harmonique dans un voisinage de λ_0.*

Démonstration.- On vérifie facilement que $r_{g-\alpha}$ est semi-continue supérieurement. Soit K un compact polynomialement convexe tel que $\alpha \notin K$ et $g(f^{-1}(\lambda_0))\hat{} \subset \mathring{K}$. Alors il existe $s > 0$ tel que $|\lambda-\lambda_0| \leq s$ implique $g(f^{-1}(\lambda)) \subset \mathring{K}$. D'après le théorème de Runge, il existe une suite (p_n) de polynômes qui convergent uniformément sur K vers $1/z-\alpha$. Donc $|\chi(p_n(g))|$ converge uniformément, pour χ dans $f^{-1}(\overline{B}(\lambda_0,s))$, vers $1/|\chi(g)-\alpha|$. Dans ce cas $\rho_{p_n(g)}(\lambda)$ converge simplement et de façon bornée, pour $|\lambda-\lambda_0| \leq s$, vers $r_{g-\alpha}(\lambda)$. D'après le lemme 1, $\rho_{p_n(g)}$ est sous-harmonique sur W, donc $r_{g-\alpha}$ est sous-harmonique pour $|\lambda-\lambda_0|$ inférieur à s. □

L'analogue du corollaire 1.4.2 est le :

LEMME 7. *Soit E un sous-ensemble de W qui est non effilé en λ_0 et soit p un entier tel que $\# f^{-1}(\lambda) \leq p$, pour tout λ de E, alors $\# f^{-1}(\lambda_0) \leq p$.*

Démonstration.- Supposons que $\# f^{-1}(\lambda_0) > p$, soient $y_1,\dots,y_{p+1}$ des points distincts de cet ensemble. Choisissons g dans A de façon que les valeurs de g en ces points y_i soient toutes distinctes, alors $\# g(f^{-1}(\lambda_0)) \geq p+1$, donc la frontière de l'enveloppe polynomialement convexe de $g(f^{-1}(\lambda_0))$ contient $p+1$ points distincts $\mu_1,\dots,\mu_{p+1}$. Choisissons $r > 0$ de façon que les disques D_i centrés en μ_i de rayon r soient tous disjoints. Pour chaque i choisissons $\alpha_i \in D_i$, avec $|\alpha_i-\mu_i| < r/3$ et $\alpha_i \notin g(f^{-1}(\lambda_0))\hat{}$. Admettons pour l'instant qu'il existe λ de E tel que $r_{g-\alpha_i}(\lambda) > \frac{1}{2} r_{g-\alpha_i}(\lambda_0)$, quel que soit $i = 1,\dots,p+1$. Pour chaque i il existe p_i dans l'ensemble $f^{-1}(\lambda)$ tel que $r_{g-\alpha_i}(\lambda) = 1/|g(p_i)-\alpha_i|$. Mais puisque $\mu_i \in g(f^{-1}(\lambda_0))$ on a $r_{g-\alpha_i}(\lambda_0) \geq 1/|\mu_i-\alpha_i|$, donc $|g(p_i)-\alpha_i| = 1/r_{g-\alpha_i}(\lambda) < 2/r_{g-\alpha_i}(\lambda_0) \leq 2|\mu_i-\alpha_i| < 2r/3$, donc pour chaque i, $g(p_i)$ est dans D_i et ainsi les $g(p_i)$ sont tous distincts, autrement dit $\# g(f^{-1}(\lambda)) \geq p+1$. Mais $\lambda \in E$, donc on obtient une contradiction. Il reste à prouver le résultat admis. Posons $u_i = r_{g-\alpha_i}$ pour chaque i. D'après le lemme 6, on peut trouver un voisinage U de λ_0 tel que chaque u_i soit sous-harmonique sur U. D'après le lemme 1.4.1, il existe une suite (λ_k) de $E \cap U$ tendant vers λ_0, avec $\lambda_k \neq \lambda_0$, pour laquelle $u_i(\lambda_0) = \lim_n u_i(\lambda_n)$, quel que soit i, il suffit alors de prendre

$\lambda = \lambda_n$, pour n assez grand. □

Nous sommes en mesure maintenant de généraliser le théorème d'E. Bishop.

THEOREME 2. *Soient* K, A, M, f *comme précédemment et soit* W *une composante connexe de* $\mathbb{C} \setminus f(K)$. *Supposons qu'il existe un sous-ensemble* G *de* W *tel que :*
-1° G est de capacité extérieure strictement positive.
-2° les fibres $f^{-1}(\lambda)$ *sont finies sur* G .
Alors il existe un entier $n \geq 1$ *tel que* $f^{-1}(\lambda)$ *ait au plus* n *éléments sur* W . *Il en résulte que* $f^{-1}(W)$ *a une structure analytique de variété analytique complexe de dimension* 1 *sur laquelle chaque élément de* A *est analytique.*

Démonstration.- Soient n et D comme dans le lemme 5, alors $\# f^{-1}(\lambda) = n$, pour tout $\lambda \in \mathring{D}$. Dénotons par $\mathcal{F}$ la famille des sous-ensembles ouverts et connexes V de W qui contiennent D et tels que $\# f^{-1}(\lambda) = n$, pour $\lambda \in V$. Dénotons par U la réunion de tous les ensembles de $\mathcal{F}$, il est évident que U est dans $\mathcal{F}$ et que cet ensemble est maximum pour l'inclusion. D'après le corollaire II.4, U est non effilé en chacun de ses points frontières, donc si $\lambda \in \partial U \cap W$ on a $\# f^{-1}(\lambda) \leq n$, d'après le lemme 7. Posons $F = \{\lambda | \lambda \in \partial U \cap W$ et $\# f^{-1}(\lambda) \leq n-1\}$, nous allons montrer que F est fermé dans W et de capacité extérieure nulle. Choisissons une suite (λ_k) de F qui converge vers μ dans W . Alors $\mu \in \partial U$ donc $\# f^{-1}(\mu) = n$ ou $\# f^{-1}(\mu) \leq n-1$. Plaçons nous dans le premier cas, chaque disque centré en μ rencontre U en un ensemble de capacité extérieure strictement positive donc, d'après le lemme 5, A_n contient un disque centré en μ , mais pour k assez grand λ_k est dans ce disque, ce qui est contradictoire. Donc seulement le deuxième cas se produit et alors μ est dans F . Le reste de la démonstration pour prouver que $\# f^{-1}(\lambda) \leq n$ sur tout W se fait comme dans la démonstration du théorème 3.1.1, pour montrer que $f^{-1}(W)$ admet une structure analytique on reprend l'argument d'E. Bishop cité dans [219], en remarquant toutefois que le lemme 2 et le théorème II.17 le simplifient beaucoup. □

Dans [36], en utilisant une idée de B. Cole, R. Basener a pu donner une généralisation partielle du théorème d'E. Bishop en prouvant que si les fibres $f^{-1}(\lambda)$ sont dénombrables sur un ensemble G de mesure planaire strictement positive dans W alors il existe un ouvert non vide de $f^{-1}(W)$ admettant une structure analytique de variété analytique complexe de dimension 1 . Les mêmes idées qui précèdent peuvent être utilisées pour généraliser ce résultat. Nous ne donnerons pas tous les détails de la démonstration quand ils sont similaires à ceux de [36], nous nous contenterons d'indiquer les modifications.

THEOREME 3. *Soient* K, A, M, f, W *comme plus haut, supposons qu'il existe un compact* G *de* W *tel que :*

-1° G est de capacité extérieure strictement positive.

-2° les fibres $f^{-1}(\lambda)$ sont dénombrables sur G .

Alors il existe un sous-ensemble ouvert non vide de $f^{-1}(W)$ qui possède une structure de variété analytique complexe de dimension 1 sur laquelle chaque élément de A est analytique.

Sommaire de démonstration.- On se contentera de montrer que si $f^{-1}(W)$ est non vide alors il contient un certain p admettant un voisinage dans M qui est un disque analytique passant par p . Supposons cette assertion fausse, nous allons construire un z de G dont la fibre $f^{-1}(z)$ est non dénombrable, ce qui donnera une contradiction. On peut remplacer G par G' l'ensemble des z de G tels que pour tout disque Δ centré en z on ait $c^+(\Delta \cap G) > 0$. Alors G' est compact et chaque disque centré en un point de G' rencontre G' en un ensemble de capacité extérieure strictement positive. Autrement dit sans perte de généralité on peut supposer que G possède cette propriété. Comme $f^{-1}(W)$ est non vide on a $f(f^{-1}(W)) = W$. D'après le théorème 2 et le fait qu'aucun point de $f^{-1}(W)$ n'ait un voisinage constitué par un disque analytique, il existe z_1 dans G et x_0, x_1 dans M tels que $f(x_0) = f(x_1) = z_1$. Comme dans la démonstration de R. Basener on conclut qu'il existe des voisinages A-convexes disjoints V_{i_1} de x_{i_1} , si $i_1 = 0,1$, avec les propriétés $V_{i_1} \subset f^{-1}(W)$, $z_1 \notin f(\partial V_{i_1})$ et $f(V_{i_1})$ voisinage de z_1 . Si on choisit ε_1 avec $0 < \varepsilon_1 < 1$ tel que pour $i_1 = 0,1$ on ait :

(1) $$\{z \mid |z-z_1| \leq \varepsilon_1\} \subset f(V_{i_1}) \setminus f(\partial V_{i_1}) ,$$

en utilisant le lemme 4 et quelques détails techniques on obtient

(2) $$c^+(\{z \mid |z-z_1| \leq \varepsilon \ , \ z \in G \ , \ \# f^{-1}(z) \cap V_{i_1}\}) = 0 .$$

Ainsi comme dans l'étape $n+1$ de [36], on peut par récurrence définir une suite (z_n) de G , $\varepsilon_n > 0$, $x_c \in M$, $V_c \subset M$, où c est un n-uple $(i_1, \ldots, i_n)$ avec $i_j = 0$ ou 1 pour $1 \leq j \leq n$, vérifiant les conditions suivantes : les 2^n points x_c sont tous distincts, $V_c \cap V_{c'} = \emptyset$ si $c \neq c'$, $V_c \subset \mathring{V}_{i_1 \ldots i_{n-1}}$ si $n > 1$, $\varepsilon_n < 1/n^2$, $0 < |z_{n+1} - z_n| < \varepsilon_n$ et :

(3) $$\{z \mid |z-z_n| \leq \varepsilon_n\} \subset f(V_c) \setminus f(\partial V_c) ,$$

(4) $$c^+(\{z \mid |z-z_n| \leq \varepsilon_n \ , \ z \in G \ , \ \# f^{-1}(z) \cap V_c\}) = 0 .$$

D'après cette construction, (z_n) est une suite de Cauchy convergeant vers z dans G . Soit $I = (i_1, i_2, \ldots)$ une suite infinie de 0 et de 1 . Une sous-suite de la suite $x_{i_1}, x_{i_1 i_2}, \ldots, x_{i_1 i_2 \ldots i_n}, \ldots$ converge vers un point x_I de M et alors par continuité on a $f(x_I) = z$. L'ensemble de ces suites I est non dénombrable et il n'est pas difficile de voir que l'ensemble des x_I est lui-même non dénombrable, ce qui contredit le fait que $f^{-1}(z)$ est dénombrable. □

Par les mêmes méthodes les théorèmes de structure analytique à n dimension obtenus par R. Basener [37] et N. Sibony [186] peuvent être généralisés.

Dans le cas où l'algèbre de fonctions A satisfait la condition $\partial_1(A \otimes A) = (\partial_0 A \times \partial_1 A) \cup (\partial_1 A \times \partial_0 A)$, où ∂_0 désigne la frontière de Chilov ordinaire et ∂_1 la frontière de Chilov généralisée d'ordre 1 (voir [37] ou [138]), D. Kumagai [138] a pu trouver un théorème général de sous-harmonicité qui redonne les cas de Log ρ_g , Log δ_g et permet même, dans ce cas, de prouver la sous-harmonicité de $\lambda \to \mathrm{Log}\ c(g(f^{-1}(\lambda)))$. Malheureusement le problème de la sous-harmonicité du logarithme de la capacité de $g(f^{-1}(\lambda))$ pour une algèbre quelconque est toujours non résolu, malgré l'extrême importance de cette conjecture (elle permettrait de simplifier encore plus la démonstration du théorème d'E. Bishop et même de l'étendre au cas des fibres de g-capacité nulle). Evidemment cette conjecture serait résolue si la conjecture de R. Basener, affirmant que la relation du haut de la page est vraie pour toute algèbre de fonctions, l'est également. Mais cette deuxième conjecture nous paraît beaucoup moins probable et naturelle que la première.

Pour terminer nous signalons que les théorèmes 2 et 3 sont les meilleurs possibles dans la mesure où si E est un sous-ensemble compact de capacité nulle du disque unité ouvert $\{z \mid |z| < 1\}$ il existe une algèbre de fonctions A sur un espace compact X et il existe un élément f de A tels que :

-1° $f(X)$ est le disque unité, d'où $E \subset \mathbb{C} \setminus f(X)$.

-2° $\# f^{-1}(\lambda) = 1$ quand λ est dans E .

-3° $f^{-1}(\lambda)$ est non dénombrable quand $\lambda \in \{z \mid |z| < 1\} \setminus E$.

Cet exemple, dont la construction assez technique utilise le théorème de Evans sur les compacts de $\mathbb{C}$ de capacité nulle, pourra être trouvé dans [26]. Dans une communication privée H. Alexander nous a signalé le résultat suivant, encore meilleur concernant le théorème 2, mais beaucoup plus difficile à démontrer.

THEOREME 4. *Soit E un sous-ensemble compact de capacité nulle du disque unité Δ , il existe un sous-ensemble compact X de $\mathbb{C}^2$ tel que (a) X est une réunion dénombrable d'arcs analytiques réels contenus dans $\partial\Delta \times \overline{\Delta}$ (b) $X^\wedge \setminus X = (\Delta \times \{1\}) \cup V$, où V est une sous-variété irréductible de Δ^2 telle que $z(V) = \Delta \setminus E$ et $z : V \to \Delta \setminus E$ a des fibres dénombrables. Alors pour $A = P(X)$ et $f = z \in A$ on a :*

-1° $f(X) = \partial\Delta$.

-2° $\# f^{-1}(\lambda) = 1$ sur E , plus exactement $f^{-1}(\lambda) = \{(\lambda, 1)\}$.

-3° $f^{-1}(\lambda)$ est infini dénombrable sur $\Delta \setminus E$, plus exactement $f^{-1}(\lambda) = \{(\lambda, w_k)\}_1^\infty$, où $w_0 = 1$, $w_k \in \Delta$ et w_k tend vers 1 .

4 CARACTÉRISATION DES ALGÈBRES DE BANACH SYMÉTRIQUES

Les exemples les plus simples d'algèbres de Banach involutives sont donnés par les sous-algèbres fermées de $\mathcal{L}(H)$, où H est un espace de Hilbert, stables par l'involution $x \to x^*$, où x^* désigne l'opérateur adjoint associé à x défini par $(x^*\xi|\eta) = (\xi|x\eta)$, quels que soient ξ,η dans H . Une telle algèbre possède les propriétés suivantes:

a) A est une algèbre de Banach involutive pour la norme $||x|| = \mathrm{Sup}\ ||x\xi||$, où $||\xi|| \leq 1$, et pour l'involution $x \to x^*$.

b) $||x^*x|| = ||x^*||.||x||$, pour $x \in A$.

c) $||x|| = ||x^*||$, pour $x \in A$.

d) $Sp(x^*x) \subset \mathbb{R}_+$, pour $x \in A$.

C'est I.M. Gelfand et M.A. Naïmark qui, dans leur célèbre article de 1943, firent démarrer toute la théorie abstraite des algèbres de Banach involutives non commutatives, en prouvant la remarquable réciproque:

THEOREME (Gelfand-Naïmark). *Si A est une algèbre de Banach involutive vérifiant les propriétés:*

-1° $||x^*x|| = ||x^*||.||x||$ *, pour* $x \in A$

-2° $||x|| = ||x^*||$ *, pour* $x \in A$

-3° $Sp(x^*x) \subset \mathbb{R}_+$ *, pour* $x \in A$

Alors A est isométriquement isomorphe, en tant qu'algèbre involutive, à une sous-algèbre fermée involutive de $\mathcal{L}(H)$ *, pour un certain espace de Hilbert H .*

La démonstration est simple, on pourra la trouver dans [66] ou [177 Comme nous n'aurons pas besoin de ce résultat nous ne la donnerons pas; simplement nous indiquerons que H se construit à l'aide des formes linéaires positives sur A .

On peut déjà remarquer que 1° et 2° peuvent se condenser en l'unique propriété:

-4° $||x^*x|| = ||x||^2$, pour $x \in A$.

En effet puisque $||x^*x|| = ||x||^2 \leq ||x||.||x^*||$, on a $||x|| \leq ||x^*||$ d'où $||x^*|| \leq ||(x^*)^*|| = ||x||$, soit $||x|| = ||x^*||$. A l'aide des travaux de Kelley-Vaught et Fukamiya, I. Kaplansky a pu montrer que 3° résulte aussi de 4°. Les algèbres vérifiant 4° sont appelées traditionnellement *algèbres stellaires*, selon la terminologie de [48], ou *C*-algèbres*, selon la terminologie de [66].

I.M. Gelfand et M.A. Naĭmark avaient conjecturé que les algèbres stellaires peuvent se caractériser uniquement par 1°. Par des méthodes compliquées, qui paraissent maintenant bien archaïques, T. Ono [162], J. Glimm et R.V. Kadison [88], ont pu obtenir ce résultat dans le cas où A a une unité. Le cas sans unité fut résolu par B.J. Vowden [216].

C' est seulement dans les années soixante-dix que la théorie des algèbres involutives devait se débloquer pour donner des résultats aussi simples que beaux. Le mérite en revient d'abord à J.W.M. Ford dont le lemme fondamental permettait dans de nombreux cas d'éliminer l'hypothèse de continuité de l'involution Puis vinrent très rapidement tous les merveilleux résultats de B.E. Johnson, T.W. Palmer, V. Pták, L.A. Harris, J. Cuntz etc. Pour de plus amples renseignements consulter [70].

Dans ce chapitre nous ne donnerons pas toutes les propriétés des algèbres involutives, particulièrement des algèbres symétriques, qui ont été obtenus depuis six ans. Le lecteur curieux les trouvera dans le long article introductif de V. Pták [172]. Nous nous contenterons de prouver celles qui nous serons utiles au chapitre 5, ainsi que de donner au § 3 - c'est là que le plaisir esthétique nous pousse un peu à sortir du cadre de cet ouvrage - les si belles caractérisations des algèbres stellaires. A comparer les démonstrations de [88] et celles de ce paragraphe, le lecteur comprendra tous les efforts qui a fallu fournir pour arriver à ce stade de limpidité. Dans le § 4 nous donnons les résultats les plus récents sur la symétrie ou la non symétrie de $L^1(G)$ et en particulier le remarquable exemple de J.B. Fountain, R.W. Ramsay et J.H. Williamson [81].

§ 1. *Résultats fondamentaux sur les algèbres de Banach involutives.*

LEMME 1 (Civin-Yood). *Soient* A *une algèbre de Banach involutive et* x *normal dans* A *alors il existe une sous-algèbre fermée* B *, commutative, stable par involution, contenant* x *, telle que* $Sp_B\, x = Sp_A\, x$.

Démonstration.- Soit $\mathcal{E}$ la famille des sous-ensembles E de A tels que $a,b \in E \cup E^*$ implique $ab = ba$. $\mathcal{E}$ est non vide puisqu'elle contient $\{x\}$, elle est inductive pour l'inclusion donc, d'après le théorème de Zorn il existe $B \in \mathcal{C}$, maximale, contenant x. Comme B est maximale $B \cup B^* = B$, soit $B = B^*$. B est fermé car $\bar{B} \in \mathcal{C}$, en effet si $a,b \in \bar{B} \cup \bar{B}^*$ alors $a = \lim a_n$, $b = \lim b_n$ avec $a_n, b_n \in B \cup B^*$, mais $a_n b_n = b_n a_n$ implique $ab = ba$. On vérifie facilement à cause de la maximalité que B est une sous-algèbre commutative. Comme $Sp_A\, x \subset Sp_B\, x$ il reste à prouver l'inclusion inverse. Si $\lambda \in Sp_B\, x$, avec $\lambda \notin Sp_A\, x$, $x - \lambda$ est inversible dans A, avec $(x-\lambda)^{-1} \notin B$ mais $B \cup \{(x-\lambda)^{-1}\} \in \mathcal{C}$, ce qui est absurde. □

Le résultat qui suit, qui généralise le lemme de J.W.M. Ford, a été obtenu par F.F. Bonsall et D.S.G. Stirling ([45], p. 44), qui le démontrèrent en utilisant un théorème de point fixe. Nous en donnerons une démonstration plus proche de celle de J.W.M. Ford [80].

LEMME 2. *Soient A une algèbre de Banach, avec unité, et $a \in A$ tel que $\rho(1-a) < 1$, alors il existe $b \in A$, unique, tel que $b^2 = a$ et $\rho(1-b) < 1$.*

Démonstration.- Posons $b = \sum_{k=0}^{\infty} |\binom{\frac{1}{2}}{k}|(a-1)^k$, cette série converge puisque $\rho(1-a) < 1$. Soit $r > 0$ tel que $\rho(1-a) \leq r < 1$, alors $\rho(1-b) \leq \sum_{k=0}^{\infty} |\binom{\frac{1}{2}}{k}| r^k = 1 - (1-r)^{\frac{1}{2}} \leq r < 1$. De plus il est clair que $b^2 = a$. Pour l'unicité, supposons que $x^2 = a$, avec $\rho(1-x) < 1$. Soit C la sous-algèbre commutative, fermée, avec unité, engendrée par x, elle contient a donc aussi b. Soit χ un caractère de C, alors $1 + \chi(b-1) = \alpha(1 + \chi(x-1))$, avec $\alpha = \pm 1$. Le cas $\alpha = -1$ est impossible car on aurait $|2| \leq |\chi(b-1)| + |\chi(x-1)| < 2$, ainsi $\chi(b-x) = 0$, pour tout caractère, soit $b = x(1+u)$, avec $u \in \text{Rad}\, C$. Comme $\rho(1-k) < 1$, x est inversible, donc $(1+u)^2 = 1$, soit $2u(1+u/2) = 0$, mais comme $1 + u/2$ est inversible dans C, $u = 0$. □

Pour l'équation $b^3 = a$ le résultat précédent est aussi vrai, par contre pour $b^n = a$, avec $n \geq 4$, le résultat devient faux. On peut obtenir dans ce cas un théorème analogue en remplaçant la condition $\rho(1-a) < 1$ par $\rho(1-a) < \sin \frac{\pi}{n}$. Il est à remarquer, d'ailleurs, que ce lemme est un cas particulier d'un résultat de E. Hille [105] beaucoup plus difficile à énoncer et à démontrer.

COROLLAIRE 1 (Ford). *Si A est une algèbre de Banach involutive, avec unité et si h hermitien vérifie $\rho(1-h) < 1$, alors il existe k hermitien, commutant avec h, tel que $k^2 = h$ et $\rho(1-k) < 1$.*

Démonstration.- D'après ce qui précède il existe k unique dans A tel que $k^2 = h$ et $\rho(1-k) < 1$, mais $(k^*)^2 = h^* = h$ et $\rho(1-k^*) = \rho(1-k) < 1$, donc $k = k^*$. □

LEMME 3. *Soient A une algèbre de Banach et $x \in A$ tel que $\rho(x) < 1$, alors il* *existe y unique dans A tel que $x = \sin y$ et $\rho(y) < \frac{\pi}{2}$. Dans ce cas y appartient à la sous-algèbre fermée engendrée par x.*

Démonstration.- Quitte à raisonner dans $\tilde{A}$, on peut supposer que A a une unité. Posons $y = \sum_{n=1}^{\infty} \alpha_n x^n$, où les $\alpha_n \geq 0$ sont les coefficients du développement en série de $\text{Arcsin } z$ qui a pour rayon de convergence 1 et converge pour $z = 1$ vers $\frac{\pi}{2}$, d'après la règle d'Abel. Alors $\rho(y) \leq \sum_{n=1}^{\infty} \alpha_n \rho(x)^n < \frac{\pi}{2}$. D'après le 3° du théorème 1.1.1 on a $x = \sin y$. Supposons que $x = \sin a$, avec $\rho(a) < \frac{\pi}{2}$, alors a commute avec x, donc avec y. Soit B une sous-algèbre commutative, fermée, avec unité contenant a et y, alors pour tout caractère χ de B on a $\chi(a-y) = n\pi$ avec n entier, qui avec $\rho(a) < \frac{\pi}{2}$ et $\rho(y) < \frac{\pi}{2}$, implique $\chi(a-y) = 0$, soit $y = a + b$, avec $b \in \text{Rad } B$, donc:

$$x = \sin y = \sin a \cos b + \cos a \sin b = x \cos b + \cos a \sin b$$

soit $2 \sin \frac{b}{2} \cos \frac{b}{2} [\cos a - x \operatorname{tg} \frac{b}{2}] = 0$. Mais $\cos a$ est inversible dans B, car $\chi(\cos a) = 0$ implique $\chi(\sin a) = \pm 1$, soit $\rho(x) = 1$, ce qui est absurde. De plus $x \operatorname{tg} \frac{b}{2} \in \text{Rad } B$, donc $\cos a - x \operatorname{tg} \frac{b}{2}$ est inversible dans B, or $\cos \frac{b}{2}$ est aussi inversible dans B puisque $\cos \frac{b}{2} - 1 \in \text{Rad } B$, donc $\sin \frac{b}{2} = \frac{b}{2} [1 - \frac{b^3}{24} + \ldots] = 0$ soit $b = 0$, puisque le terme entre crochets est inversible. □

Si dans l'algèbre A on a $(e^a)^* = e^{a^*}$, pour tout a normal, ce qui équivaut à dire que e^h est hermitien et e^{ih} est unitaire si h est hermitien, alors on peut obtenir le corollaire suivant. Cette condition est automatiquement vérifiée si l'involution est *localement continue*, c'est-à-dire continue dans toute sous-algèbre fermée, commutative, stable par involution.

COROLLAIRE 2. *Soit A une algèbre de Banach involutive telle que $(e^a)^* = e^{a^*}$, pour tout a normal, alors pour tout h hermitien tel que $\rho(h) < 1$, il existe k hermitien tel que $h = \sin k$.*

Démonstration.- D'après ce qui précède il existe k unique tel que $h = \sin k$ et $\rho(k) < \frac{\pi}{2}$. D'après le lemme 1, il existe une sous-algèbre fermée, commutative, stable par involution contenant h. Alors k et k^* sont dans B, donc k est normal ainsi que ik et $-ik$. D'où:

$$h = h^* = -\frac{(e^{ik})^* - (e^{-ik})^*}{2i} = -\frac{e^{-ik^*} - e^{ik^*}}{2i} = \sin k^*$$

avec $\rho(k^*) = \rho(k) < \frac{\pi}{2}$, donc $k = k^*$. □

Le théorème qui suit est fondamental puisque, très souvent, il permet de supposer l'involution continue en raisonnant dans $A/\text{Rad } A$. Il avait été conjecturé par C.E. Rickart ([177], p.70), mais c'est B.E. Johnson [124] qui l'a démontré en 1967.

THEOREME 1 (Johnson). *Si A est une algèbre de Banach involutive, sans radical, alors l'involution est continue.*

Démonstration.- Définissons sur A la nouvelle norme $||x||' = ||x^*||$. On vérifie facilement que c'est une norme d'algèbre. A est complet pour cette norme car si $||x_p - x_q||'$ tend vers 0 , alors (x_n^*) est une suite de Cauchy pour $||\ ||$, donc converge vers $a \in A$. Mais alors $||x_n - a^*||' = ||x_n^* - a||$ tend vers 0 , donc A est complet pour $||\ ||'$. Il suffit d'appliquer le théorème I.9 pour déduire que ces normes sont équivalentes donc que l'involution est continue. □

En 1966, B. Russo et H. A. Dye [179] ont démontré que pour les algèbres stellaires la boule unité fermée est l'eveloppe convexe fermée de l'ensemble des éléments unitaires. Leur méthode basée sur la théorie spectrale, donc intimement liée à la structure sous-jacente d'espace de Hilbert, ne peut se généraliser pour les algèbres involutives. En 1968, T.W. Palmer [165] a amélioré ce résultat à l'aide du théorème 2 de [88]. Mais c'est L.A. Harris [100] qui, en utilisant la transformation de Möbius, introduite par Potapov, devait faire avancer remarquablement la question. Déjà l'utilisation de la transformation de Möbius avait permis, d'une façon conceptuellement simple à l'aide du lemme de Schwarz pour les espaces de Banach, de caractériser les isométries des sous-algèbres de Jordan de $\mathcal{L}(H)$ - c'est-à-dire les sous-espaces vectoriels de $\mathcal{L}(H)$ tels que $x \in A$ implique $x^2 \in A$ - donc en particulier des algèbres stellaires et des algèbres de fonctions (voir [98] et [99]). Ainsi la méthode de R.V. Kadison [127] pour les algèbres stellaires était complètement éclipsée.

Nous allons très légèrement améliorer le résultat de L.A. Harris en montrant que le théorème 2 est vrai même si l'involution n'est pas continue. Au § 3 nous utiliserons la caractérisation des algèbres stellaires et la semi-norme de T.W. Palmer pour l'étendre de façon notable (théorème 4.3.6).

Dans la fin de ce paragraphe l'algèbre de Banach involutive A aura une unité. On désignera par U_1 la composante connexe de l'unité, pour la norme $||\ ||$, dans l'ensemble U des éléments unitaires et par co U_1 l'enveloppe convexe de cet ensemble. De même, d'après le corollaire 1, $(1-x^*x)^{\frac{1}{2}}$ désignera la racine carrée hermitienne de $1-x^*x$ et $(1-xx^*)^{-\frac{1}{2}}$ l'inverse de la racine carrée de $1-xx^*$.

LEMME 4. *Si* $\rho(x) < 1$, $\rho(xx^*) < 1$ *et* $\lambda \in \mathbb{C}$ *avec* $|\lambda| = 1$, *alors* $f_x(\lambda) = (1-xx^*)^{-\frac{1}{2}} (\lambda+x) (1+\lambda x^*)^{-1} (1-x^*x)^{\frac{1}{2}} \in U_1$. *Si* x *est normal, avec* $\rho(x) < 1$, *alors en plus* $Sp\ f_x(\lambda)$ *ne rencontre pas la demi-droite* $\{-\alpha\lambda | \alpha \geq 0\}$.

Démonstration.- D'après les hypothèses il est clair que $f_x(\lambda)$ est parfaitement défini et analytique en λ dans un voisinage de $\{\lambda \mid |\lambda| \leq 1\}$, puisque $y \to y^{-1}$

est analytique sur l'ensemble des éléments inversibles. Si $|\lambda| = 1$ on a:

$$\begin{aligned}(f_x(\lambda)^{-1})^* &= (1-xx^*)^{\frac{1}{2}}(\bar{\lambda}+x^*)^{-1}(1+\bar{\lambda}x)(1-x^*x)^{-\frac{1}{2}} \\ &= (1-xx^*)^{\frac{1}{2}}(1+\lambda x^*)^{-1}(\lambda+x)(1-x^*x)^{-\frac{1}{2}}\end{aligned}$$

Si on utilise les développements en série de $(1+\lambda x^*)^{-1}$, $(1-xx^*)^{\frac{1}{2}}$ et $(1-x^*x)^{-\frac{1}{2}}$ on voit que:

$$(1)\qquad \begin{cases}(1+\lambda x^*)^{-1}(\lambda+x) = x + \lambda(1+\lambda x^*)^{-1}(1-x^*x) \\ (\lambda+x)(1+\lambda x^*)^{-1} = x + \lambda(1-xx^*)(1+\lambda x^*)^{-1} \\ (1-xx^*)^{\frac{1}{2}}x = x(1-x^*x)^{\frac{1}{2}} \\ (1-xx^*)^{-\frac{1}{2}}x = x(1-x^*x)^{-\frac{1}{2}}\end{cases}$$

Donc:

$$\begin{aligned}(f_x(\lambda)^{-1})^* &= (1-xx^*)^{\frac{1}{2}}\,[x + \lambda(1+\lambda x^*)^{-1}(1-x^*x)](1-x^*x)^{-\frac{1}{2}} \\ &= x + \lambda(1-xx^*)^{\frac{1}{2}}(1+\lambda x^*)^{-1}(1-x^*x)^{\frac{1}{2}} \\ &= (1-xx^*)^{-\frac{1}{2}}\,[x + \lambda(1-xx^*)(1+\lambda x^*)^{-1}]\,(1-x^*x)^{\frac{1}{2}} \\ &= (1-xx^*)^{-\frac{1}{2}}\,(\lambda+x)(\lambda+x^*)^{-1}\,(1-x^*x)^{\frac{1}{2}} \\ &= f_x(\lambda)\ .\end{aligned}$$

Ainsi $f_x(\lambda)$ est unitaire pour $|\lambda| = 1$. Si $0 \leq t \leq 1$ la fonction $t \to f_{tx}(\lambda^t)$ définit une courbe continue au sens de $\|\ \|$ qui joint $f_0(1) = 1$ à $f_x(\lambda)$, donc $f_x(\lambda) \in U_1$.

Si x est normal avec $\rho(x) < 1$ alors $f_x(\lambda) = (\lambda+x)(1+\lambda x^*)^{-1}$ d'où

$$\begin{aligned}\alpha\lambda + f_x(\lambda) &= (\alpha\lambda(1+\lambda x^*) + \lambda + x)\ (1+\lambda x^*)^{-1} \\ &= (\alpha+1)\ \lambda\ (1 + \frac{\alpha\lambda x^* + \bar{\lambda}x}{\alpha+1})\ (1+\lambda x^*)^{-1}\end{aligned}$$

mais x et x^* commutent donc $\rho\ (\frac{\alpha\lambda x^* + \bar{\lambda}x}{\alpha+1}) < 1$ si $\alpha \geq 0$, ce qui implique que $\alpha\lambda + f_x(\lambda)$ est inversible. □

LEMME 5. *Si* $\rho(x) < 1$ *et* $\rho(x^*x) < 1$ *alors* $x \in \overline{co\, U_1}$ *, où* $\overline{co\, U_1}$ *désigne l'adhérence de* $co\, U_1$ *pour la topologie définie par* $\|x\|_1 = Max\ (\|x\|, \|x^*\|)$.

Démonstration.- D'après les formules (1) on obtient:

$$(2)\qquad f_x(\lambda) = x + (1-xx^*)^{\frac{1}{2}}\lambda(1+\lambda x^*)^{-1}(1-x^*x)^{\frac{1}{2}}\ .$$

De plus si $\lambda = e^{2\pi i/n}$, on a pour $z \in \mathbb{C}$, $z^n - 1 = (\lambda z-1)(\lambda^2 z-1)\dots(\lambda^{n-1}z-1)$, d'où par décomposition de la fraction rationnelle en éléments simples $\frac{z^{n-1}}{1-z^n} = \frac{1}{n}\sum_{k=1}^{n}\frac{\lambda^k}{1-\lambda^k z}$. Un calcul formel identique, avec $y \in A$, nous donne:

$$(3)\qquad y^{n-1}(1-y^n)^{-1} = \frac{1}{n}\sum_{k=1}^{n}\lambda^k(1-\lambda^k y)^{-1}$$

Ainsi pour $\lambda = e^{2\pi i/n}$ on a d'après (2):

$$(4)\qquad x - \frac{1}{n}\sum_{k=1}^{n} f_x(\lambda^k) = -\ (1-xx^*)^{\frac{1}{2}}(-x^*)^{n-1}\ [1 - (-x^*)^n]^{-1}(1-x^*x)^{\frac{1}{2}}$$

$$(5) \qquad \| x - \frac{1}{n} \sum_{k=1}^{n} f_x(\lambda^k) \|_1 \leq M \, \|(x^*)^{n-1}\|_1 \, \|(1-(-x^*)^{n-1})^{-1}\|_1$$

où $M = \|(1-xx^*)^{\frac{1}{2}}\| \, \|(1-x^*x)^{\frac{1}{2}}\|$. Quand n tend vers l'infini $\|x^n\|^{1/n}$ tend vers $\rho(x)$ et $\|x^{*n}\|^{1/n}$ tend vers $\rho(x^*) = \rho(x)$, donc si $\rho(x) < r < 1$ il existe N tel que $n \geq N$ implique $\|x^{*n}\|_1 \leq r^n$, mais alors le second membre de (5) tend vers 0 . □

THEOREME 2 (Harris). *Si A est une algèbre de Banach involutive, avec unité, alors l'enveloppe convexe de U_1 contient l'ensèmble des x tels que $\rho(x) < 1$ et $\rho(x^*x) < 1$.*

Démonstration.- a) Commençons par montrer que $\|x\|_1 < \frac{1}{2}$ implique $x \in co\, U_1$. Soit h hermitien avec $\|h\| < 1$, alors, d'après le corollaire 1, posons $u_1 = h + i\,(1-h^2)^{\frac{1}{2}}$, $u_2 = h - i\,(1-h^2)^{\frac{1}{2}}$. On vérifie facilement que u_1 et u_2 sont unitaires, ils sont dans U_1 car les fonctions continues définies sur $[0,1]$ par:

$$t \to -e^{i\frac{\pi}{2}(1-t)}\,(th + i(1-t^2h^2)^{\frac{1}{2}}) \ , \quad t \to e^{i\frac{\pi}{2}(1-t)}\,(th - i(1-t^2h^2)^{\frac{1}{2}})$$

joignent l'unité respectivement à u_1 et u_2 . Ainsi $h \in co\, U_1$. Si $x \in A$ vérifie $\|x\|_1 < \frac{1}{2}$, alors pour $h = \frac{x+x^*}{2}$ et $k = \frac{x-x^*}{2i}$, on a $\|2h\| = \|2h\|_1 < 1$ et $\|2k\| = \|2k\|_1 < 1$, donc d'après ce qui précède $2h = \frac{u_1+u_2}{2}$, $2k = \frac{v_1+v_2}{2}$, avec $u_1,u_2,v_1,v_2 \in U_1$, soit $x = \frac{u_1+v_1+iu_2+iv_2}{4} \in co\, U_1$, puisque iu_2, $iv_2 \in U_1$, car $e^{i\theta}u \in U$ quel que soit $u \in U$ et θ réel.

b) Supposons maintenant que $\rho(x) < 1$ et $\rho(x^*x) < 1$, il existe $t > 1$ tel que $\rho(tx) < 1$ et $\rho(t^2x^*x) < 1$, alors, d'après le lemme 5, $tx \in \overline{co\, U_1}$, pour la topologie définie par $\| \ \|_1$. Donc il existe $x_1 \in co\, U_1$ tel que $\|tx-x_1\|_1 < \frac{t-1}{2}$. Si on écrit $tx - x_1 = (t-1)x_2$, alors $\|x_2\|_1 < \frac{1}{2}$, donc d'après a), $x_2 \in co\, U_1$. Mais alors $x = \frac{x_1}{t} + (1-\frac{1}{t})x_2 \in co\, U_1$. □

§ 2. *Algèbres de Banach symétriques.*

THEOREME 1. *Soient A une algèbre de Banach, avec unité, et $x \in A$. Les propriétés suivantes sont équivalentes:*

-1° *$Sp\, x \subset \mathbb{R}$.*
-2° *$\rho(e^{\lambda ix}) = 1$, pour tout λ réel .*
-3° *il existe $c > 0$ tel que $\rho(e^{\lambda ix}) \leq c$, pour tout λ réel.*
-4° *$\lim \frac{\rho(1+\lambda x)-1}{|\lambda|} = 0$, quand λ tend vers 0 , avec λ réel différent de 0 .*

Démonstration.- 1° <=> 2° . D'après le calcul fonctionnel holomorphe on a $Sp\, e^{\lambda ix} \subset \{e^{\lambda i\alpha} | \alpha \in Sp\, x\} \subset \{z \,|\, |z| = 1\}$, d'où la première implication. Réciproquement si $\rho(e^{\lambda ix}) = 1$, pour tout λ réel, alors $\rho(e^{ix}) = \rho(e^{-ix}) = 1$, donc $Sp_B e^{ix} \subset \{z \,|\, |z| = 1\}$, où B est une sous-algèbre fermée, commutative, maximale, contetenant x , ainsi $Sp_A x \subset \mathbb{R}$.

2° <=> 3°. Dans le premier sens c'est évident. Dans l'autre sens, quel que soit n entier on a $\rho(e^{inx}) \leq c$ et $\rho(e^{-inx}) \leq c$ donc $\rho(e^{\pm ix}) \leq \lim_{n\to\infty} c^{1/n} = 1$. Si $\rho(e^{ix}) < 1$ ou $\rho(e^{-ix}) < 1$ alors l'inégalité $1 \leq \rho(e^{ix})\rho(e^{-ix})$ implique une absurdité.

1° <=> 4°. On a $Sp(1+\lambda ix) = \{1+\lambda i\alpha \mid \alpha \in Sp\, x\}$, donc $\rho(1+\lambda ix) = (1+\lambda^2\rho(x)^2)^{\frac{1}{2}}$, si $Sp\, x \subset \mathbb{R}$, d'où $\lim \frac{\rho(1+\lambda ix)-1}{|\lambda|} = 0$, quand λ tend vers 0 avec λ réel différent de 0 . Réciproquement, supposons que $\lim \frac{\rho(1+\lambda ix)-1}{|\lambda|} = 0$, avec par exemple $a + ib \in Sp\, x$, où $a,b \in \mathbb{R}$ et $b \leq 0$. Comme $1 - \lambda b + i\lambda a$ est dans $Sp(1 + \lambda ix)$ on obtient pour $\lambda > 0$ les inégalités:

$$0 \leq \frac{(1-2\lambda b+\lambda^2 b^2+ \lambda^2 a^2)^{\frac{1}{2}}-1}{\lambda} \leq \frac{\rho(1+\lambda ix)-1}{\lambda}$$

et en faisant tendre λ vers 0 , cela exige $b = 0$. Le cas $b \geq 0$ se fait d'une façon analogue en prenant $\lambda < 0$. □

On dira qu'une algèbre de Banach involutive est *symétrique* si pour tout élément hermitien son spectre est réel.

Dans le cas commutatif cela équivaut à dire que $\chi(x^*) = \overline{\chi(x)}$ pour tout caractère, ou encore, d'après le théorème de Raïkov, que $1 + x^*x$ est inversible pour tout x . Dans le cas non commutatif on savait (voir par exemple [177], théorème 4.7.6) que cette dernière propriété implique la symétrie, et I. Kaplansky, dans [128], avait conjecturé que la réciproque est vraie, mais c'est seulement en 1970 que cela fut prouvé (voir théorème 3).

Bien sûr beaucoup d'algèbres involutives ne sont pas symétriques, par exemple $\mathbb{C}^2$ muni de l'involution $(a,b)^* = (\bar{b},\bar{a})$, ou encore l'algèbre des fonctions continues sur le disque $\{z \mid |z| \leq 1\}$, holomorphes sur l'intérieur, avec l'involution $f^*(z) = \overline{f(\bar{z})}$ (voir [85], p.54). Nous en donnerons d'autres exemples importants dans le § 4, mais par contre un grand nombre d'algèbres utilisés dans l'analyse sont symétriques: algèbres stellaires, $L^1(G)$ pour G groupe localement compact commutatif ou compact. Pour le premier cas voir la démonstration du théorème 4.3.2, pour le deuxième cas voir les références du § 4.

Le théorème qui suit, bien que facile à démontrer, a considérablement simplifié la théorie des algèbres symétriques; au chapitre 5 nous en ferons beaucoup usage. Il est dû à V. Pták ([171],[172]), mais L.A. Harris l'a redémontré, dans [100], en utilisant le principe du maximum pour les fonctions sous-harmoniques (théorème II.2) et le théorème 1.2.1. Une remarque simple que nous utiliserons souvent: A est symétrique si et seulement si $\tilde{A}$ est symétrique. C'est pour quoi dans la démonstration du théorème qui suit nous supposerons que A a une unité. Nous noterons $|x|$ la quantité $\rho(x^*x)^{\frac{1}{2}}$, pour $x \in A$, et nous dirons qu'un élément hermitien h est *positif*, ce que nous noterons $h \geq 0$, si $\mathrm{Sp}\, h \subset \mathbb{R}_+$.

THEOREME 2 (Pták). *Soit A une algèbre de Banach symétrique, elle possède les propriétés suivantes:*

-1° $\rho(x) \leq |x|$, *pour* $x \in A$, *donc* $\rho(x) = |x|$, *pour* x *normal.*

-2° $\rho(hk) \leq \rho(h)\rho(k)$, *pour* h,k *hermitiens.*

-3° $|xy| \leq |x||y|$, *pour* $x,y \in A$, *donc* $\rho(xy) \leq \rho(x)\rho(y)$, *pour* x,y *normaux.*

-4° $\mathrm{Rad}\, A = \{x \mid |x| = 0\}$.

-5° *Si* $h \geq 0$, $k \geq 0$ *alors* $h + k \geq 0$.

-6° $\rho(h+k) \leq \rho(h) + \rho(k)$, *pour* h,k *hermitiens.*

-7° $\rho(\frac{x+x^*}{2}) \leq |x|$, *pour* $x \in A$.

-8° $|x+y| \leq |x| + |y|$, *pour* $x,y \in A$.

-9° $|x^*x| = |x|^2$, *pour* $x \in A$.

Démonstration.- 1° Pour prouver cette inégalité il suffit de montrer que $\lambda - x$ est inversible pour $|\lambda| \geq |x|$. Par hypothèse $1 - \frac{x^*x}{|\lambda|^2}$ est inversible et, d'après le corollaire 4.1.1, il est de la forme h^2 , avec h hermitien. Ainsi:

$$(1 + \frac{x^*}{\bar{\lambda}})(1 - \frac{x}{\lambda}) = h^2 + \frac{x^*}{\bar{\lambda}} - \frac{x}{\lambda} = h[1 + h^{-1}(\frac{x^*}{\bar{\lambda}} - \frac{x}{\lambda})h^{-1}]h$$

mais $i\, h^{-1}(\frac{x^*}{\bar{\lambda}} - \frac{x}{\lambda})h^{-1}$ est hermitien, donc le terme entre crochets est inversible, d'où $\lambda - x$ est inversible à gauche. En raisonnant avec $(1 - \frac{x}{\lambda})(1 + \frac{x^*}{\bar{\lambda}})$, on obtient qu'il est inversible à droite, donc inversible. Si x est normal alors $|x|^2 = \rho(x^*x) \leq \rho(x)\rho(x^*) = \rho(x)^2 \leq |x|^2$.

-2° Si $h,k \in H$ alors d'après ce qui précède et le corollaire 1.1.2 on a

$$\rho(hk) \leq |hk| = \rho(khhk)^{\frac{1}{2}} = \rho(h^2k^2)^{\frac{1}{2}} .$$

Donc par récurrence $\rho(hk) \leq \rho(h^{2^n}k^{2^n})^{1/2^n} \leq \|h^{2^n}\|^{1/2^n}\|k^{2^n}\|^{1/2^n}$, d'où en faisant tendre n vers l'infini, $\rho(hk) \leq \rho(h)\rho(k)$.

-3° On a $|xy| = \rho(y^*x^*xy)^{\frac{1}{2}} = \rho(x^*xyy^*)^{\frac{1}{2}} \leq \rho(x^*x)^{\frac{1}{2}}\rho(y^*y)^{\frac{1}{2}} \leq |x||y|$, d'après ce qui précède. Si $x,y \in N$ alors $\rho(xy) \leq |xy| \leq |x||y| = \rho(x)\rho(y)$.

-4° Si $x \in \mathrm{Rad}\, A$ alors $x^*x \in \mathrm{Rad}\, A$, donc $\rho(x^*x) = 0$. Réciproquement si $|x| = 0$, alors d'après ce qui précède $\rho(xy) \leq |xy| \leq |x||y| = 0$, quel que soit $y \in A$, d'où $1 - xy$ est inversible pour tout y , soit $x \in \mathrm{Rad}\, A$.

-5° Soient $h \geq 0$, $k \geq 0$, il suffit de montrer que $1 + h + k$ est inversible. Mais $1 + h + k = (1+h)(1+k) - hk = (1+h)(1-ab)(1+k)$, où $a = (1+h)^{-1}h$ et $b = k(1+k)^{-1}$. D'après le calcul fonctionnel holomorphe $\mathrm{Sp}\, a \subset \{\lambda/1+\lambda \mid \lambda \in \mathrm{Sp}\, h\}$ et

$\mathrm{Sp}\, b \subset \{\lambda/1+\lambda \mid \lambda \in \mathrm{Sp}\, k\}$, donc $\rho(a) < 1$ et $\rho(b) < 1$, soit, d'après le 2°, $\rho(ab) < 1$ et alors $1 + h + k$ est inversible comme produit de trois éléments inversibles.

-6° On a $\rho(h) \pm h \geq 0$ et $\rho(k) \pm k \geq 0$, donc, d'après le 5°, $\rho(h) + \rho(k) \pm (h+k) \geq 0$, c'est-à-dire $|\lambda| \leq \rho(h) + \rho(k)$, pour $\lambda \in \mathrm{Sp}\,(h+k)$, soit encore $\rho(h+k) \leq \rho(h) + \rho(k)$.

-7° Soit $x = h + ik$, avec $h,k \in H$, alors $x^*x + xx^* = 2(h^2+k^2)$. Il est clair que $\rho(h^2+k^2) - (h^2+k^2) \geq 0$ et $k^2 \geq 0$, donc, d'après le 5°, $\rho(h^2+k^2) - h^2 \geq 0$, qui implique $\rho(h^2) \leq \rho(h^2+k^2) = \frac{1}{2}\,\rho(x^*x+xx^*)$. Alors d'après le 6°, $\rho(h)^2 = \rho(\frac{x+x^*}{2})^2 \leq \rho(x^*x) = |x|^2$.

-8° Soient $x,y \in A$ alors:
$|x+y|^2 = \rho((x^*+y^*)(x+y)) \leq \rho(x^*x) + \rho(y^*y) + \rho(x^*y+y^*x)$, d'après 6°. En plus d'après 7° et 3° :

$$\rho(x^*y+y^*x) \leq 2|x^*y| \leq 2|x^*|\,|y| = 2|x|\,|y|$$

d'où $$|x+y|^2 \leq |x|^2 + |y|^2 + 2|x|\,|y| = (|x|+|y|)^2 \,.\ \square$$

Longtemps conjecturé, le résultat qui suit a été obtenu par plusieurs personnes: d'abord par S. Shirali [184] - mais sa démonstration contenait une erreur qui fut rectifiée par J.W.M. Ford [185] -, puis par N. Suzuki [207], T.W. Palmer [166], V. Pták [171] et L.A. Harris [100]. Nous donnerons ici la démonstration de Harris très légèrement simplifiée par A. W. Tullo ([45], théorème 5, p. 226).

THEOREME 3 (Shirali-Ford). *Pour qu'un algèbre de Banach involutive soit symétrique il faut et il suffit que* $x^*x \geq 0$ *, pour tout* $x \in A$ *, ce qui équivaut à dire que* $1 + x^*x$ *soit inversible pour tout* $x \in A$ *.*

Démonstration.- a) Soit $r = \mathrm{Sup}\,\{-\mu \mid \mu \in \mathrm{Sp}(x^*x)\ ,\ |x| \leq 1\}$. Il suffit de montrer que $r \leq 0$. Supposons $r > 0$, il existe $x \in A$ et $\lambda \in \mathrm{Sp}(x^*x)$ avec $-\lambda > \frac{r}{4}$ et $|x| < 1$. Soit $y = 2x(1+x^*x)^{-1}$ alors $1 - y^*y = (1-x^*x)^2\,(1+x^*x)^{-2}$, donc, d'après le calcul fonctionnel holomorphe $\mathrm{Sp}\,(y^*y) \subset \{1 - f(t)^2 \mid t \in \mathrm{Sp}\, x^*x\}$, où $f(t) = \frac{1-t}{1+t}$. Ainsi $\mathrm{Sp}\,(y^*y) \subset [-\infty,1[$. Posons $y = h+ik$, avec $h,k \in H$, alors $yy^* = 2h^2 + 2k^2 - y^*y$, donc, d'après la propriété 5° du théorème précédent $2h^2 + 2k^2 + (1-y^*y) \geq 0$, d'où $\mathrm{Sp}\,(yy^*) \subset [-1,+\infty[$, mais d'après le lemme 1.1.1 , $\mathrm{Sp}\,(yy^*) \cup \{0\} = \mathrm{Sp}\,(y^*y) \cup \{0\}$, ainsi $\mathrm{Sp}\,(y^*y) \subset [-1,1[$, donc $|y| \leq 1$. D'après la définition de r on a $-(1- f(\lambda)^2) \leq r$, donc $f(\lambda) \leq \sqrt{1+r}$. Comme $f(f(t)) = t$ et f est décroissante on a aussi $\lambda = f\,(f(\lambda)) \geq f\,(\sqrt{1+r})$ donc

$$-\lambda \leq \frac{\sqrt{1+r}\ -1}{\sqrt{1+r}\ +1} \leq \frac{r/2}{2} = \frac{r}{4}$$, ce qui est absurde.

b) Dans l'autre sens supposons que h est hermitien avec $a + ib \in \mathrm{Sp}\, h$,

$a,b \in \mathbb{R}$, $b \neq 0$. Posons $k = \frac{1}{b(a^2+b^2)}(ah^2 + (b^2-a^2)h)$, qui est hermitien. On vérifie d'après le calcul fonctionnel que $i \in \mathrm{Sp}\, k$, donc que $-1 \in \mathrm{Sp}\, k^2$, ce qui est absurde puisqu'on suppose $k^2 \geq 0$. □

En 1971, afin de démontrer le corollaire 1, nous avions donné, seulement sous forme résumée avec le titre "Symmetric almost commutative Banach algebras' dans les *Notices of the American Mathematical Society* 18(1971), pp. 559-560, la caractérisation suivante des algèbres symétriques dont V. Pták a donné une autre démonstration [172] .

THEOREME 4. *Soit A une algèbre de Banach involutive. Les propriétés suivantes sont équivalentes:*

-1° A est symétrique

-2° $\rho(x^*x) \geq \rho(x)^2$ *, pour tout* $x \in A$

-3° il existe $c > 0$ *tel que* $\rho(x^*x) \geq c\, \rho(x)^2$ *, pour tout x normal*

Dans le cas où A a une unité elles sont aussi équivalentes à :

-4° il existe $c > 0$ *tel que* $\rho(e^{ih}) \leq c$ *, pour tout h hermitien.*

Démonstration.- 1° implique 2° résulte du 1° du théorème 2. 2° implique 3° est évident.

3°⟹1°. Quitte à remplacer A par A/Rad A , ce qui ne change pas le spectre, d'après le lemme 1.1.2, on peut supposer, d'après le théorème 4.1.1, que l'involution est continue. Si A a une untié, alors e^{ih} est unitaire pour $h \in H$, donc $\rho(e^{ih}) \leq 1/\sqrt{c}$, quel que soit $h \in H$, soit $\mathrm{Sp}\, h \subset \mathbb{R}$, d'après le théorème 1. Si A n'a pas d'unité la démonstration est un peu plus difficile. Supposons que $h \in H$ avec $\mathrm{Sp}\, h \not\subset \mathbb{R}$, on peut supposer que $a + i \in \mathrm{Sp}\, h$, avec $a \in \mathbb{R}$. Soit B une sous-algèbre fermée, involutive, commutative, maximale, contenant h. Posons $v = (h-a+ni)^m h \in B$, où m,n sont des entiers positifs. D'après le lemme 4.1.1, $\mathrm{Sp}_A\, h = \mathrm{Sp}_B\, h$, donc il exsite un caractère χ de B tel que $\chi(h) = a + i \neq 0$. Alors $\chi(v) = (n+1)^m i^m (a+i)$, donc $\rho(v) \geq (n+1)^m (1+a^2)^{\frac{1}{2}}$. Mais $v^*v = ((h-a)^2+n^2)^m h^2$, donc $\rho(v^*v) \leq \rho(h)^2 [(\rho(h)+|a|)^2 + n^2]^m$, qui avec l'hypothèse donne $c(n+1)^{2m} (1+a^2) \leq \rho(h)^2 [(\rho(h)+|a|)^2 + n^2]^m$, soit $c^{1/m} (n+1)^2 (1+a^2)^{1/m} \leq \rho(h)^{2/m} [(\rho(h)+|a|)^2 + n^2]$, mais en faisant tendre m vers l'infini on obtient $(n+1)^2 \leq (\rho(h)+|a|)^2 + n^2$, ce qui est absurde pour $2n+1 \leq (\rho(h)+|a|)^2$. L'équivalence entre 4° et 1° résulte du théorème 1. □

COROLLAIRE 1 ([16]) *Pour que A/Rad A soit symétrique et commutative il faut et il suffit que* $\rho(x^*x) = \rho(x)^2$ *, pour tout x de A.*

Démonstration.- Si A/Rad A est commutative et symétrique alors d'après le 1° du théorème 2 on a $\rho(x)^2 \leq \rho(x^*x) \leq \rho(x)\rho(x^*) = \rho(x)^2$. Dans l'autre sens, d'après le théorème précédent, A/Rad A est symétrique, donc, d'après le théorème 2 il existe une semi-norme $|\ |$ telle que $|\dot{x}| = \rho(\dot{x})$, donc d'après le théorème 2.1.2, A/Rad A est commutative. □

Dans le cas où A a une unité ce résultat peut être légèrement amélioré de façon locale.

COROLLAIRE 2 ([16]). *Si A a une unité, pour que A/Rad A soit symétrique et commutative il faut et il suffit que* $\rho(x^*x) = \rho(x)^2$ *dans un voisinage de l'unité de A .*

Démonstration.- Soit V le voisinage de l'unité pour lequel $x \in V$ implique $\rho(x^*x) = \rho(x)^2$. Si h est hermitien et si $\lambda \in \mathbb{R}$ alors $e^{i\lambda\dot{h}}$ est unitaire dans A/Rad A , puisque dans ce cas l'involution est continue. Le spectre étant inchangé par passage à A/Rad A , on a pour λ assez petit, $\rho(e^{\lambda ih})^2 = \rho(e^{\lambda ih} \,.\, e^{-\lambda ih}) = 1$, donc, d'après le théorème 1, $\mathrm{Sp}\ \lambda h \subset \mathbb{R}$. Ainsi A est symétrique et alors $\rho(x) = |x|$ dans V , donc si $x,y \in V$, on a d'après le théorème 2, $\rho(xy) \le |xy| \le |x|\,|y| = \rho(x)\rho(y)$. Il suffit d'appliquer le 10° du théorème 2.1.2 pour déduire que A/Rad A est commutative. □

Remarque. Sans utiliser le 10° du théorème 2.1.2, mais en appliquant le lemme 2.1.2, on peut arriver à la même conclusion en prouvant que $\rho(x) \ge 1/3|x|$, pour $x \in A$. En effet si $x \in A$ alors $e^{x/2^n} \in V$ pour n assez grand, donc:

$$|e^x| \le |e^{x/2}|^2 \le \ldots . \le |e^{x/2^n}|^{2^n} = \rho(e^{x/2^n})^{2^n} = \rho(e^x) \le |e^x| ,$$

soit $|e^x| = \rho(e^x)$, quel que soit $x \in A$.

Posons $m = \inf\limits_{|x|\neq 0} \frac{\rho(x)}{|x|} \le 1$ et choisissons une suite (x_n) telle que $\rho(x_n) \le (m + \frac{1}{n})\,|x_n|$; quitte à multiplier les x_n par une constante on peut supposer que

$|x_n| = 1/(m + 2/n)$. Alors $\rho(x_n) \le \dfrac{m + \frac{1}{n}}{m + \frac{2}{n}} \le 1$, donc il existe u_n tel que

$1 + x_n = e^{u_n}$, mais alors, d'après ce qui précède $\rho(1+x_n) = |1+x_n|$. Si on suppose $m < 1/3$, alors $|x_n| > 1$ pour $n \ge 3$, donc:

$$|x_n| - 1 = \frac{1}{m + \frac{2}{n}} - 1 \le |1+x_n| = \rho(1+x_n) \le 1 + \frac{m + \frac{1}{n}}{m + \frac{2}{n}}$$

pour $n \ge 3$, soit $m \ge 1/3$, ce qui est absurde, d'où le résultat.

Donnons maintenant une extension du théorème de L.A. Harris dans le cas où l'algèbre est symétrique, qui nous sera fort utile au § 3. Ce résultat a été obtenu par V. Pták [172] qui supposait l'algèbre sans radical; en fait il suffit de supposer que $(e^a)^* = e^{a^*}$, pour tout a normal, ce qui est automatiquement vérifié si l'involution est localement continue.

THEOREME 5 (Harris-Pták). *Soit A une algèbre de Banach symétrique, avec unité, dont l'involution vérifie $(e^{a})^{*} = e^{a^*}$, pour tout a normal, alors si $\rho(x^*x) < 1$, x appartient à l'enveloppe convexe de $E = \{e^{ih} \mid h \in H\} \subset U_1$.*

Démonstration.- Comme $\rho(x^*x) < 1$ choisissons $t > 1$ de façon que $t^2 \rho(x^*x) < 1$, auquel cas $\rho(tx) < 1$ et alors d'après le théorème 4.1.2, il existe des $\lambda_i \geq 0$ tels que $\sum_{i=1}^{n} \lambda_i = 1$ et des $u_i \in U_1$ tels que $tx = \sum_{i=1}^{n} \lambda_i u_i$. Mais $\rho(u_i) = 1$ d'après les inégalités:

$$1 \leq \rho(u_i^{-1})\rho(u_i) = \rho(u_i^*)\rho(u_i) = \rho(u_i)^2 \leq \rho(u_i^* u_i) = 1$$

ainsi $x_i = \frac{u_i}{t}$ est normal et vérifie $\rho(x_i) < 1$, donc, d'après les lemmes 4.1.4, 4.1.5 et le théorème 1.1.1 il existe des x'_i tels que:

a) $||x_i - x'_i||_1 < \frac{t-1}{2}$

b) les x'_i sont barycentres de $f_{x_i}(\lambda)$

c) $\mathrm{Sp}\, f_{x'_i}$ ne rencontre pas une demi-droite d'origine 0.

Commençons par montrer que $u = f_{x'_i}(\lambda) \in E$. Quitte à multiplier u par un $e^{i\alpha}$ convenable, avec α réel, on peut supposer que $\mathrm{Sp}\, u$ ne rencontre pas $\mathbb{R}_-$. Prenons la détermination principale du logarithme de façon que $\phi(z) = \frac{1}{i} \mathrm{Log}\, z$ envoie $\mathbb{C} \setminus \mathbb{R}_-$ sur la bande $\{a+ib \mid -\pi < a < \pi\}$. Appelons B une sous-algèbre commutative, fermée, involutive, maximale, contenant u et posons $h = \phi(u) \in B$. D'après le calcul fonctionnel holomorphe, $u = e^{ih}$ et h est normal, donc $u^* = (e^{ih})^* = e^{-ih^*} = e^{-ih}$, puisque u est unitaire. Pour tous les caractères χ de B on a $\chi(h^*-h) = 2n\pi$, pour n entier, mais comme $\mathrm{Sp}_B\, h$ et $\mathrm{Sp}_B\, h^*$ sont dans la bande $\{a+ib \mid -\pi < a < \pi\}$ on déduit que $\chi(h^*-h) = 0$, pour tout caractère χ de B, soit $h^* = h + z$, avec $z \in \mathrm{Rad}\, B$. Alors de $e^{-ih^*} = e^{-ih}$ on déduit $e^{iz} = 1$ soit $iz(1 + \frac{iz}{2!} + \ldots) = 0$, où le terme entre parenthèse est inversible, donc $z = 0$, c'est-à-dire que h est hermitien.
Si $h \in H$ avec $||h||_1 < 1$ alors $\rho(h) < 1$, donc, d'après le corollaire 4.1.2,

$$h = \sin k = \frac{e^{ik} - e^{-ik}}{2i} = \frac{e^{i(k-\frac{\pi}{2})} + e^{-i(k-\frac{\pi}{2})}}{2} \in \mathrm{co}\, E$$

Si $||x||_1 < \frac{1}{2}$ on termine comme dans la fin du a) de la démonstration du théorème 4.1.2. On applique alors le même raisonnement qu'au b) pour déduire que $x_i \in \mathrm{co}\, E$, donc $x \in \mathrm{co}\, E$. □

COROLLAIRE 3. *Soit A une algèbre de Banach symétrique, avec unité, dont l'involution vérifie $(e^{a})^{*} = e^{a^*}$ pour tout a normal, alors $x \in \overline{\mathrm{co}\, E}$, où $\overline{\mathrm{co}\, E}$ désigne* *l'adhérence de* $\text{co } E$ *pour la norme* $||x||_1 = \mathrm{Max}(||x||, ||x^*||)$ *, si et seulement si* $\rho(x^*x) \leq 1$ *.*

Démonstration.- Si $y \in \text{co } E$ alors $y = \sum_{k=1}^{n} \lambda_k e^{ih_k}$, avec $\lambda_k \geq 0$ tels que $\sum_{k=1}^{n} \lambda_k = 1$, donc $|y| \leq \sum_{k=1}^{n} \lambda_k |e^{ih_k}| \leq \sum_{k=1}^{n} \lambda_k = 1$. Si $x \in \overline{\text{co } E}$ il existe (y_n) telle que $y_n \in \text{co } E$ et $||x - y_n||_1$ tende vers 0 , alors $|x| \leq |x - y_n| + |y_n| \leq ||x - y_n||_1 + 1$, d'où $|x| = \rho(x^*x)^{\frac{1}{2}} \leq 1$.
Réciproquement si $\rho(x^*x) \leq 1$, alors d'après le théorème précédent $y_n = (1 - \frac{1}{n})x \in \text{co } E$ et $||x - y_n||_1 = \frac{||x||_1}{n}$ tend vers 0 . □

COROLLAIRE 4 (Palmer). *Si* A *est une algèbre stellaire, avec unité, alors* $||x|| < 1$ *implique* $x \in \text{co } E$ *.*

Démonstration.- En effet l'involution est continue puisque $||x|| = ||x^*||$, pour $x \in A$. De plus $\rho(x^*x) = ||x^*x|| = ||x||^2 < 1$. □

Ce résultat a aussi été retrouvé par A. G. Robertson [178] .

COROLLAIRE 5 (Russo-Dye). *Si* A *est une algèbre stellaire, avec unité alors* $\overline{\text{co } E}$ *est égal à la boule unité fermée de* A *.*

Démonstration.- Evidente d'après ce qui précède et le corollaire 3. □

Nous nous sommes longtemps posé la question suivante. Soit A une algèbre de Banach contenant une sous-algèbre dense B tel que pour tout h hermitien de B on ait $\mathrm{Sp}_A\, h$ réel, est-ce que A est symétrique? J. Wichman s'est posé la même question dans [222] . Si B est un idéal la réponse est positive, mais si B est seulement une sous-algèbre la réponse est négative, comme l'a montré P.G. Dixon [69] , en adaptant son exemple [68] déjà donné au chapitre 1, §5.

On définit l'involution sur A de façon naturelle en supposant que les e_i sont hermitiens, La sous-algèbre A_0 est dense et chacun de ses éléments est nilpotent, autrement dit $\mathrm{Sp}_A\, x = \{0\}$, pour tout x de A_0 . On prend $h = \sum_{n=1}^{\infty} e_n/2^n$ qui est hermitien dans A . Il suffit de prouver que $\mathrm{Sp}\, h$ contient $\bar{B}(0, \frac{1}{4})$ pour déduire que A n'est pas symétrique. En comparant les coefficients des divers monômes on voit que si $1 - \lambda h$ est inversible dans $\tilde{A}$ son inverse est la forme $\sum_{n=0}^{\infty} (\lambda h)^n$. Mais $(\lambda h)^n$ est une combinaison linéaire de monômes dont l'un est: $e_1 e_2 e_1 e_3 e_1 e_2 e_1 e_4 e_1 e_2 e_1 e_3 e_1 \ldots$ avec n facteurs, c'est-à-dire $e_{j_1} \dots e_{j_n}$, où $j_r = \text{Max}\{i \mid 2^{i-1} \text{ divise } r\}$, pour $1 \le r \le n$. Le coefficient de ce monôme particulier dans le développement de $(\lambda h)^n$ est $\lambda^n 2^{-t}$, où $t = \sum_{r=1}^{n} j_r$. Si $n = a_0 + 2a_1 + \dots + 2^s a_s$ alors $t = \sum_{i=0}^{s} (2^{i+1} - 1)a_i$ $\le 2n$, donc si $|\lambda| \ge 4$, ce monôme donne une contribution d'au moins 1 dans la norme de l'inverse, aussi $\|\sum_{r=0}^{\infty} (\lambda h)^n\| = +\infty$, ce qui est absurde, autrement dit dans ce cas $1 - \lambda h$ est non inversible.

§ 3. *Algèbres stellaires.*

Les deux résultats qui suivent avaient été conjecturés en 1949 par I. Kaplansky ([128] , p. 403). R. Arens avait donné une réponse positive dans le cas commutatif [8] . Avec difficulté, B. Yood [225] les a démontrés, pour $\alpha > 0{,}677$ (plus exactement pour α supérieur à la racine réelle de $4t^3 - 2t^2 + t - 1 = 0$), Avec le théorème du § 2 tout va venir simplement.

THEOREME 1. *Soient A une algèbre de Banach symétrique et $\alpha > 0$ tels que $\rho(h) \ge \alpha \|h\|$, pour h hermitien, alors il existe sur A une norme d'algèbre équivalente à $\| \; \|$, qui fait de A une algèbre stellaire.*

Démonstration.- Si $x \in \text{Rad } A$, avec $x = h + ik$, où $h = \frac{x+x^*}{2}$ et $k = \frac{x-x^*}{2i}$, alors $h,k \in \text{Rad } A$, donc $\rho(h) = \rho(k) = 0$, d'où $h = k = 0$ soit $x = 0$. D'après le 4° du théorème 4.2.1, $| \; |$ est une norme sur A , de plus d'après le théorème 4.1.1, il existe $c > 0$ tel que $\|x^*\| \le c\,\|x\|$, pour $x \in A$. Alors:

$$\|x\| \le \left\|\frac{x+x^*}{2}\right\| + \left\|\frac{x-x^*}{2i}\right\| \le \frac{1}{\alpha}\left(\rho\left(\frac{x+x^*}{2}\right) + \rho\left(\frac{x-x^*}{2i}\right)\right)$$

$$= \frac{1}{\alpha}\left(\left|\frac{x+x^*}{2}\right| + \left|\frac{x-x^*}{2i}\right|\right) \le \frac{2}{\alpha}\,|x| .$$

De plus $|x| = \rho(x^*x)^{\frac{1}{2}} \le \|x^*x\|^{\frac{1}{2}} \le \|x\|^{\frac{1}{2}} \sqrt{c}\, \|x\|^{\frac{1}{2}} = \sqrt{c}\,\|x\|$. Ainsi, avec le 9° du théorème 4.2.2 , le résultat est prouvé. □

COROLLAIRE 1. *Soient A une algèbre de Banach involutive et $\alpha > 0$ tels que $\|x^*x\| \ge \alpha \|x\| . \|x^*\|$, pour x normal , alors il existe sur A une norme d'algèbre équivalente à $\| \; \|$, qui fait de A une algèbre stellaire.*

Démonstration.- Si h est hermitien, par récurrence on obtient facilement que $\|h^{2^n}\| \ge \alpha^{2^n - 1} \|h\|^{2^n}$, d'où par passage à la limite que $\rho(h) \ge \alpha\|h\|$. Pour $x \in A$ on a:

$$\rho(x^*x) \ge \alpha\|x^*x\| \ge \alpha^2\, \|x\|.\|x^*\| \ge \alpha^2\, \rho(x)\rho(x^*) = \alpha^2\, \rho(x)^2 ,$$

donc, d'après le théorème 4.2.4 , A est symétrique et on applique le théorème précédent. □

Ce résultat, pour $\alpha = 1$, ce qui équivaut à dire que $||x^*x|| = ||x||.||x^*||$, pour tout x normal, montre que la conjecture de Gelfand-Naïmark est presque résolue. Mais en fait il va falloir démontrer beaucoup plus c'est-à-dire que $||\ ||$ est précisément une norme d'algèbre stellaire.

B. Yood [227] a donné deux petites généralisations des résultats précédents (corollaires 5.2.8 et 5.2.9).

Le prochain théorème, qui donne une caractérisation très simple des algèbres stellaires avec unité, a été démontré par de nombreuses personnes: E. Berkson [43] , B.W. Glickfeld [87] , T.W. Palmer [164]. R.B. Burckel [54] a donné une démonstration analytique plus simple du cas commutatif, qui sert de lemme fondamental dans [87] , mais c'est dans [165] que T.W. Palmer devait donner la démonstration la plus directe. Par des voies plus ou moins détournées toutes ces méthodes reviennent à utiliser le résultat de I. Vidav. On trouvera dans [46] , théorème 2 , p. 68, l'exposé d'une telle démonstration simplifiée par l'utilisation de la notion d'image numérique. Celle que nous donnons est nouvelle et ne se sert que du théorème de Harris. Evidemment il en résulte immédiatement une démonstration très simple du théorème de Vidav-Palmer.

THEOREME 2. *Pour qu'une algèbre de Banach involutive, avec unité, soit une algèbre stellaire, il faut et il suffit que* $||e^{ih}|| = 1$ *, pout tout* h *hermitien.*

Démonstration.- La condition nécessaire est évidente car e^{ih} est unitaire donc $||e^{ih}|| = \rho(e^{ih}) = 1$. Démontrons la condition suffisante.

a) Comme $1 \leq \rho(e^{ih})\rho(e^{-ih}) \leq ||e^{ih}||.||e^{-ih}|| = 1$, on a $\rho(e^{ih}) = 1$, pout tout $h \in H$, donc, d'après le théorème 4.2.1 , A est symétrique.

b) Si $h \in H$, avec $\rho(h) < \frac{\pi}{2}$, alors $\mathrm{Sp}\, h \subset]-\frac{\pi}{2},\frac{\pi}{2}[$, donc $\mathrm{Sp}\,(\sin h) \subset]-1,1[$ et d'après le calcul fonctionnel holomorphe on peut écrire $h = \mathrm{Arc}\sin(\sin h)$, où $\mathrm{Arc}\sin z$ a le développement en série $\sum_{n=1}^{\infty} \alpha_n z^n$, avec $\alpha_n \geq 0$, de rayon de convergence 1 , mais qui converge en 1 vers $\pi/2$, d'après la règle d'Abel. Ainsi comme $\sin h = \frac{e^{ih} - e^{-ih}}{2}$, on a $||\sin h|| \leq 1$, d'où:

$$||h|| \leq \sum_{n=1}^{\infty} \alpha_n ||\sin h||^n \leq \sum_{n=1}^{\infty} \alpha_n = \frac{\pi}{2} .$$

Pour h hermitien et $\varepsilon > 0$ donnés on a $\rho(\frac{\pi h}{2}/\rho(h)+\varepsilon) < \frac{\pi}{2}$ donc $||h|| \leq \rho(h) + \varepsilon$, quel que soit $\varepsilon > 0$, soit $\rho(h) = ||h||$.

c) Comme dans le début de la démonstration du théorème 1 on montre que $\mathrm{Rad}\, A = \{0\}$.

d) Soient $x \in A$ et $\varepsilon > 0$, alors $|\frac{x}{|x|+\varepsilon}| < 1$, donc, d'après le théorème 4.2.5 , $x/|x|+\varepsilon = \sum_{k=1}^{n} \lambda_k e^{ih_k}$, avec $\lambda_k \geq 0$ et $\sum_{k=1}^{n} \lambda_k = 1$. Ainsi $||x/|x|+\varepsilon|| \leq$

$\sum_{k=1}^{n} \lambda_k \, ||e^{ih_k}|| \leq \sum_{k=1}^{n} \lambda_k = 1$, d'où, quel que soit $\varepsilon > 0$, $||x|| \leq |x|+\varepsilon$, c'est-à-dire $||x|| \leq |x|$. S'il existe y tel que $||y|| < |y|$ alors:

$$||yy^*|| \leq ||y||.||y^*|| < |y||y^*| = |y|^2 = |yy^*| = \rho(yy^*) = ||yy^*||$$

d'après b) , d'où absurdité. Ainsi $||x|| = |x|$, pour tout $x \in A$ et on applique le 9° du théorème 4.2.2. □

Donnons un corollaire de ce résultat que nous améliorerons un peu plus loin. Auparavant nous avons besoin d'un lemme bien connu.

LEMME 1. *Soient A une algèbre de Banach et S un sous-ensemble borné de A , tel que $x,y \in S$ implique $xy \in S$, alors il existe une norme d'algèbre n , équivalente à $||\ ||$ sur A et telle que $n(x) \leq 1$ pour tout $x \in S$.*

Démonstration.- On peut évidemment supposer que $1 \in S$. Posons $p(x) = \operatorname{Sup} ||sx||$, pour $s \in S$, lorsque $x \in A$. On voit facilement que p est une norme d'algèbre sur A telle que $||x|| \leq p(x) \leq M||x||$, où $M = \operatorname{Sup} ||s||$, pour $s \in S$. En plus $p(sx) \leq p(x)$, pour $s \in S$ et $x \in A$. Si on pose $n(x) = \operatorname{Sup} p(xy)$, pour $x \in A$, $y \in A$, avec $p(y) \leq 1$, on vérifie aussi aisément que n est équivalente à $||\ ||$ et que $n(x) \leq 1$ sur S . □

COROLLAIRE 2. *Pour qu'une algèbre de Banach involutive, commutative, avec unité, soit une algèbre stellaire pour une norme équivalente, il faut et il suffit qu'il existe $M > 0$ tel que $||e^{ih}|| \leq M$, pour tout h hermitien.*

Démonstration.- La condition nécessaire est évidente. Si on prend S l'ensemble des e^{ih} , pour h hermitien, c'est un sous-groupe borné de A par hypothèse, donc, d'après le lemme 1, il existe une norme d'algèbre n , équivalente à $||\ ||$, pour laquelle $n(e^{ih}) \leq 1$. Comme $1 \leq n(e^{ih})\, n(e^{-ih})$, on a nécessairement $n(e^{ih}) = 1$, d'où d'après le théorème 2, n est une norme d'algèbre stellaire. □

Nous pouvons maintenant résoudre la conjecture de Gelfand-Naïmark. Pour ramener le cas sans unité au cas avec unité nous utiliserons un argument de B.J. Vowden [216], dont l'outil principal est le:

LEMME 2. *Si A est une algèbre stellaire il existe une famille filtrante $(e_i)_{i\in I}$ d'éléments hermitiens de A telle que $||e_i|| \leq 1$ pour tout i et $\lim_i (xe_i - x) = \lim_i (e_i x - x) = 0$, pour tout x de A .*

On dit que la famille $(e_i)_{i\in I}$ est une *approximation de l'unité* dans A. Voir la démonstration dans [177], théorème 4.8.14, p.245 ou [66], théorème 1.7.2, p.15 .

COROLLAIRE 3 (Vowden). *Si* A *est une algèbre de Banach involutive telle que* $||x^*x|| = ||x^*||\,||x||$ *, pour tout* $x \in A$ *, alors* A *est une algèbre stellaire pour la norme* $||\ ||$.

Démonstration.- D'après le corollaire 1, A est symétrique et $\rho(h) = ||h||$, pour $h \in H$. Pour x normal on a $||x|| = \rho(x)$, car s'il existait $y \in N$ tel que $\rho(y) < ||y||$ on aurait:

$$\rho(y)^2 = \rho(y)\rho(y^*) < ||y||\,||y^*|| = ||y^*y|| = \rho(y^*y) \leq \rho(y)^2 .$$

a) Si A a une unité, on remarque que $||e^{ih}|| = \rho(e^{ih}) = 1$ et on applique le théorème 2.

b) Si A n'a pas d'unité, pour $x + \lambda \in \tilde{A}$ posons:

$$n(x + \lambda) = \sup_{\substack{y\in A \\ ||y||\leq 1}} ||xy + \lambda y|| .$$

D'après le théorème 1, il existe sur A une norme équivalente à $||\ ||$, à savoir $|\ |$, qui en fait une algèbre stellaire, d'où d'après le lemme 2, il existe une approximation de l'unité $(e_i)_{i\in I}$ telle que $\lim_i (xe_i - x) = \lim (e_i x - x) = 0$ et $|e_i| = \rho(e_i) = ||e_i|| \leq 1$. Si $x \in A$ on a déjà que $n(x) = \operatorname{Sup} ||xe_i|| = ||x||$. Soit $\varepsilon > 0$, il existe $y \in A$, avec $||y|| \leq 1$ tel que $||xy+\lambda y|| \geq n(x+\lambda) - \varepsilon$. D'après la définition de l'approximation de l'unité il existe i_0 tel que $i \geq i_0$ implique:

$$||e_i xy + \lambda e_i y|| \geq n(x+\lambda) - \varepsilon \quad \text{et} \quad ||xe_i y + \lambda e_i y|| \geq n(x+\lambda) - \varepsilon$$

mais $\quad ||e_i xy + \lambda e_i y|| \leq ||e_i x + \lambda e_i||$ et $||xe_i y + \lambda e_i y|| \leq ||xe_i + \lambda e_i||$

donc: $\quad n(x+\lambda) - \varepsilon \leq \underline{\lim}_i ||e_i x + \lambda e_i|| \leq \overline{\lim}_i ||e_i x + \lambda e_i|| \leq n(x+\lambda)$

$$n(x+\lambda) - \varepsilon \leq \underline{\lim}_i ||xe_i + \lambda e_i|| \leq \overline{\lim}_i ||xe_i + \lambda e_i|| \leq n(x+\lambda)$$

quel que soit $\varepsilon > 0$, d'où $n(x+\lambda) = \lim_i ||e_i x + \lambda e_i|| = \lim_i ||xe_i + \lambda e_i||$.

On vérifie que n est sous-additive et homogène sur $\tilde{A}$. C'est une norme sur $\tilde{A}$ car $n(x+\lambda) = 0$, implique $\lim (xe_i + \lambda e_i) = 0$, qui avec $\lim xe_i = x$, donne $\lim (x+\lambda e_i) = 0$, soit $\lim e_i = -x/\lambda$, si $\lambda \neq 0$, mais cela est absurde car A aurait une unité, donc $\lambda = 0$ et $x = 0$. La sous-multiplicativité de n sur $\tilde{A}$ résulte de:

$$\lim_i ||(x_1+\lambda_1)(x_2+\lambda_2)e_i|| = \lim_i ||(x_1+\lambda_1)e_i(x_2+\lambda_2)|| = \lim_{i,j} ||(x_1+\lambda_1)e_i(x_2+\lambda_2)e_j||$$

Comme $\quad n((\lambda+x)^*)\,n(\lambda+x) = \lim_i ||\bar{\lambda}e_i + e_i x^*||\ \lim_i ||\lambda e_i + xe_i||$

$$= \lim_i ||(\lambda e_i + xe_i)^*||\ ||\lambda e_i + xe_i||$$

$$= \lim_i ||(\lambda e_i + xe_i)^*\ (\lambda e_i + xe_i)||$$

$$= \lim_i \| |\lambda|^2 e_i^2 + \bar{\lambda} e_i x e_i + \lambda e_i x^* e_i + e_i x^* x e_i \|$$

$$= \lim_i \| (|\lambda|^2 + \bar{\lambda} x + \lambda x^* + x^* x) e_i^2 \|$$

mais les e_i^2 forment aussi une approximation de l'unité donc:

$$n(x+\lambda)\ n((x+\lambda)^*) = n((x+\lambda)^*(x+\lambda)) .$$

On raisonne dans $\tilde{A}$, comme dans a), et en se restreignant à A on obtient le résultat. □

Si A a une unité il suffit, dans l'énoncé du théorème, de supposer que $\|x^*x\| = \|x^*\|\|x\|$, pour tout x normal. Avec la même hypothèse, dans le cas sans unité, G.A. Eliott [76] a pu obtenir le même résultat en remplaçant le lemme 2 par un théorème beaucoup plus compliqué de J.F. Aarnes et R.V. Kadison [1] qui affirme que dans une algèbre stellaire pour tout $h \in H$ tel que $\mathrm{Sp}\, h \subset]0,+\infty[$, il existe une approximation de l'unité $(e_i)_{i \in I}$ telle que $he_i = e_i h$, pour tout $i \in I$. H. Behncke a aussi énoncé ce résultat dans [39] mais sa démonstration est incorrecte. H. Araki et G.A. Eliott [10] on pu améliorer le corollaire 3 en supposant que $\|x^*x\| = \|x\|^2$ sur A , mais avec l'hypothèse plus faible que $\|\ \|$ est une norme d'espace de Banach et non d'algèbre. Dans [181] , Z. Sebestyén, en utilisant le théorème de L.A. Harris, a obtenu la même conclusion en supposant que $\|\ \|$ est une norme d'espace de Banach vérifiant $\|x^*x\| \leq \|x\|^2$, pour tout x et $\|x^*x\| = \|x\|^2$, pour tout x normal. En fait sa démonstration ne marche que si A a une unité, mais le cas général peut s'obtenir en reprenant l'argumentation de [10] . Voir aussi [182,183] et les remarques de G.A. Eliott dans le compte rendu des Mathematical Reviews de [181].

Dans le formalisme abstrait de la mécanique quantique on associe aux observables des opérateurs hermitiens sur un espace de Hilbert dont le spectre réel correspond au spectre physique observé. Qu'on associe au système une algèbre de Banach involutive telle que pour tout h hermitien, la sous-algèbre fermée $C(h)$ engendrée par h soit isomorphe algébriquement à l'algèbre des fonctions continues s'annulant à l'infini sur un espace localement compact, paraît assez naturel, mais aller à dire que les h doivent opérer sur un espace de Hilbert, cela paraît extravagant. En fait ce formalisme va se justifier par les très jolies caractérisations des algèbres stellaires qui suivent et le théorème de représentation de Gelfand-Naïmark.

Il n'est pas difficile de voir que les deux théorèmes qui suivent sont équivalents:

THEOREME 3 (Cuntz). *Pour qu'une algèbre de Banach involutive, avec unité, soit une algèbre stellaire pour une norme équivalente, il faut et il suffit que quel que soit h hermitien il existe une constante M dépendant de h telle que* $\|e^{ik}\| \leq M$, *pour tout* k *hermitien de* $C(h)$.

THEOREME 4 (Cuntz). *Pour qu'une algèbre de Banach involutive soit une algèbre stellaire pour une norme équivalente, il faut et il suffit que quel que soit* h *hermitien,* $C(h)$ *soit une algèbre stellaire pour une norme équivalente.*

COROLLAIRE 4. *Pour qu'une algèbre de Banach involutive soit une algèbre stellaire pour une norme équivalente, il faut et il suffit que quel que soit* h *hermitien,* $C(h)$ *soit algébriquement isomorphe à* $\mathcal{C}(X)$ *, l'algèbre des fonctions continues s'annulant à l'infini, pour un certain* X *localement compact.*

Démonstration du corollaire.- Soit ϕ l'isomorphisme de $\mathcal{C}(X)$ sur $C(h)$, posons $|||f||| = ||\phi(f)||$, pour $f \in \mathcal{C}(X)$. Cela définit une norme d'algèbre, qui est complète car si $|||f_n - f_m|||$ tend vers 0 dans $\mathcal{C}(X)$ alors $(\phi(f_n))_{n\in\mathbb{N}}$ est une suite de Canchy dans $C(h)$, donc converge vers $\phi(f)$, auquel cas $|||f_n - f|||$ tend vers 0 . Aussi $|||\ |||$ et $||\ ||_\infty$ sont équivalentes sur $\mathcal{C}(X)$, donc en se ramenant dans $C(h)$, $||\ ||$ et ρ sont équivalentes sur $C(h)$, d'où en appliquant le théorème 4 , A est une C^* - algèbre pour une norme équivalente. □

Les théorèmes 3 et 4 avaient été conjecturés par B.A. Barnes [33,24] . Ils ont été résolus de façon très technique par J. Cuntz [58] , en utilisant le célèbre:

THEOREME 5 (Katznelson). *Si* B *est une algèbre de Banach pour une certaine norme, contenue dans* $\mathcal{C}(X)$*, où* X *est un espace compact, supposons que* $f \in B$ *implique* $\bar{f} \in B$ *, que* B *sépare les points de* X *et que* $f \in B$ *, avec* f *positive, implique* $f^{1/2} \in B$ *, alors* $B = \mathcal{C}(X)$.

Le théorème de Stone-Weierstrass dit que $\bar{B} = \mathcal{C}(X)$, mais la stabilité par la racine carrée implique $B = \mathcal{C}(X)$. Pour la démonstration du résultat de Katznelson voir par exemple [55] , chapitre 8. Nous ne donnerons pas la démonstration de J. Cuntz car elle nous entraînerait trop loin. Nous nous contenterons de donner la preuve très simple, dans le cas commutatif, du théorème 3.

Démonstration de Wichmann [223] . Soit h hermitien, supposons donc que $||e^{ik}||$ $\leq M$, pour k hermitien dans $C(h)$, où M est une constante dépendant de h . D'après le corollaire 2, $C(h)$ est une algèbre stellaire pour une norme équivalente, donc en particulier sans radical. Si $x \in \mathrm{Rad}\, A$, $x = a+ib$, où a et b sont hermitiens et dans $\mathrm{Rad}\, A$, donc $\rho(a) = \rho(b) = 0$, mais comme $C(a)$ et $C(b)$ sont sans radical, $a = b = 0$, d'où $x = 0$. D'après le fait que toute involution est continue sur une algèbre de Banach commutative, sans radical (c'est beaucoup plus simple à prouver que le théorème 4.1.1), l'ensemble H des éléments hermitiens est fermé dans A .

Posons $H_n = \{h | h \in H$ et $||e^{ith}|| \leq n$, pour tout $t \in \mathbb{R}\}$ lorsque n est entier. Il est évident que H_n est fermé et que H est réunion des H_n donc, d'après le théorème de Baire, il existe m tel que l'intérieur de H_m soit non vide, c'est-à-dire contienne une boule de centre h_0 , de rayon r . Si $h \in H$, avec $||h|| < r$ alors $||e^{ith}|| \leq ||e^{it(h+h_0)}|| \, ||e^{-ith_0}|| \leq m^2$, quel que soit t réel, donc en particulier $||e^{ith}|| \leq m^2$, quel que soit h hermitien et t réel. Ainsi, d'après le corollaire 2, la norme $|| \ ||$ est équivalente sur A a une norme d'algèbre stellaire. □

En suivant les idées de [21] nous pouvons maintenant généraliser le théorème de L.A. Harris. Soit A une algèbre de Banach involutive, avec unité, d'après le théorème 4.1.2, si $x \in A$, alors ou bien $\mathrm{Max}(\rho(x),\rho(x^*x)^{\frac{1}{2}}) = 0$, auquel cas $x \in \mathrm{co}U_1$, ou bien, pour $\varepsilon > 0$, $x/\mathrm{Max}(\rho(x),\rho(x^*x)^{\frac{1}{2}})+\varepsilon \in \mathrm{co}U_1$, d'où, dans les deux cas, $x = \sum_{i=1}^{n} \lambda_i u_i$, avec $\lambda_i \in \mathbb{C}$, $u_i \in u_1$. Nous pouvons ainsi poser

$$p(x) = \mathrm{Inf} \sum_{i=1}^{n} |\lambda_i|$$

pour toutes les décompositions $x = \sum_{i=1}^{n} \lambda_i u_i$, $\lambda_i \in \mathbb{C}$, $u_i \in U$. C'est la semi-norme introduite par T.W. Palmer [166]. Comme U est un groupe, on vérifie facilement que p est une semi-norme sous-multiplicative sur A , de plus $p(x) \leq \mathrm{Max}(\rho(x),\rho(x^*x)^{\frac{1}{2}})$, pour $x \in A$, soit $p(x) \leq \rho(x)$, pour x normal. T.W. Palmer, dans [166], a montré que $p(x^*x) = p(x)^2$, pour tout $x \in A$, mais sa démonstration a des points obscurs que nous rendrons plus clairs en introduisant le:

LEMME 3. *Si* $\dot{v}$ *est unitaire dans* $A/\mathrm{Rad}\,A$ *, il existe* u *unitaire dans* A *tel que* $v-u \in \mathrm{Rad}\,A$ *. En particulier* $p(\dot{x}) = p(x)$.

Démonstration. - Comme $\mathrm{Sp}v = \mathrm{Sp}\dot{v}$, v est inversible dans A et $v^* = v^{-1}(1+y)$, avec $y \in \mathrm{Rad}\,A$. Comme $v^*v = 1+y$, y est hermitien, donc d'après le corollaire 4.1.1, $(1+y)^{-\frac{1}{2}}$ est hermitien. Posons $u = (1+y)^{-\frac{1}{2}} v$, on vérifie que:

$$uu^* = (1+y)^{-\frac{1}{2}} vv^{-1}(1+y)(1+y)^{-\frac{1}{2}} = 1$$

$$u^*u = v^{-1}(1+y)(1+y)^{-\frac{1}{2}}(1+y)^{-\frac{1}{2}} v = 1$$

et que $u - v = \sum_{k=1}^{\infty} \binom{-\frac{1}{2}}{k} y^k v \in \mathrm{Rad}\,A$.

Il est clair que si $x = \sum_{i=1}^{n} \lambda_i u_i$, avec $\lambda_i \in \mathbb{C}$, $u_i \in U$, et $\sum_{i=1}^{n} |\lambda_i| < p(x)+\varepsilon$, alors $\dot{x} = \sum_{i=1}^{n} \lambda_i \dot{u}_i$, où les $\dot{u}_i$ sont unitaires, donc $p(\dot{x}) < p(x)+\varepsilon$, quel que soit $\varepsilon > 0$, soit $p(\dot{x}) \leq p(x)$. S'il existe $x \in A$ et $r > 0$ tel que $p(\dot{x})$

$< r < p(x)$, il existe une décomposition $\dot{x} = \sum_{i=1}^{n} \lambda_i \dot{v}_i$, avec $\lambda_i \in \mathbb{C}$ et $\dot{v}_i$ unitaire dans A/Rad A, vérifiant $\sum|\lambda_i| < r$ donc, d'après le lemme précédent $x = \sum_{i=1}^{n} \lambda_i u_i + x'$, avec $u_i \in U$, $x' \in \text{Rad } A$. Si on pose $s = r - \sum_{i=1}^{n} |\lambda_i|$, alors $\rho(\frac{x'}{s}) < 1$ et $\rho(\frac{x'^*x'}{s^2}) < 1$, donc, d'après le théorème 4.1.2, $x' = \sum_{j=1}^{m} \mu_j v_j$, avec $\omega_j \in U$, $\sum_{j=1}^{m} |\mu_j| = s$, mais alors $x = \sum_{i=1}^{n} \lambda_i u_i + \sum_{j=1}^{m} \mu_j v_j$, avec $\sum_{i=1}^{n} |\lambda_i| + \sum_{j=1}^{m} |\mu_j| < p(x)$, ce qui est absurde. □

Il serait intéressant de savoir, car ainsi la première partie du théorème 6 pourrait être améliorée, si le même résultat est vrai pour $p_1(x) = \text{Inf} \sum_{i=1}^{n} |\lambda_i|$, avec les décompositions $x = \sum_{i=1}^{n} \lambda_i u_i$, $\lambda_i \in \mathbb{C}$, $u_i \in U_1$, dans l'éventualité où l'involution n'est pas continue.

COROLLAIRE 5 (Palmer). *On a* $p(x^*x) = p(x)^2$, *pour tout* $x \in A$.

Démonstration. - Si $p \equiv 0$ c'est évident, sinon $p(1) = 1$. Pour $h \in H$, d'après le théorème 4.1.1, e^{ih} est unitaire, donc $p(e^{ih}) = p(e^{-ih}) \leq 1$. Comme $1 \leq p(e^{-ih})$ $p(e^{-ih})$, on a d'après le lemme précédent que $p(e^{ih}) = 1$. Soit $I = \{x | x \in A ,$ $p(x) = 0\}$, c'est un idéal bilatère, stable par involution, qui contient Rad A d'après l'inégalité $p(x) \leq \text{Max}(\rho(x), \rho(x^*x)^{\frac{1}{2}})$. Sur l'algèbre involutive A/I , dont les classes sont dénotées par $\bar{x}$, on peut définir la norme $p(\bar{x}) = p(x)$. A/I devient une algèbre nommée involutive, à involution isométrique. Si h est hermitien dans la complétée A de A/I , pour la norme p , il existe des $x_n \in A$ tels que $p(h-\bar{x}_n) = p(h-\bar{x}_n^*)$ tende vers 0 , mais alors $h_n = \frac{x_n+x_n^*}{2} \in H$ et $\bar{h}_n$ tend vers h dans A , donc $p(e^{ih}) = \lim_n p(e^{i\bar{h}_n}) = \lim_n p(e^{ih_n}) = 1$. Ainsi, d'après le théorème 2, A est une algèbre stellaire, donc $p(x^*x) = p(x)^2$, pour $x \in A$. □

Remarque. Il n'est pas difficile de voir que I est l'intersection des noyaux des $*$-représentations hilbertiennes de A , c'est-à-dire le $*$-radical au sens de J.L. Kelley et R.L. Vaught, comme il est défini dans [177], p. 210. Dans [166], T.W. Palmer se pose la question de savoir si on a toujours I = Rad A . Dans le cas où A est symétrique, on a $p(x) = |x|$, en effet $p(x)^2 = p(x^*x) \leq \rho(x^*x) = |x|^2$, d'après le corollaire précédent; de plus si $x = \sum_{i=1}^{n} \lambda_i u_i$, avec $\lambda_i \in \mathbb{C}$, $u_i \in U$, on a $|x| \leq \sum_{i=1}^{n} |\lambda_i||u_i| = \sum_{i=1}^{n} |\lambda_i|$, donc $|x| \leq p(x)$, et en appliquant le 4° du théorème 4.2.2, I = Rad A . Dans le cas non symétrique, ce résultat est faux. Prenons $\mathbb{C}^2$ muni de l'involution $(u,v)^* = (\bar{v},\bar{u})$, alors si $x = (u,0)$, avec $u \neq 0$, on a $x^*x = 0$, donc $p(x) = 0$, mais pourtant $x \notin \text{Rad } \mathbb{C}^2 = \{(0,0)\}$.

Soient A une algèbre de Banach involutive telle que $(e^a)^* = e^{a^*}$, pour tout a normal, et E' l'ensemble des $e^{ih_1}\ldots e^{ih_n}$, pour $h_1,\ldots,h_n$ hermitiens. Il est clair que E' est un sous-groupe de U_1, puisque les éléments de E' sont unitaires et $\lambda \to e^{i\lambda h_1}\ldots e^{i\lambda h_n}$ est un arc continu joignant 1 à $e^{ih_1}\ldots e^{ih_n}$, lorsque $0 \le \lambda \le 1$. Posons $q(x) = \operatorname{Inf} \sum |\mu_j|$, pour toutes les décompositions $x = \sum \mu_j v_j$, où $1 \le j \le m$, avec $\mu_j \in \mathbb{C}$ et $v_j \in E'$. D'après le corollaire 4.1.2, on a $q(h) \le \rho(h)$, pour tout h hermitien, donc $q(x) \le q(\frac{x+x^*}{2}) + q(\frac{x-x^*}{2i}) \le \rho(\frac{x+x^*}{2}) + \rho(\frac{x-x^*}{2}) < +\infty$. On vérifie facilement que q est une semi-norme sous-multiplicative sur A telle que $q(e^{ih}) = 1$, si elle n'est pas identique à 0. En reprenant la démonstration du corollaire 5, on déduit donc que $q(x^*x) = q(x)^2$, pour tout $x \in A$.

THEOREME 6. *Soit A une algèbre de Banach involutive avec unité, si $\rho(x^*x) < 1$ alors $x \in co\, U$. Si en plus $(e^a)^* = e^{a^*}$, pour tout a normal de A, alors la même inégalité implique $x \in co\, E' \subset co\, U_1$.*

Démonstration.- Si $\rho(x^*x) < 1$ alors $p(x^*x) < 1$ donc, d'après le corollaire 5, $p(x) < 1$, ainsi $x = \sum \lambda_i u_i$, où $1 \le i \le n$, avec $s = \sum |\lambda_i| < 1$, mais alors $x = (1-s)0 + s \sum (|\lambda_i|/s) u_i e^{i\theta_i}$, où $\theta_i = \operatorname{Arg} \lambda_i$ et $u_i e^{i\theta_i} \in U$, donc $x \in co\, U$, puisque $0 \in co\, U$, d'après le théorème 4.1.2. Avec l'hypothèse supplémentaire on a $q(x)^2 = q(x^*x) \le \rho(x^*x) < 1$, donc on termine comme précédemment. □

Il existe peu d'exemples d'algèbres de Banach a involution discontinue, mais pour presque tous ces exemples on a $(e^a)^* = e^{a^*}$, quel que soit a normal. L'un des plus simples, dû à F.F. Bonsall ([45], p. 194), est le suivant. Soit X un espace de Banach, $(u_i)_{i\in I}$ une de ses bases algébriques, telle que $||u_i|| = 1$, on peut écrire $\{u_i\} = \{v_n\}_{n\in\mathbb{N}} \cup \{w_j\}_{j\in J}$, où ses deux ensembles sont disjoints. On définit la multiplication sur X par $xy = 0$, quels que soient x,y de X, et l'involution par $w_j^* = w_j$, $v_{2n}^* = 2n v_{2n-1}$, $v_{2n-1}^* = \frac{1}{2n} v_{2n}$, X devient une algèbre de Banach commutative à involution discontinue puisque $||v_{2n}|| = 1$ et $||v_{2n}^*|| = 2n$. Mais cet exemple est peut-être un peu trop simpliste. Prenons A une algèbre de Banach avec involution $*$ continue pour la norme $||\ ||$, ayant une autre norme d'algèbre de Banach $||\ ||_1$ non équivalente à la précédente, ce qui exige $\operatorname{Rad} A \neq \{0\}$. Sur l'algèbre de Banach $A \times A$ munie de la norme $||(x,y)||' = \operatorname{Max}(||x||_1, ||y||)$ on définit l'involution $(x,y)^* = (y^*,x^*)$, qui n'est pas continue, car sinon il existerait $k > 0$ tel que $||(x,0)^*||' \le k||(x,0)||'$, quel que soit x de A, soit $||x^*|| \le k||x||_1$, donc $||x|| \le k'||x^*|| \le kk'||x||_1$, pour un certain k', ce qui est contradictoire.

T.W. Palmer dans [166], B.E. Johnson dans le compte rendu de [150] et nous-mêmes dans [21], nous étions posé la question de savoir si $(e^a)^* = e^{a^*}$, quel que soit a normal, dans une algèbre involutive quelconque. H.G. Dales [60] a montré que cette conjecture est fausse. Pour cela il a utilisé ses résultats sur la non-unicité du calcul fonctionnel non continu, développé dans [59] et une idée de R.J. Loy [150] sur la non-unicité de l'exponentielle dans une algèbre avec deux normes d'algèbres de Banach non équivalentes.

Soient $A(\Delta)$ l'algèbre des fonctions continues sur $\overline{\Delta}$ et holomorphes sur $\Delta = \{z \mid |z| < 1\}$, $X = \mathcal{C}([0,1])$ et $T \in \mathcal{L}(X)$ l'opérateur intégral de Volterra défini par :

$$(Tx)(t) = \int_0^t x(s)ds \quad .$$

Il est bien connu que T est un opérateur quasi-nilpotent. Si X_0 désigne l'ensemble des fonctions C^∞ sur $[0,1]$, infiniment plates à l'orogine, on sait que $X_0 \neq \{0\}$. Par une construction assez subtile, donnée dans [59], H.G. Dales a pu montrer l'existence d'une application D de l'algèbre $A(\Delta)$ dans X_0 , telle que :

a) D est linéaire.

b) $D(fg) = f(T)D(g) + g(T)D(f)$, pour f,g dans $A(\Delta)$.

c) $D(p) = 0$, pour tout polynôme p .

d) $D(\exp) = x_0 \neq 0$, pour $\exp(z) = e^z \in A(\Delta)$.

Il en résulte en particulier que D est discontinue, car exp est limite de polynômes et $D(\exp) \neq 0$. Soit $A = A(\Delta) \oplus X$ muni de la multiplication $(f_1,x_1)(f_2,x_2) = (f_1f_2,\ f_1(T)x_2+f_2(T)x_1)$ et de la norme $||(f,x)||_1 = ||f|| + ||x||$. Avec l'addition et le produit par un scalaire traditionnels, on peut vérifier que $(A , ||\ ||_1)$ est une algèbre de Banach avec unité. On peut définir une involution sur A par $(f,x)^* = (f^*,\overline{x})$, où $f^*(z) = \overline{f(\overline{z})}$ et $\overline{x}(t) = \overline{x(t)}$. Pour vérifier que $*$ est une involution sur A il suffit de vérifier que $\overline{f.x} = f^*.\overline{x}$, pour $f \in A(\Delta)$ et $x \in X$, mais si $f(z) = \sum_{n=0}^{\infty} a_n z^n$, alors $f^*(z) = \sum_{n=0}^{\infty} \overline{a}_n z^n$, donc $f^*.\overline{x} = \sum_{n=0}^{\infty} \overline{a}_n T^n\overline{x} = \sum_{n=0}^{\infty} \overline{a_n(T^n x)} = \overline{f.x}$. Posons $||(f,x)||_2 = ||f|| + ||Df-x||$, où D est l'application linéaire non continue définie plus haut (l'introduction de cette norme est faite dans [150]). Un peu de calcul nous montre que c'est une norme d'algèbre sur A . Vérifions qu'elle est complète. Supposons que $((f_n,x_n))$ est une suite de Cauchy pour cette norme, alors (f_n) est une suite de Cauchy de $A(\Delta)$, donc converge vers f , (Df_n-x_n) est une suite de Cauchy de X , donc converge vers y . La quantité $||(f,Df-y) - (f_n,x_n)||_2 = ||f-f_n|| + ||Df-Df_n-(Df-y-x_n)||$ tend vers 0 quand n tend vers l'infini, ce qui prouve que $||\ ||_2$ est complète. En reprenant l'exemple précédent de F.F. Bonsall avec $A \times A$, $||(a,b)|| = \mathrm{Max}(||a||_1,||b||_2)$, et les opérations $(a_1,b_1)(a_2,b_2) = (a_1a_2,b_1b_2)$, $(a,b)^* = (b^*,a^*)$, on obtient une algèbre de Banach à involution discontinue. Si on prend $a = (id,0) \in A$ et $b = (a,0) \in A \times A$, on vérifie facilement que b est normal et que $\exp(b^*) = \exp\,(0,a^*) = \exp\,(0,a) = (0,\ \exp_2 a)$, où $\exp_2 a = (\exp,x_0)$ et $\exp(b)^* = (\exp(a,0))^* = (\exp_1 a,\ 0)^* = (0,\exp_1 a)$, où $\exp_1 a = (\exp,0)$, donc $\exp(b^*) \neq \exp(b)^*$. Dans le cas où le calcul fonctionnel est unique, ce qui est vérifié si le radical de l'algèbre commutative est de dimension finie (voir [59]), alors on a $e^{x^*} = (e^x)^*$, pour tout x de l'algèbre.

§4. Algèbres de groupes.

Si G est un groupe topologique localement compact, muni de sa mesure de Haar invariante à gauche $d\mu(x)$, alors $L^1(G)$, l'ensemble des fonctions intégrables sur G , à valeurs dans $\mathbb{C}$, est une algèbre de Banach pour l'addition, la convolution, la norme $||f||_1 = \int |f(x)|d\mu(x)$ et l'involution $f^*(x) = \overline{f(x^{-1})}$. $m(x)$, où m est la fonction modulaire de G . Il est bien connu, à cause de la théorie de la représentation des groupes commutatifs et des groupes compacts, que $L^1(G)$ est symétrique dans ces deux cas (pour le cas commutatif voir par exemple [85], p. 132, pour le cas compact voir par exemple [5]). Si G_2 désigne le groupe unimodulaire d'ordre 2 , des matrices 2×2 dont le déterminant est 1 , M.A. Naïmark en 1948 (voir [156], p. 382-391) a pu montrer que $L^1(G_2)$ n'est pas-symétrique. Un peu plus tard, I.M. Gelfand et M.A. Naïmark [84] ont pu généraliser ce résultat à $L^1(G_n)$, où G_n est le groupe unimodulaire des matrices n×n de déterminant 1 . Leur démonstration fondée sur la théorie de la représentation est extrêmement difficile. C'est R.A. Bonic [44] qui, en 1961, devait donner le premier exemple simple de groupe dont l'algèbre n'est pas symétrique, à savoir $\ell^1(\Gamma)$ l'algèbre du groupe discret libre à deux générateurs a,b . Depuis, la théorie a beaucoup progressé; nous n'en donnerons que quelques aspects partiels, en particulier ceux qui nous serons utiles pour montrer la discontinuité du spectre. Il reste que l'important problème de savoir pour quels groupes l'algèbre $L^1(G)$ est symétrique n'est que très partiellement résolu. Comme il est dit plus haut c'est fait pour G commutatif ou compact, R.A. Bonic l'a aussi montré pour le produit d'un groupe à algèbre symétrique et d'un groupe commutatif (voir corollaire 3). S. Bailey [28] a énoncé que $M_n(A)$ est symétrique si A l'est, mais sa démnostration était incorrecte et a été rectifiée par H. Leptin [144] (voir aussi [222]). A. Hulanicki a prouvé la symétrie pour les groupes discrets nilpotents [110], H. Leptin en a fait de même pour les groupes de Lie connexes nilpotents de classe 2 , et récemment D. Poguntke [169] a étendu ce résultat aux groupes de Lie connexes et nilpotents. D'un autre côté J.W. Jenkins a montré la non symétrie de $L^1(G)$ pour les groupes résolubles, pour les groupes de Lie semi-simples non compacts et pour certains groupes amenables Pour plus de détails sur toutes ces questions voir [83,86,113,145,146,147,148].

Soient A et B deux algèbres de Banach, on appelle *produit tensoriel* de A et B , qu'on note $A \hat{\otimes} B$, la complétée du produit tensoriel algébrique $A \otimes B$, pour la norme projective $p(u) = \text{Inf} \sum_i ||x_i||.||y_i||$, pour toutes les décompositions finies $u = \sum_i x_i \otimes y_i$ (voir [45], p. 230-237). L'importance de cette notion dans l'analyse harmonique (travaux de N.T. Varopoulos), dans la théorie des algèbres stellaires, dans la théorie de la cohomologie des algèbres de Banach, est fondamentale. Une des raisons principales de son introduction dans l'étude des algèbres de groupes est le résultat classique suivant :

THEOREME 1 (Grothendieck-Willcox). *Si* G_1 *et* G_2 *sont deux groupes localement compacts alors en normalisant convenablement leurs mesures de Haar à gauche* $L^1(G_1\times G_2)$ *est isométriquement* $*$ *- isomorphe à* $L^1(G_1)\hat{\otimes} L^1(G_2)$.

Démonstration.- On peut suivre celle assez simple, mais longue parce que générale du corollaire 4, page 61, de [93]. Mais nous donnerons celle de Willcox. Soient $f \in L^1(G_1)$ et $g \in L^1(G_2)$, d'après le théorème de Fubini, la fonction définie par $(f\otimes g)(x,y) = f(x)g(y)$ est dans $L^1(G_1\times G_2)$. Soit K le sous-ensemble de $L^1(G_1\times G_2)$ formé par les sommes finies de tels éléments. Montrons que $K = L^1(G_1)\otimes L^1(G_2)$. On vérifie à l'aide du théorème de Fubini que $(f_1\otimes g_1)(f_2\otimes g_2) = (f_1f_2)\otimes(g_1g_2)$, ainsi K est une algèbre. Supposons maintenant que $\sum f_i\otimes g_i = 0$, alors $F(x,y) = \sum f_i(x)g_i(y) = 0$, presque partout sur $G_1\times G_2$. On voit facilement que pour presque tout y de G_2 on a $F(x,y) = 0$, presque partout sur G_1 . Soit p avec $1 \le p \le n$, tel que $f_p \neq 0$, choisissons E mesurable dans G_1 tel que $\int_E f_p(x)dx \neq 0$, alors on a $\int_E F(x,y)dx = \sum_{i=1}^{n} g_i(y)\int f_i(x)dx = \sum_{i=1}^{n}\alpha_i g_i(y) = 0$, presque partout sur G_2, avec $\alpha_p \neq 0$, donc les g_i sont linéairement dépendants dans $L^1(G_2)$. Il est clair que $||f\otimes g|| = \iint |f(x)g(y)|dxdy = \int|f(x)|dx \,.\int|g(y)|dy = ||f||_1.||g||_2$, où dx et dy désignent les mesures de Haar sur G_1 et G_2 et $dxdy$ la mesure de Haar produit sur $G_1\times G_2$. Il reste à prouver que K est dense dans $L^1(G_1\times G_2)$ pour la norme projective. Comme les fonctions caractéristiques d'ensembles mesurables de $G_1\times G_2$ sont denses dans $L^1(G_1\times G_2)$ et que tout ensemble mesurable de $G_1\times G_2$ peut être approximé par des réunions disjointes de produits d'ensembles mesurables respectivement dans G_1 et G_2 , il suffit de montrer que pour E_1, E_2 mesurables respectivement dans G_1 et G_2 , la fonction caractéristique $\chi_{E_1\times E_2}$ de $E_1\times E_2$ est dans K , ce qui est évident car c'est $\chi_{E_1}\otimes\chi_{E_2}$. □

En utilisant des idées bien connues de S. Bochner et R.S. Phillips, R.A. Bonic a pu obtenir le :

THEOREME 2. *Soient* A *une algèbre de Banach avec unité ,* B *une algèbre de Banach commutative avec unité. Si* χ *est un caractère de* B *et si* T_χ *désigne l'extension à* $A\hat{\otimes} B$ *de l'application de* $A\otimes B$ *dans* A *définie par* $T_\chi(u) = \sum_{i=1}^{n}\chi(b_i)a_i$ *, pour* $u = \sum_{i=1}^{n} a_i\otimes b_i$ *, alors* x *de* $A\hat{\otimes} B$ *a un inverse à gauche dans cette algèbre si et seulement si* $T_\chi x$ *a un inverse à gauche dans* A *, quel que soit le caractère* χ *de* B .

Démonstration.- Comme T_χ est un morphisme d'algèbres de $A\hat{\otimes} B$ dans A la condition nécessaire est évidente. Soit $u_0 \in A\hat{\otimes} B = C$, tel que $T_\chi u_0$ soit inversible à gauche dans A , pour tout caractère χ de B et supposons que u_0 n'a pas d'inverse à gauche dans C . Alors u_0 appartient à un idéal maximal à gauche M . Soit Π la représentation régulière à gauche de C sur l'espace de Banach C/M

définie par $\Pi(u)\overline{x} = \overline{ux}$, où $\overline{x}$ est la classe de $x \in C$ dans C/M . Elle est irréductible, donc le commutateur de $\Pi(C)$ est constitué par les multiples scalaires de l'identité (lemme I.1). Mais $\Pi(1\otimes b)$ commute avec $\Pi(u)$ puisque B est commutative donc $\Pi(1\otimes b) = h(b)I$. Des relations :

$$\Pi(1\otimes(b_1+b_2)) = \Pi(1\otimes b_1)+\Pi(1\otimes b_2)$$
$$\Pi(1\otimes(\lambda b)) = \lambda\ \Pi(1\otimes b)$$
$$\Pi(1\otimes(b_1 b_2)) = \Pi(1\otimes b_1)\Pi(1\otimes b_2)$$

on déduit que h est un caractère de B , alors $\Pi(a\otimes b) = \Pi(a\otimes 1)\Pi(1\otimes b) = h(b)\Pi(a\otimes 1) = \Pi(h(b)a\otimes 1)$. Si $u = \sum_i a_i\otimes b_i \in A \otimes B$ on a $\Pi(u) = \sum_i \Pi(h(b_i)a_i\otimes 1) = \Pi(T_h u\otimes 1)$. Comme la représentation est continue on peut l'étendre à C . Comme $T_h u_0$ a un inverse à gauche a_0 dans A on a $\Pi(a_0\otimes 1)\Pi(u_0) = Id$ donc $\overline{1\otimes 1} = \Pi(a_0\otimes 1)\Pi(u_0)(1\otimes 1) = \Pi(a_0\otimes 1)\overline{u}_0 = \overline{(a_0\otimes 1)u_0}$, mais comme $(a_0\otimes 1)u_0 \in M$, on a $1\otimes 1 \in M$, ce qui est absurde. □

COROLLAIRE 1. *Soient A une algèbre de Banach et B une algèbre de Banach commutative, alors pour tout u de $A \hat{\otimes} B$ on a $Sp_{A\hat{\otimes}B}\, u$ qui est la réunion des $Sp_A(T_\chi u)$ où χ décrit l'ensemble des caractères de B .*

Démonstration.- Il suffit d'appliquer ce qui précède à $\tilde{A}$ et $\tilde{B}$. □

COROLLAIRE 2. *Soient A une algèbre de Banach symétrique et B une algèbre de Banach commutative symétrique alors $A \hat{\otimes} B$ est symétrique.*

Démonstration.- Soit $u = u^*$ dans $A \hat{\otimes} B$, comme pour une algèbre de Banach symétrique commutative on a $\chi(b^*) = \overline{\chi(b)}$, pour tout caractère, alors $(T_\chi u)^* = T_\chi u$, donc $Sp_A\, T_\chi u$ est réel, soit $Sp\, u$ réel d'après le corollaire précédent. □

COROLLAIRE 3. *Soient G_1 un groupe localement compact dont l'algèbre $L^1(G_1)$ est symétrique et G_2 un groupe localement compact commutatif alors $G_1 \times G_2$ a son algèbre symétrique.*

Démonstration.- Il suffit d'appliquer le corollaire 2 et le théorème 1 . □

Ces deux derniers résultats nous amènent à poser la conjecture suivante : est-ce que le produit tensoriel projectif de deux algèbres de Banach symétriques est symétrique ? Dans l'affirmative cela prouverait que la catégorie des groupes localement compacts dont l'algèbre est symétrique est stable par multiplication. Déjà le fait de prouver que Sp h est réel pour h hermitien du produit tensoriel algébrique ne semble pas simple et, en plus, il faudrait l'étendre à $A \hat{\otimes} B$. Aussi ce problème est-il en rapport avec les questions de continuité spectrale que nous poserons au chapitre 5, paragraphe 2 .

Montrons maintenant que si G est un groupe discret contenant le groupe libre Γ a deux générateurs a,b alors $\ell^1(G)$ est non symétrique. En 1971,

J.W. Jenkins [122] a donné de ce résultat une démonstration beaucoup plus simple que celle de R.A. Bonic, en montrant que le rayon spectral n'est pas sous-multiplicatif sur l'ensemble des éléments normaux. Nous suivrons la méthode de E. Porada [170] - qui n'est d'ailleurs qu'une légère amélioration de [111] - car elle nous permettra au chapitre 5, paragraphe 2, de montrer que la fonction spectre n'est pas uniformément continue sur l'ensemble des éléments hermitiens de $\ell^1(\Gamma)$.

Comme $\ell^1(\Gamma)$ est l'ensemble des $x = \sum x(g)g$, pour $g \in \Gamma$, tels que $\sum |x(g)| < +\infty$, on appelle *support* de x , qu'on note $\mathrm{supp}(x)$, l'ensemble des $g \in \Gamma$ tels que $x(g) \neq 0$.

LEMME 1. *Si* Γ_1 *et* Γ_2 *dénotent les sous-groupes cycliques de* Γ *engendrés respectivement par* a *et* b *, alors pour* x,y *dans* $\ell^1(\Gamma)$ *tels que* $\mathrm{supp}(x) \subset \Gamma_1$ *et* $\mathrm{supp}(y) \subset \Gamma_2$ *, on a* $\rho(x+y) \geq (||x||.||y||)^{\frac{1}{2}}$.

Démonstration.- Il est clair que si on prend toutes les suites de n entiers positifs ou négatifs, non nuls, $(k_1,\ldots,k_n)$, $(l_1,\ldots,l_n)$, on a l'inégalité suivante : $||(x+y)^{2n}|| \geq \sum |(x+y)^{2n}(a^{k_1}b^{l_1}a^{k_2}b^{l_2}\ldots a^{k_n}b^{l_n})|$, ce qui donne, puisque $x(b^{l_i}) = 0$ et $y(a^{k_j}) = 0$, $||(x+y)^{2n}|| \geq \sum |x(a^{k_1})|\ldots|x(a^{k_n})|\ |y(b^{l_1})|\ldots|y(b^{l_n})|$, ainsi

$$||(x+y)^{2n}|| \geq (\sum_{\{k_i\}} |x(a^{k_1})|\ldots|x(a^{k_n})|)(\sum_{\{l_i\}} |x(b^{l_1})|\ldots|x(b^{l_n})|)$$
$$= (\sum_{-\infty}^{\infty} |x(a^k)|)^n (\sum_{-\infty}^{\infty} |y(b^l)|)^n = ||x||^n ||y||^n ,$$

donc $\lim\limits_{n\to\infty} ||(x+y)^{2n}||^{1/2n} \geq \lim\limits_{n\to\infty} (||x||^n ||y||^n)^{1/2n} = (||x||.||y||)^{\frac{1}{2}}$. □

Pour la démonstration du lemme suivant, A. Hulanicki et E. Porada renvoient, sans aucune précision de page ou de théorème à [237], probablement s'agit il du théorème 4.2, page 244, dont la démonstration utilisant les propriétés des fonctions de Rademacher n'est pas simple. Aussi en donnerons nous une démonstration purement élémentaire, qu'on pourrait même encore plus simplifier si l'on admet le phénomène de Gibbs.

LEMME 2. *Soit* $\varepsilon > 0$ *, il existe un polynôme trigonométrique* $p(t) = \sum_{k=-n}^{n} a_k e^{ikt}$ *, tel que* $a_{-k} = \overline{a_k}$ *, pour* $k \in \mathbf{Z}$ *, vérifiant* $\mathrm{Max}_{0\leq t\leq 2\pi} |p(t)| \leq \varepsilon \sum_{k=-n}^{n} |a_k|$.

Démonstration.- Soit f la fonction de période 2π qui vaut 1 sur $[0,\pi[$ et -1 sur $[\pi,2\pi[$. Son développement de Fourier est de la forme $\sum_{-\infty}^{\infty} \alpha_k e^{ikt}$, où $\alpha_{2n} = 0$ et $\alpha_{2n+1} = 2/\pi i(2n+1)$, si $n \in \mathbf{Z}$. Il existe un entier N tel que l'on ait $\sum_{k=-N}^{N} |\alpha_k| > \frac{2}{\varepsilon} + \frac{1}{2\pi}$. Construisons la fonction continue, périodique et impaire g , telle que :

$g(0) = 0$

g linéaire, pour $0 \leq t \leq 1/4N+2$

$g(t) = 1$, pour $1/4N+2 \leq t \leq \pi - (1/4N+2)$

g linéaire, pour $\pi - (1/4N+2) \le t \le \pi + (1/4N+2)$

$g(t) = -1$, pour $\pi + (1/4N+2) \le t \le 2\pi - (1/4N+2)$

g linéaire, pour $2\pi - (1/4N+2) \le t \le 2\pi$

$g(2\pi) = 0$.

Il est clair que $\int_0^{2\pi} |f(t)-g(t)|dt = \frac{1}{2N+1}$, donc on a $|\alpha_k - a_k| \le 1/2\pi(2N+1)$, pour $-N \le k \le N$, si les a_k sont les coefficients de Fourier de g . Pour $n \ge N$ on a $\sum_{k=-n}^{n} |a_k| \ge \sum_{k=-N}^{N} |a_k| \ge \sum_{k=-N}^{N} (|\alpha_k| - \frac{1}{2\pi(2N+1)}) = (\sum_{k=-N}^{N} |\alpha_k|) - \frac{1}{2\pi} > \frac{2}{\varepsilon}$. La fonction g est à variation bornée et continue sur $[0,2\pi]$, donc, d'après le théorème de Jordan les sommes partielles $s_n(t)$ convergent uniformément vers $g(t)$, autrement dit il existe N_1 tel que $n \ge N_1$ implique $|s_n(t)| \le 2$ sur $[0,2\pi]$. Si on prend $n \ge \mathrm{Max}(N,N_1)$, et $p(t) = s_n(t)$, on obtient le résultat. □

THEOREME 3. *Soit* $\varepsilon > 0$ *, il existe* x,y *hermitiens dans* $\ell^1(\Gamma)$ *avec* $supp(x) \subset \Gamma_1$ *et* $supp(y) \subset \Gamma_2$ *tels que* $\rho(x) \le \varepsilon||x||$ *,* $\rho(y) \le \varepsilon||y||$ *et* $\rho(x) + \rho(y) \le 2\varepsilon\, \rho(x+y)$ *. En particulier tout groupe discret contenant un sous-groupe isomorphe à* Γ *a son algèbre non symétrique.*

Démonstration.- Prenons le polynôme trigonométrique du lemme précédent et posons $p(a) = \sum_{k=-n}^{n} a_k a^k$ et $p(b) = \sum_{k=-n}^{n} a_k b^k$. Il est clair que $p(a)$ et $p(b)$ sont hermitiens puisque $a_{-k} = \overline{a_k}$, de plus on a $||p(a)|| = ||p(b)|| = \sum_{k=-n}^{n} |a_k|$. Dans la sous-algèbre $\ell^1(\Gamma_1)$ on a $||a|| = ||a^{-1}|| = 1$, donc Sp a est contenu dans le cercle unité, soit pour tout caractère χ de $\ell^1(\Gamma_1)$, $|\chi(p(a))| \le \mathrm{Max}\, |p(t)|$, pour $0 \le t \le 2\pi$, donc $\rho(x) \le \varepsilon\, ||x||$, en posant $x = p(a)$. Par un raisonnement analogue dans $\ell^1(\Gamma_2)$, on obtient que $\rho(y) \le \varepsilon\, ||y||$, si $y = p(b)$. D'après le lemme 1 on a $2\varepsilon\, \rho(x+y) \ge 2\varepsilon(||x||.||y||)^{\frac{1}{2}} = 2\varepsilon\, ||x|| \ge \rho(x)+\rho(y)$. Si $\ell^1(G)$ était symétrique on aurait, d'après le 6° du théorème 4.2.2, que $\rho(x+y) \le \rho(x)+\rho(y)$, pour x,y hermitiens dans $\ell^1(\Gamma)$, ce qui est absurde si $\varepsilon < \frac{1}{2}$. □

A. Hulanicki [112] a introduit une classe intéressante de groupes localement compacts pour lesquels on peut se demander si l'algèbre est symétrique. On dira que G est à *croissance polynômiale* s'il existe un compact K tel que $K = K^{-1}$, G soit réunion des K^n , pour $n = 1,2,\ldots$, et s'il existe un entier r vérifiant $\mu(K^n) < n^r \mu(K)$, pour tout n , où μ désigne la mesure de Haar. On peut montrer qu'un tel groupe est unimodulaire. Un groupe de Lie nilpotent connexe, un groupe de déplacements euclidiens sont à croissance polynômiale (pour plus de détails voir [114,123]). Si S désigne la sous-algèbre dense de $L^1(G)$ des fonctions f *à décroissance rapide* , c'est-à-dire vérifiant :

$$\int_{G\setminus K^n} |f(x)|d\mu(x) = o(1/n^r), \text{ quand } n \to \infty ,$$

alors, d'après [112], tout élément hermitien de S a son spectre réel, autrement dit $L^1(G)$ sera symétrique si et seulement si la fonction spectre est continue sur l'ensemble des éléments hermitiens de $L^1(G)$, ce qui dans ce cas équivaut à dire que le rayon spectral est continu sur l'ensemble des éléments hermitiens, malheureusement pour ces groupes particuliers ce problème n'est toujours pas résolu. Récemment, pour certains groupes discrets, J.B. Fountain, R. W. Ramsey et J.H. Williamson [81] ont montré que l'algèbre correspondante n'est pas symétrique, donc que le rayon spectral n'est pas continu sur l'ensemble des éléments hermitiens. Indiquons très brièvement leur exemple. On prend pour G le groupe ayant pour générateurs $x_1, x_2, x_3, \ldots$ liés par les relations $x_n^2 = 1$, pour $n = 1,2,\ldots$, et $x_j x_k x_i x_k = x_k x_i x_k x_j$, pour $i,j < k$, $k = 2,3,\ldots$. Si G_n dénote le sous-groupe engendré par $x_1,\ldots,x_n$, avec quelques calculs on vérifie que G_n est fini et que si w_1, w_2 sont des mots irréductibles de G_n alors $w_1 x_{n+1} w_2$ est un mot irréductible de G_{n+1} . Il en résulte que G possède la propriété (A-S) introduite par A. Hulanicki, à savoir que pour tout sous-ensemble fini A de G et pour tout $c > 1$ on a $\#(A^n) = o(c^n)$. Pour montrer que $\ell^1(G)$ est non symétrique il suffit de prouver qu'il existe une mesure discrète de probabilité μ , hermitienne, dont le spectre n'est pas réel. Pour cela on utilise le fait que si $\mathrm{Sp}\,\mu$ est réel alors $c(\mu) \leq \rho(\mu)/2$, où $c(\mu)$ est la capacité comme elle a été définie au chapitre 1, paragraphe 2 . Posons $\mu(x_i) = 1/35$, pour $1 \leq i \leq 30$, $\mu(x_{30+j}) = \frac{1}{7}\,(\frac{1}{2})^j$, pour $j \geq 1$ et $\mu(x) = 0$ ailleurs. Comme $||\mu|| = 1$ et que quelques calculs donnent $c(\mu) \geq 0{,}503$, on déduit que $\mathrm{Sp}\,\mu$ n'est pas réel avec $\mu = \mu^*$.

5 CONTINUITÉ ET UNIFORME CONTINUITÉ DU SPECTRE

Dans le chapitre 1, d'après le corollaire 1.1.7, nous avons vu que la fonction spectre est continue sur l'ensemble des éléments dont le spectre est totalement discontinu. Ce résultat de J.D. Newburgh est malheureusement insuffisant car il existe des algèbres à fonction spectre continue où le spectre des éléments n'est pas totalement discontinu. Les quelques résultats qui suivent dans la première partie donnent de tels exemples.

Dans la deuxième partie nous montrons l'uniforme continuité du spectre sur l'ensemble des x tels que $\rho((x-\lambda)^{-1}) \geq k\|(x-\lambda)^{-1}\|$, pour tout λ non dans le spectre de x, améliorant ainsi le deuxième théorème de J.D. Newburgh qui affirmait seulement la continuité. Comme corollaires immédiats on déduit que la fonction spectre est uniformément continue sur l'ensemble des éléments normaux des algèbres stellaires et des algèbres symétriques. Même si certaines démonstrations paraissent trop simples, il ne faut pas oublier que ces résultats étaient inconnus jusqu'en 1973, aussi curieux que cela puisse paraître.

Dans le chapitre 2 nous avons vu que la sous-multiplicativité du rayon spectral sur A implique que $A/\mathrm{Rad}\, A$ soit commutative, donc en particulier que la fonction spectre soit uniformément continue sur A. Dans la troisième partie, pour le cas des algèbres de Banach involutives, nous montrons que la sous-multiplicativité du rayon spectral sur l'ensemble des éléments normaux implique l'uniforme continuité de la fonction spectre sur cet ensemble. Si le rayon spectral est seulement sous-multiplicatif sur l'ensemble des éléments hermitiens, alors la fonction spectre est uniformément continue sur toute partie bornée de l'ensemble des éléments normaux, ce qui améliore les résultats de [14].

§1. *Continuité du spectre.*

Les théorèmes 1 et 3 et le corollaire 1 ont été publiés pour la première fois par S.T.M. Ackermans [2], qui appelle "strong spectral continuity" la propriété de continuité de la fonction spectre sur l'algèbre et qui indique l'importance de cette propriété en rapport avec le calcul fonctionnel de N.G. De Bruijn [65].

Si A est une algèbre de Banach et si F est un fermé de $\mathbb{C}$, dénotons par $A(F)$ l'ensemble des $x \in A$ tels que $Sp\, x \subset F$.

THEOREME 1. *Pour que la fonction spectre soit continue sur* A *il faut et il suffit que* $A(F)$ *soit fermé dans* A *, quel que soit* F *fermé de* $\mathbb{C}$.

Démonstration.- La condition nécessaire est évidente. Si la fonction spectre est discontinue en x il existe une suite (x_n) tendant vers x , λ dans $Sp\, x$ et $r > 0$ tels que $d(\lambda, Sp\, x_n) \geq r$, pour tout n . Posons F égal à $\mathbb{C} \setminus B(\lambda, r)$ alors $x_n \in A(F)$ et $x \notin A(F)$, d'où contradiction. □

THEOREME 2. *Si la fonction spectre est continue sur les algèbres* $A_1, \ldots, A_n$ *elle est continue sur leur produit.*

Démonstration.- Il suffit de le faire pour $n = 2$ et de remarquer que l'ensemble des (a,b) , avec $a \in A_1$ et $b \in A_2$, tels que $Sp\, a \subset F$ et $Sp\, b \subset F$, est égal à $(A_1 \times A_2)(F)$, puisque $Sp\,(a,b) = Sp\, a \cup Sp\, b$. Ensuite on applique le théorème précédent. □

THEOREME 3. *Si la fonction spectre est continue sur* A *elle est continue sur toute sous-algèbre fermée* B *de* A .

Démonstration.- Quitte à remplacer A et B par $\tilde{A}$ et $\tilde{B}$ on peut supposer que A et B ont la même unité. Soit F un fermé de $\mathbb{C}$, supposons que la suite (x_n) d'éléments de $B(F)$ tende vers x , alors $Sp_B\, x_n \subset F$, donc $Sp_A x_n \subset F$, mais comme $A(F)$ est fermé on déduit que $Sp_A\, x \subset F$. Supposons que $x \notin B(F)$, alors il existe $\lambda \in Sp_B\, x$ tel que $\lambda \notin F$. Comme $x_n - \lambda$ tend vers $x - \lambda$ non inversible dans B , on déduit que $x - \lambda$ est dans la frontière des éléments non inversibles de B . Or, d'après le corollaire 1.1.4 on a $\partial S(B) \subset B \cap \partial S(A)$, donc $x - \lambda$ est non inversible dans A , ce qui est absurde puisque $Sp_A\, x \subset F$ et $\lambda \notin F$. □

Selon notre suggestion, C. Apostol [7] a pu améliorer le théorème précédent par le résultat qui suit.

THEOREME 4. *Si* B *est une sous-algèbre fermée de* A *et si* $x \to Sp_A\, x$ *est continue en tout point de* B *alors* $x \to Sp_B\, x$ *est continue sur* B .

Démonstration.- Supposons également que A et B ont la même unité. On a $Sp_A\, x$ contenu dans $Sp_B\, x$, pour x dans B , et $Sp_B\, x$ obtenu de $Sp_A\, x$ en bouchant certains trous. Soit (x_n) une suite d'éléments de B convergeant vers $x \in B$. Pour chaque n soit $\lambda_n \in Sp_B\, x$ tel que $d(\lambda_n, Sp_B\, x_n) = \text{Max}\, d(\lambda, Sp_B\, x_n)$, pour $\lambda \in Sp_B\, x$. Supposons que $\overline{\lim}\, d(\lambda_n, Sp_B\, x_n) = \alpha > 0$, alors la suite (λ_n) étant bornée, d'après la semi-continuité supérieure du spectre, elle admet une sous-suite, qu'on peut noter de la même façon, convergeant vers λ_0 . Comme $d(\lambda_0, Sp_B\, x_n) \leq d(\lambda_0, Sp_A\, x_n)$ on déduit que l'on a $d(\lambda_0, Sp_A x_n) \geq \alpha > 0$ donc, par continuité de $x \to Sp_A\, x$ en chaque point de B , que $d(\lambda_0, Sp_A\, x) \geq \alpha > 0$, soit $\lambda_0 \notin Sp_A\, x$. Appelons y l'inverse de $x - \lambda_0$ dans A et y_n l'inverse de $x_n - \lambda_0$ dans B , qui existe puisque $d(\lambda_n, Sp_B\, x_n) > 0$ pour n assez grand. Comme $x_n - \lambda_0$ tend vers $x - \lambda_0$, de la relation $x_n - \lambda_0 = (x - \lambda_0)\,(1 + y^{-1}(x_n - x))$ on déduit que lorsque n tend vers l'infini, y_n tend vers y , donc que $y \in B$, ce qui est absurde puisque, d'après la semi-continuité supérieure de $x \to Sp_B\, x$ on a λ_0 non dans $Sp_B\, x$. Ainsi $\text{Max}\, d(\lambda, Sp_B\, x_n)$, pour $\lambda \in Sp_B\, x$, tend vers 0 quand n tend vers l'infini. Comme d'après la semi-continuité supérieure on a évidemment $\text{Max}\, d(\lambda, Sp_B\, x)$, pour $\lambda \in Sp_B\, x_n$, qui tend vers 0 , on a alors $\lim_{n\to\infty} \Delta\,(Sp_B\, x_n, Sp_B\, x) = 0$, c'est-à-dire la continuité de $x \to Sp_B\, x$ dans B . □

En retournant aux définitions et propriétés du chapitre 4, § 4, sur le produit tensoriel projectif $A \hat{\otimes} B$ des algèbres de Banach A et B , et en utilisant le corollaire 4.4.1, dans le cas où A est quelconque et B commutative, on a que $Sp_{A \hat{\otimes} B}\, u$ est réunion des $Sp_A\, T_\chi u$, où χ désigne un caractère quelconque de B et où $u \in A \hat{\otimes} B$. Ainsi:

THEOREME 5. *Si la fonction spectre est continue sur A et si B est commutative, alors la fonction spectre est continue sur* $A \hat{\otimes} B$.

Démonstration.- Si F est un fermé de $\mathbb{C}$, cela résulte immédiatement du fait que $(A \hat{\otimes} B)(F)$ est l'intersection des $T_\chi^{-1}(A(F))$, où les T_χ sont continues. □

COROLLAIRE 1. *Si B est commutative la fonction spectre est continue sur l'algèbre* $M_n(B)$ *des matrices n×n à coefficients dans B .*

Démonstration.- En tant qu'algèbre $M_n(B)$ est isomorphe à $M_n(\mathbb{C}) \hat{\otimes} B$ par l'application $(b_{ij}) \to \sum e_{ij} \otimes b_{ij}$, avec $1 \leq i,j \leq n$, où e_{ij} désigne la matrice dont tous les coefficients sont nuls, sauf celui de la i-ième ligne et de la j-ième colonne qui vaut 1. De plus la fonction spectre est continue sur $M_n(\mathbb{C})$, d'après le corollaire 1.1.7, donc on applique le théorème précédent. □

Remarque 1. Ce résultat est intéressant dans la mesure où la fonction spectre est continue sans que le spectre de chaque élément soit totalement discontinu - il suffit de prendre $B = \mathcal{C}([0,1])$. En le combinant avec le théorème 3 cela permet d'obtenir de nombreux exemples où la fonction spectre est continue. C'est cette idée qui nous a permis au chapitre 2, § 2, de résoudre négativement le deuxième problème de R.A. Hirschfeld et W. Żelazko.

Remarque 2. Un problème intéressant, qui n'est pas sans rapport avec celui posé dans le chapitre 4, § 4, serait de savoir si le théorème 5 reste vrai en supposant seulement que la fonction spectre est continue sur B . Le résultat de Schechter qui affirme que $\mathrm{Sp}(a \otimes b) = \mathrm{Sp}\, a.\mathrm{Sp}\, b$ permet de montrer que la fonction spectre est continue sur l'ensemble des $a \otimes b$, mais est-ce vrai sur $A \hat{\otimes} B$? Pour cela il faudrait être capable d'exprimer le spectre de $\sum_{i=1}^{n} a_i \otimes b_i$ à l'aide des spectres d'éléments exprimés algébriquement en fonction des a_i et b_i , ce qui actuellement semble hors de question.

Une famille $\mathcal{F}$ de représentations irréductibles est dite *suffisante* si quel que soit x dans A on a Sp x qui est réunion des $\mathrm{Sp}\, \Pi(x)$, pour tout Π de $\mathcal{F}$. Dans le cas de $M_n(B)$, où B est commutative, on obtient une famille suffisante en prenant les T_χ , auquel cas le corollaire 1 est aussi conséquence du:

THEOREME 6. *Si $\mathcal{F}$ est une famille suffisante de représentations irréductibles continues de l'algèbre de Banach A telle que la fonction spectre soit continue sur $\Pi(A)$, quel que soit $\Pi \in \mathcal{F}$, alors la fonction spectre est continue sur A .*

Démonstration.- Evidente, si l'on remarque que A(F) est l'intersection des $\Pi^{-1}(\Pi(A)(F))$, où F est un fermé de $\mathbb{C}$. □

Malheureusement on ne sait toujours pas si la continuité du spectre sur A implique la continuité du spectre sur une famille suffisante de représentations irréductibles.

L'exemple de C. Apostol donné dans le chapitre 1, § 5, montre que le rayon spectral peut être continu sur une algèbre de Banach sans que la fonction spectre soit continue. Autrement dit la question suivante que nous nous étions longtemps posée est fausse: si E est un sous-ensemble d'une algèbre A tel que $x \in E$ implique $(x-\lambda)^{-1} \in E$, pour $\lambda \notin \mathrm{Sp}\, x$, est-ce que la continuité du rayon spectral sur E implique celle de la fonction spectre sur E ? Si chaque élément de E a son spectre sans points intérieurs la réponse est oui, comme le raisonnement suivant le prouve: supposons qu'il existe une suite (x_n) d'éléments de E tendant vers $x \in E$ et qu'il existe λ dans Sp x et $r > 0$ tels que $d(\lambda, \mathrm{Sp}\, x_n) \geq r$, comme λ est un point frontière de Sp x , il existe $\mu \notin \mathrm{Sp}\, x$ tel que $|\lambda - \mu| < r/2$, mais alors on a $d(\mu, \mathrm{Sp}\, x_n) \geq r/2$ soit $\rho((\mu - x_n)^{-1}) \leq r/2$ qui par continuité de ρ sur E donne $\rho((\mu-x)^{-1}) \leq 2/r$, soit $d(\mu, \mathrm{Sp}\, x) \geq r/2$, ce qui est absurde. Cette petite remarque nous permet déjà de conclure, d'une façon beaucoup plus simple que celle proposée dans l'exercice 6, page 105, de [48], que la fonction spectre est continue sur l'ensemble H des éléments hermitiens d'une algèbre stellaire puisque $\rho(h) = ||h||$ et $\mathrm{Sp}\, h \subset \mathbb{R}$ pour $h \in H$. Cela marche également pour une algèbre symétrique puisque $|\rho(h)-\rho(k)| \leq \rho(h-k) \leq ||h-k||$ sur H . En fait, dans ce qui va suivre, ces résultats vont être fortement améliorés.

§ 2. *Généralisation du second théorème de Newburgh.*

Dans $M_n(\mathbb{C})$ la fonction spectre est continue sans être uniformément continue, par contre elle est uniformément continue sur l'ensemble des matrices normales, plus exactement si a est normale et si b est quelconque on a $\mathrm{Sp}\, b \subset \mathrm{Sp}\, a + \bar{B}(0,||a-b||)$, ce qui donne lorsque a et b sont normales $\Delta(\mathrm{Sp}\, a,\mathrm{Sp}\, b) \leq ||a-b||$ (voir par exemple [160]). T. Kato [135], sans l'énoncer explicitement, a démontré l'analogue de ce résultat dans le cas de l'espace de Hilbert, pour les opérateurs hermitiens, de même F.L. Bauer et C.T. Ficke [38] pour les opérateurs normaux d'un espace de Hilbert. Malheureusement leurs méthodes dépendent fondamentalement de la structure hilbertienne et ne peuvent directement se généraliser sans des hypothèses artificielles. Historiquement c'est J.D. Newburgh [159] qui a obtenu le premier résultat général: si pour $k > 0$ on désigne par A_k l'ensemble des x de A tels que $\rho((x-\lambda)^{-1}) \geq k||(x-\lambda)^{-1}||$, pour $\lambda \notin \mathrm{Sp}\, x$, alors la fonction spectre est continue sur A_k . C'est tout cela qui nous a amené à démontrer, dans des hypothèses un peu plus générales, l'uniforme continuité de la fonction spectre. Depuis, sous l'influence de [14], V. Pták et J. Zemánek nous ont communiqué une démonstration pour les algèbres stellaires qui est identique à celle du corollaire 3, alors en cours de publication dans [18,20]. Nous la connaissions depuis 1973, sans l'avoir publiée, car c'est elle qui nous avait incités, dans [14], à conjecturer l'uniforme continuité de la fonction spectre sur l'ensemble des éléments normaux d'une algèbre involutive, si le rayon spectral est sous-multiplicatif sur l'ensemble des éléments hermitiens. J. Zemánek nous a aussi signalé que le résultat pour les algèbres stellaires se trouve implicitement dans [57].

THEOREME 1. *Soit A une algèbre de Banach avec unité, munie d'une semi-norme sous-multiplicative* $|\ |$ *non identiquement nulle, alors si pour x de A il existe* $k > 0$ *tel que* $\rho((x-\lambda)^{-1}) \geq k|(x-\lambda)^{-1}|$ *, pour* $\lambda \notin \mathrm{Sp}\, x$ *, et si* $\mathrm{Sup}\, \rho((y-\mu)^{-1})/|(y-\mu)^{-1}| < \infty$ *, pour* $\mu \notin \mathrm{Sp}\, y$ *, dans ces conditions on a* $\sigma(y) \subset \sigma(x) + \bar{B}(0,|x-y|/k)$.

Démonstration.- Si $\sigma(y)$ n'est pas inclus dans $\sigma(x)$, il existe $\xi \in \partial\mathrm{Sp}\, y$ tel que $\xi \notin \sigma(x)$. Soit (ξ_n) une suite tendant vers ξ avec $\xi_n \notin \mathrm{Sp}\, y$, comme $|(y-\xi_n)^{-1}| = 0$ implique $|1| = 0$, donc $|x| = 0$ pour tout x de A ce qui est absurde, on peut donc définir $x_n = (y-\xi_n)^{-1}/|(y-\xi_n)^{-1}|$. Soit $M > 0$ tel que $\rho((y-\mu)^{-1}) \leq M\, |(y-\mu)^{-1}|$, pour $\mu \notin \mathrm{Sp}\, y$, alors on a $1/|\xi-\xi_n| \leq 1/d(\xi_n,\mathrm{Sp}\, y) = \rho((y-\xi_n)^{-1}) \leq M\, |(y-\xi_n)^{-1}|$, d'où on déduit que $|(y-\xi_n)^{-1}|$ tend vers l'infini quand n tend vers l'infini. Posons $y_n = xx_n - \xi x_n = (x-y)x_n + (y-\xi)x_n$, alors $x_n = (x-\xi)^{-1}y_n$ donc $1 = |x_n| \leq |(x-\xi)^{-1}|.|y_n|$ ce qui entraîne $k\, d(\xi, \mathrm{Sp}\, x) = k/\rho((x-\xi)^{-1}) \leq 1/|(x-\xi)^{-1}| \leq \underline{\lim}_{n\to\infty} |y_n| \leq |x-y|$, car $|(y-\xi)x_n| \leq \frac{1}{|(y-\xi_n)^{-1}|} + |\xi-\xi_n|$ tend vers 0 quand n tend vers l'infini. Ainsi $\sigma(y) \subset \sigma(x) + \bar{B}(0,|x-y|/k)$. □

COROLLAIRE 1. *Si pour y de A on a $\mathrm{Sup}\, \rho((y-\mu)^{-1})/|(y-\mu)^{-1}| < \infty$, pour $\mu \notin \mathrm{Sp}\, y$, alors $\rho(y) \leq |y|$.*

Démonstration.- Si $x = 0$, alors $k = 1$ convient donc $\sigma(y) \subset \bar{B}(0,|y|)$. □

Le théorème 1 est insatisfaisant dans la mesure où il porte sur le spectre plein et non sur le spectre, mais en prenant une hypothèse légèrement plus forte suggérée par le corollaire précédent on obtient le bon résultat, dont la démonstration est de plus extrêmement simple.

THEOREME 2 (Généralisation du théorème de Newburgh). *Soit A une algèbre de Banach avec unité, munie d'une semi-norme sous-multiplicative $|\ |$ telle que $\rho(x) \leq |x|$, quel que soit x de A . Pour $k > 0$ donné, dénotons par A_k l'ensemble des x tels que $\rho((x-\lambda)^{-1}) \geq k\, |(x-\lambda)^{-1}|$, pour $\lambda \notin \mathrm{Sp}\, x$, alors si $x \in A_k$ et $y \in A$ on a $\mathrm{Sp}\, y \subset \mathrm{Sp}\, x + \bar{B}(0,|x-y|/k)$. En particulier si $x,y \in A_k$ alors $\Delta(\mathrm{Sp}\, x, \mathrm{Sp}\, y) \leq \frac{1}{k}\, |x-y|$.*

Démonstration.- Supposons que $\mathrm{Sp}\, y \not\subset \mathrm{Sp}\, x + \bar{B}(0,|x-y|/k)$, alors il existe $\lambda \in \mathrm{Sp}\, y$ tel que $d(\lambda,\mathrm{Sp}\, x) > |x-y|/k$, mais puisque $x \in A_k$ on a ainsi $d(\lambda,\mathrm{Sp}\, x) = 1/\rho((x-\lambda)^{-1}) \leq 1/k|(x-\lambda)^{-1}|$ donc $|(y-x)(x-\lambda)^{-1}| \leq |x-y|\,|(x-\lambda)^{-1}| < 1$, soit $\rho((y-x)(x-\lambda)^{-1}) < 1$, ce qui implique que $(\lambda-x)(1-(\lambda-x)^{-1}(y-x)) = \lambda-y$ soit inversible, d'où absurdité. □

Si on prend pour semi-norme la norme $\|\ \|$ et pour A_k l'ensemble des x tels que $\rho((x-\lambda)^{-1}) \geq k\, \|(x-\lambda)^{-1}\|$, pour $\lambda \notin \mathrm{Sp}\, x$, on obtient le:

COROLLAIRE 2. *Si x,y sont dans A_k alors $\Delta(\mathrm{Sp}\, x,\mathrm{Sp}\, y) \leq \frac{1}{k}\, \|x-y\|$, donc la fonction spectre est uniformémemnt continue sur A_k .*

On peut maintenant appliquer le théorème 2 à trois cas particuliers d'algèbres involutives:

a) les algèbres stellaires.
b) les algèbres symétriques.
c) les algèbres involutives pour lesquelles il existe $\alpha > 0$ tel que $\rho(h) \geq \alpha\, \|h\|$, pour tout h hermitien, auquel cas $\rho(x) \geq \frac{\alpha}{2}\, \|x\|$, pour tout x normal, car si $x = h + ik$, avec $h = \frac{x + x^*}{2}$ hermitien et $k = \frac{x - x^*}{2i}$ hermitien, on a:

$$||x|| \leq ||h|| + ||k|| \leq \frac{1}{\alpha}\left(\rho(\frac{x + x^*}{2}) + \rho\,(\frac{x - x^*}{2i}) \right) \leq \frac{2}{\alpha}\,\rho(x)$$

puisque x et x^* commutent.

COROLLAIRE 3. *Si* A *est une algèbre stellaire alors pour* x,y *normaux on a* $\Delta(Sp\ x, Sp\ y) \leq ||x-y||$ *, donc le spectre est uniformément continu sur l'ensemble des éléments normaux.*

Démonstration.- L'algèbre $\tilde{A}$ est stellaire pour la norme introduite dans le corollaire 4.3.4, alors pour x normal dans $\tilde{A}$, $x - \lambda$ et $(x - \lambda)^{-1}$ sont normaux, lorsque $\lambda \notin \mathrm{Sp}\ x$, auquel cas $\rho((x - \lambda)^{-1}) = ||(x - \lambda)^{-1}||$, donc $x \in \tilde{A}_k$, avec $k = 1$. □

Si A est symétrique nous avons vu dans le chapitre précédent que $|x| = \rho(x^*x)^{\frac{1}{2}}$ définit une semi-norme sous-multiplicative sur A telle que $\rho(x) = |x|$, pour tout x normal. Ainsi:

COROLLAIRE 4. *Si* A *est une algèbre de Banach symétrique alors pour* x,y *normaux on a* $\Delta(Sp\ x, Sp\ y) \leq |x-y|$ *, donc le spectre est uniformément continu sur l'ensemble des éléments normaux.*

Démonstration.- Comme plus haut on déduit que l'ensemble des éléments normaux est contenu dans A_k , avec $k = 1$. Il reste à prouver l'uniforme continuité. Comme $\tilde{A}/\mathrm{Rad}\ \tilde{A}$ est symétrique et sans radical, d'après le théorème 4.1.1, il existe $k \geq 1$ tel que $|||\dot{x}^*||| \leq k\ |||\dot{x}|||$ dans cette algèbre, où $|||\dot{x}||| = \mathrm{Inf}\ ||x + u||$, pour $u \in \mathrm{Rad}\ \tilde{A}$. D'après le lemme 1.1.2 on obtient donc $\Delta(\mathrm{Sp}\ x, \mathrm{Sp}\ y) = \Delta(\mathrm{Sp}\ \dot{x}, \mathrm{Sp}\ \dot{y}) \leq |\dot{x}-\dot{y}| \leq |||(\dot{x}-\dot{y})(\dot{x}-\dot{y})^*|||^{\frac{1}{2}} \leq k^{\frac{1}{2}}|||\dot{x}-\dot{y}|||$, soit $\Delta(\mathrm{Sp}\ x, \mathrm{Sp}\ y) \leq k^{\frac{1}{2}}\ ||x-y||$. □

Le résultat concernant les algèbres stellaires a été aussi obtenu, par la même méthode, par V. Pták et J. Zemánek [175], qui l'ont appliqué à la théorie des matrices pour obtenir le corollaire qui suit, dont des démonstrations plus difficiles ont été données dans [79,173,204].

COROLLAIRE 5. *Soit* M *une matrice normale à coefficients* a_{ij} *, où* $1 \leq i,j \leq n$ *. Si* r *désigne la racine carrée de* $\sum_{j=2}^{n} |a_{1j}|^2 = \sum_{i=2}^{n} |a_{i1}|^2$ *, on a alors* $|a_{11} - \lambda| \leq r$ *, pour au moins une valeur propre* λ *de cette matrice.*

Démonstration.- Soit P le projecteur dont tous les coefficients sont nuls sauf celui de la première ligne et de la première colonne qui vaut 1 et soit $Q = I - P$. Posons $N = PMP + QMQ$, d'après le corollaire 3, comme $||M-N|| = r$ on obtient que $\Delta(\mathrm{Sp}\ M, \mathrm{Sp}\ N) \leq r$ et comme a_{11} est dans le spectre de N on obtient le résultat. □

Remarque 1. Dans l'espace de Hilbert on appelle *opérateurs hyponormaux* les opérateurs T tels que $T^*T - TT^* \geq 0$ (pour leurs propriétés voir [117]). J. Janas [121] a montré la continuité du spectre sur l'ensemble des opérateurs hyponormaux, en fait la même méthode que celle utilisée plus haut prouve l'uniforme continuité.

Remarque 2. Pour quelques groupes localement compacts G , nous avons vu au chapitre 4, § 4, que $L^1(G)$ est symétrique, auquel cas le spectre est uniformément continu sur l'ensemble des éléments normaux. Mais l'important problème de savoir pour quels groupes le spectre est continu sur $L^1(G)$ ou seulement sur l'ensemble des éléments normaux est toujours non résolu. L'exemple de J.H. Fountain, R.W. Ramsay et J.H. Williamson, donné au chapitre 4, § 4, montre l'existence d'un groupe G , à croissance polynomiale, où le spectre n'est pas continu sur l'ensemble des éléments hermitiens de $L^1(G)$. Si Γ désigne le groupe libre à deux générateurs, le théorème qui suit, obtenu à l'aide des résultats de E. Porada, et qui selon A. Hulanicki était inconnu jusqu'à maintenant, nous fait croire que pour $\ell^1(\Gamma)$ le spectre est discontinu sur l'ensemble des éléments hermitiens. Probablement faudra-t-il construire un contre-exemple à l'aide de calculs sur le spectre analogues à ceux de [4,81,170].

THEOREME 3. *Si G est un groupe discret contenant un sous-groupe isomorphe au groupe libre à deux générateurs Γ alors la fonction spectre n'est pas uniformément continue sur l'ensemble des éléments hermitiens de $\ell^1(G)$.*

Démonstration.- Si la fonction spectre est uniformément continue sur l'ensemble H des éléments hermitiens il existe $k > 0$ tel que $|\rho(x)-\rho(y)| \leq k\,||x-y||$, pour $x,y \in H$. D'après le théorème 4.4.3, il existe $x \in H$ tel que $\rho(x) < (1/4k)||x||$, avec $\mathrm{supp}(x) \subset \Gamma_1$, de même il existe $y \in H$ tel que $||x|| = 4k^2\,||y||$, avec $\mathrm{supp}(y) \subset \Gamma_2$(pour les notations Γ_1 et Γ_2 se reporter à l'énoncé du théorème 4.4.3). D'après le lemme 4.4.1 on obtient que $\rho(x+y) \geq (||x||.||y||)^{\frac{1}{2}} = (1/2k)||x|| > \rho(x)+k||y||$. Il suffit de remarquer que x et $x + y$ sont dans H pour obtenir une contradiction. □

COROLLAIRE 6. *Si A est une algèbre de Banach involutive telle que $\rho(h) \geq \alpha\,||h||$ quel que soit h hermitien, alors il existe $\gamma > 0$ tel que l'on ait $\Delta(Sp\,x,Sp\,y) \leq \gamma\,||x-y||$, quels que soient x,y normaux, où $\gamma \leq \frac{2}{\alpha}$ si A a une unité et où $\gamma \leq \frac{6}{\alpha}$ sinon. En particulier la fonction spectre est uniformément continue sur l'ensemble des éléments normaux.*

Démonstration.- Si A a une unité il suffit d'appliquer ce qui a été dit en c) avec le fait que pour x normal $(x - \lambda)^{-1}$ est normal. Si A n'a pas d'unité, d'après le lemme 1.1.4, on sait que pour x normal on a $\rho(x+\lambda) \leq ||x+\lambda|| \leq ||x|| + |\lambda| \leq \frac{2}{\alpha}\,(\rho(x) + |\lambda|) \leq \frac{6}{\alpha}\,\rho(x + \lambda)$. □

COROLLAIRE 7 (Yood). *Si A est une algèbre de Banach involutive telle que $\rho(h)$*

$\geq \alpha\, ||h||$, *quel que soit* h *hermitien, alors l'ensemble des éléments hermitiens de spectre réel est fermé dans* A .

Démonstration.- L'algèbre A est sans radical car si x est dans Rad A alors $\frac{x+x^*}{2}$ et $\frac{x-x^*}{2i}$ sont dans Rad A , donc quasi-nilpotents, d'où, d'après l'hypothèse, égaux à 0 , ce qui implique $x = 0$. D'après le théorème 4.1.1, l'involution est continue ainsi l'ensemble H des éléments hermitiens est fermé. Si (h_n) est une suite tendant vers h avec $h_n \in H$ et $Sp\, h_n \subset \mathbb{R}$, alors d'après ce qui précède on a $h \in H$, de plus d'après le corollaire 6 on a $\Delta(Sp\, h, Sp\, h_n)$ qui tend ver 0 , d'où nécessairement $Sp\, h \subset \mathbb{R}$. □

Pour démontrer ce résultat B. Yood [227] utilise une méthode bien compliquée sans penser à faire usage de l'uniforme continuité du spectre sur l'ensemble des éléments normaux, ni même au résultat de continuité de J.D. Newburgh qui suffit. Il en a alors déduit les caractérisations suivantes des algèbres stellaires.

COROLLAIRE 8 (Yood). *Une algèbre de Banach involutive est une algèbre stellaire pour une norme équivalente si et seulement si :*

- 1° *Il existe* $\alpha > 0$ *tel que* $\rho(h) \geq \alpha\, ||h||$, *pour tout* h *hermitien.*
- 2° *L'ensemble des éléments hermitiens de spectre réel est dense dans l'ensemble des éléments hermitiens.*

Démonstration.- La condition nécessaire est bien connue. Réciproquement, d'après le corollaire précédent l'algèbre est symétrique, donc d'après le théorème 4.3.1 on peut trouver sur A une norme équivalente à $||\ \ ||$ qui fasse de A une algèbre stellaire. □

COROLLAIRE 9 (Yood). *Une algèbre de Banach involutive est une algèbre stellaire pour une norme équivalente si et seulement si il existe* $\alpha > 0$ *tel que l'ensemble des* x *normaux vérifiant* $||x^*x|| \geq \alpha\, ||x||.||x^*||$ *est dense dans l'ensemble des éléments normaux et contient l'ensemble des éléments hermitiens.*

Démonstration.- Si h est hermitien alors $||h^{2^n}|| \geq \alpha^{2^n-1}||h||^{2^n}$, donc $\rho(h) \geq \alpha\, ||h||$, ce qui implique que l'involution est continue. Par continuité, pour tout x normal on a $||x^*x|| \geq \alpha\, ||x||\,.\,||x^*||$, et alors on applique le corollaire 4.3.1. □

La conclusion de ce corollaire est aussi vraie si on fait l'hypothèse un peu plus faible que l'ensemble précédemment considéré est dense dans l'ensemble des éléments normaux et contient un sous-ensemble dense dans l'ensemble des élé ments hermitiens.

Pour terminer, il est clair que les théorèmes 1 et 2 ainsi que le corollaire 2, qui ont été démontrés dans le cas où A a unité, peuvent être étendus, sans aucune difficulté, au cas sans unité, si on remplace la condition $\operatorname{Sup} \rho((y-\lambda)^{-1})/|(y-\lambda)^{-1}| < \infty$ par la condition correspondante $\operatorname{Sup} \rho((y/\mu)^{\#})/|(y/\mu)^{\#}| < \infty$, où $a^{\#}$ désigne l'adverse de a, c'est-à-dire l'unique élément de A tel que $a + a^{\#} + aa^{\#} = a + a^{\#} + a^{\#}a = 0$ et dans la définition de A_k la relation $\rho((x-\lambda)^{-1}) \geq k\ |(x-\lambda)^{-1}|$, par la relation $\rho((x/\lambda)^{\#}) \geq k\ |(x/\lambda)^{\#}|$.

§ 3. *Uniforme continuité du spectre dans les algèbres de Banach involutives.*

Toutes les algèbres de Banach des types a) b) c) dans le § 2 ont ceci de commun que le rayon spectral est sous-multiplicatif sur l'ensemble des éléments normaux - c'est-à-dire qu'il existe $c > 0$ tel que $\rho(xy) \leq c\ \rho(x)\rho(y)$, pour x,y normaux. Dans le cas a) c'est évident car $\rho(x) = ||x||$, pour x normal, dans le cas b) également car $\rho(x) = |x|$, pour x normal, dans le cas c) il suffit de prendre $c = 4/\alpha^2$ à cause de $\rho(xy) \leq ||xy|| \leq ||x||.||y|| \leq \frac{2}{\alpha}\rho(x).\frac{2}{\alpha}\rho(y)$, pour x,y normaux.

C'est cette remarque qui nous a conduit à généraliser tous les corollaires 5.2.3, 5.2.4, 5.2.6 et 5.2.7, en supposant ρ sous-multiplicatif sur l'ensemble des éléments normaux. Dans une première tentative [14], avec l'hypothèse plus faible que ρ est sous-multiplicatif sur l'ensemble des éléments hermitiens, nous avons pu montrer que le spectre est continu sur l'ensemble des éléments normaux. Même si cette première ébauche est un cas particulier de ce qui va suivre il nous semble intéressant de donner sa démonstration car elle est simple et instructive.

D'après le lemme 1.1.2 on peut supposer A sans radical, donc l'involution continue. Si la fonction spectre n'est pas continue sur l'ensemble N des éléments normaux, il existe $x \in N$ ainsi qu'une suite (x_n) tendant vers x, avec $x_n \in N$, de même il existe $r > 0$ et $\lambda_0 \in \operatorname{Sp} x$ tels que $|\lambda_0-\lambda| > r$, pour tout $\lambda \in \operatorname{Sp} x_n$, quel que soit n.

Premier cas. Si $\lambda_0 = 0$, alors comme $\lambda_0 \notin \operatorname{Sp} x_n$, x_n est inversible, donc A admet une unité et $\rho(x_n^{-1}) = \rho(x_n^{*-1}) < 1/r$. Ainsi $u_n = x_n x_n^*$ est inversible et tend vers $u = xx^*$. On a $1 - uu_n^{-1} = (u_n-u)u_n^{-1}$ et u_n^{-1} est hermitien donc $\rho(1 - uu_n^{-1}) \leq c\ \rho(u_n^{-1})\ \rho(u_n-u) \leq \frac{c}{r}\ ||u_n-u||$ qui tend vers 0 quand n tend vers l'infini, ce qui implique que $\rho(1 - uu_n^{-1}) < 1$, pour n assez grand, donc uu_n^{-1} inversible. Ainsi x est inversible à droite, mais en raisonnant avec x^*x on obtient de la même façon que x est inversible à gauche, d'où inversible, ce qui est absurde puisque $0 \in \operatorname{Sp} x$.

Deuxième cas. Supposons $\lambda_0 \neq 0$ et plaçons nous dans $\tilde{A}$, auquel cas on a $1 - (x_n/\lambda_0)$ qui tend vers $1 - (x/\lambda_0)$. Comme l'involution est supposée continue sur A , elle est continue sur $\tilde{A}$ donc $1-(x_n^*/\bar{\lambda}_0)$ tend vers $1-(x^*/\bar{\lambda}_0)$. Si $\lambda \in Sp(x_n/\lambda_0)$ alors $\lambda\lambda_0 \in Sp\, x_n$ donc $|\lambda\lambda_0-\lambda_0| > r$, ainsi, d'après le calcul fonctionnel holomorphe:

$$Sp(1-\frac{x_n}{\lambda_0})^{-1} = \{ \frac{1}{1-\lambda} \mid \lambda \in Sp\, \frac{x_n}{\lambda_0} \} = \{ \frac{\lambda_0}{\lambda_0-\lambda\lambda_0} \mid \lambda \in Sp\, \frac{x_n}{\lambda_0} \}$$

ce qui donne $\rho((1-(x_n/\lambda_0))^{-1}) = \rho((1-(x_n^*/\bar{\lambda}_0))^{-1}) \le |\lambda_0|/r$. Posons $u_n = (1-(x_n/\lambda_0))(1-(x_n^*/\bar{\lambda}_0))$ et $u = (1-(x/\lambda_0))(1-(x^*/\bar{\lambda}_0))$. Comme x_n et x_n^* commutent on obtient:

(1) $$\rho(u_n^{-1}) \le \frac{|\lambda_0|^2}{r^2}$$

Posons $u_n = 1 + h_n$, où h_n est hermitien dans A . L'inverse de u_n est hermitien dans $\tilde{A}$, donc de la forme $\mu_n + v_n$, avec $\mu_n \in \mathbb{R}$ et v_n hermitien dans A . Mais de $(1+h_n)(\mu_n+v_n) = 1$ on obtient que $\mu_n = 1$. Pour n assez grand tel que $||u-u_n|| < 1$, $1 + u - u_n$ est inversible, alors:

$u = u_n+u-u_n = u_n(1+u_n^{-1}(u-u_n)) = u_n(1+(1+v_n)(u-u_n)) = u_n(1+u-u_n+v_n(u-u_n)) = u_n(1+v_n(u-u_n)(1+u-u_n)^{-1})(1+u-u_n)$ or $(u-u_n)(1+u-u_n)^{-1} = \sum_{k=0}^{\infty} (-1)^k(u-u_n)^{k+1}$ est dans H , qui est fermé car l'involution est continue. Comme ρ est sous-multiplicatif sur H on obtient:

(2) $$\rho(v_n(u-u_n)(1+u-u_n)^{-1}) \le c\, \rho(v_n)\, \rho((u-u_n)(1+u-u_n)^{-1})$$

Mais $v_n = u_n^{-1} - 1$, donc d'après (1), $\rho(v_n) \le 1 + \frac{|\lambda_0|^2}{r^2}$. De plus on a $\rho((u-u_n)(1+u-u_n)^{-1}) \le \sum_{k=0}^{\infty} ||u-u_n||^{k+1}$ qui tend vers 0 quand n tend vers l'infini, ainsi on peut en déduire que pour n assez grand, d'après (2), que $1 + v_n(u-u_n)(1+u-u_n)^{-1}$ est inversible, d'où u est inversible, ce qui implique que $\lambda_0 - x$ est inversible à droite. En raisonnant avec les $u_n' = (1-(x_n^*/\bar{\lambda}_0))(1-(x_n/\lambda_0))$ et $u' = (1-(x^*/\bar{\lambda}_0))(1-(x/\lambda_0))$ on obtient que $\lambda_0 - x$ est inversible à gauche, d'où inversible, ce qui est absurde. □

On voit aisément que la démonstration prouve en fait la continuité de la fonction spectre sur l'ensemble, un peu plus grand que N , des x tels que $\rho((\lambda + x)(\bar{\lambda} + x^*)) \le \rho(\lambda + x)^2$, quel que soit $\lambda \in \mathbb{C}$.

THEOREME 1 ([20]). *Soient A une algèbre de Banach involutive et $c > 0$ tels que $\rho(hk) \le c\, \rho(h)\, \rho(k)$, quels que soient h,k hermitiens. Alors il existe $\gamma > 0$ tel que pour x,y normaux on ait:*

$$\Delta(Sp\, x, Sp\, y) \le \gamma\, ||x-y||^{\frac{1}{2}} Max(||x||,||y||)^{\frac{1}{2}} .$$

En particulier la fonction spectre est uniformément continue sur toute partie bornée de l'ensemble des éléments normaux.

Démonstration.- D'après le lemme 1.1.2 et le fait que $|||\dot{x}||| \le ||x||$, on peut supposer que A est sans radical, auquel cas l'involution est continue, donc il existe $k \ge 1$ tel que $||x^*|| \le k\,||x||$, pour tout x de A .

Premier cas. Supposons que A a une unité et posons $m = \mathrm{Max}(||x||,||y||)$, $\beta = (4kmc/||x-y||)^{\frac{1}{2}}$, dans l'hypothèse où $x \ne y$. Supposons également, par exemple, que $\lambda \in \mathrm{Sp}\, y$, avec $d(\lambda,\mathrm{Sp}\, x) > \beta\, ||x-y||$. En particulier λ n'est pas dans Sp x et

(3) $$1/\rho((\lambda-x)^{-1}) = d(\lambda,\mathrm{Sp}\, x) > \beta\, ||x-y|| \, .$$

L'élément $(x-\lambda)(x^*-\bar\lambda) = |\lambda|^2 + h$, où $h = -\bar\lambda x-\lambda x^*+xx^* \in H$, est inversible, de même $(y-\lambda)(y^*-\bar\lambda)$ peut s'écrire sous la forme $|\lambda|^2 + h'$ où $h' \in H$. Mais $|\lambda|^2 + h' = (|\lambda|^2+ h)(1 + (|\lambda|^2+ h)^{-1}(h'- h))$ et comme $(|\lambda|^2+ h)^{-1} \in H$, on a

(4) $$\rho((|\lambda|^2+ h)^{-1}(h'- h)) \le c\, \rho(h'- h)\rho((|\lambda|^2+ h)^{-1}) \, .$$

Comme x est normal on a $\rho((|\lambda|^2+ h)^{-1}) \le \rho((x-\lambda)^{-1})\, \rho((x^*-\bar\lambda)^{-1})$ donc

(5) $$\rho((|\lambda|^2+ h)^{-1}) < \frac{1}{\beta^2||x-y||^2} \, .$$

De plus $\rho(h'- h) \le ||h'- h|| \le |\lambda|\,||x-y|| + |\lambda|\,||x^*-y^*|| + ||x||\,||x^*-y^*|| + ||y^*||\,||x-y||$ et $\lambda \in \mathrm{Sp}\, y$ implique $|\lambda| \le ||y|| \le m$, ainsi

(6) $$\rho(h'- h) \le 4km\, ||x-y|| \, .$$

D'après (4), (5) et (6), $\rho((|\lambda|^2+ h)^{-1}(h'- h)) < 4kmc\, ||x-y||/\beta^2||x-y||^2 = 1$, d'où $|\lambda|^2+ h'$ est inversible, soit $y - \lambda$ inversible à droite. Par un argument analogue on obtient $y - \lambda$ inversible à gauche, donc inversible, ce qui est absurde.

Deuxième cas. On suppose A sans unité et on pose $\beta = (4km(2c+1)/||x-y||)^{\frac{1}{2}}$, dans l'hypothèse où $x \ne y$. En reprenant le calcul fait plus haut on peut écrire $(|\lambda|^2+ h)^{-1} = (1 + u)/|\lambda|^2$, où $u = - h(|\lambda|^2+ h)^{-1} \in H$, car u est hermitien dans $\tilde A$ et vérifie $|\lambda|^2 u + h + hu = 0$, donc appartient à A . Ainsi $|\lambda|^2+ h' = (|\lambda|^2+ h)(1 + \frac{h'- h}{|\lambda|^2} + u\, \frac{h'- h}{|\lambda|^2})$, mais $0 \in \mathrm{Sp}\, x$, puisque A est sans unité, donc $|\lambda| > \beta\, ||x-y||$ et ainsi d'après (6) on obtient

(7) $$\rho(\frac{h'- h}{|\lambda|^2}) < \frac{4km\, ||x-y||}{\beta^2||x-y||^2} = \frac{1}{2c + 1} < 1 \, .$$

Cela implique que $1 + \frac{h'- h}{|\lambda|^2}$ est inversible dans $\tilde A$, donc on peut écrire $|\lambda|^2+ h' = (|\lambda|^2+ h)(1 + u\, \frac{h'- h}{|\lambda|^2} (1 + \frac{h'- h}{|\lambda|^2})^{-1})(1 + \frac{h'- h}{|\lambda|^2})$ qui avec le fait que $\frac{h'- h}{|\lambda|^2} (1 + \frac{h'- h}{|\lambda|^2})^{-1}$ est dans H donne:

(8) $$\rho(u\, \frac{h'- h}{|\lambda|^2} (1 + \frac{h'- h}{|\lambda|^2})^{-1}) \le c\, \rho(u)\, \rho(\frac{h'- h}{|\lambda|^2} (1 + \frac{h'- h}{|\lambda|^2})^{-1}) \, .$$

De plus, d'après (5), on a:

$$\rho\left(\frac{u}{|\lambda|^2}\right) < \frac{1}{\beta^2||x-y||^2} + \frac{1}{|\lambda|^2} < \frac{2}{\beta^2||x-y||^2} . \tag{9}$$

Posons $t = \rho(h'-h)/|\lambda|^2$, alors $0 \le t < 1/2c+1$, donc $t/1-t \le (1+2c)t/2c$, ce qui donne en utilisant (6), (7), (8) et (9):

$$\rho\left(u \frac{h'-h}{|\lambda|^2}\left(1 + \frac{h'-h}{|\lambda|^2}\right)^{-1}\right) < c\, \rho(u)(1+2c)t/2c = c\, \rho(u/|\lambda|^2)\, \rho(h'-h)(1+2c)/2c$$

$$< c \frac{1+2c}{2c} \cdot \frac{2}{\beta^2||x-y||^2} \cdot 4km\, ||x-y|| = 1 \text{ , puisque } \rho(a(1+a)^{-1}) \le \frac{\rho(a)}{1-\rho(a)} \text{ , si}$$

$\rho(a) < 1$. Ainsi $x - \lambda$ est inversible à droite, par un raisonnement analogue il est inversible à gauche, donc inversible, ce qui est absurde. Dans le premier cas il suffit de prendre $\gamma = (4kc)^{\frac{1}{2}}$, dans le deuxième cas il suffit de prendre $\gamma = (4k(2c+1))^{\frac{1}{2}}$ et alors $\Delta(\mathrm{Sp}\, x, \mathrm{Sp}\, y) \le \gamma m^{\frac{1}{2}}||x-y||^{\frac{1}{2}}$. □

COROLLAIRE 1 ([14]). *Si* ρ *est sous-multiplicatif sur* H *, la fonction spectrale est continue sur* H .

COROLLAIRE 2 ([14]). *Si* ρ *est sous-multiplicatif sur* H *et si* F *est un fermé de* $\mathbb{C}$ *, alors l'ensemble des éléments normaux dont le spectre est inclus dans* F *est un fermé de l'ensemble des éléments normaux.*

COROLLAIRE 3 ([14]). *Si* ρ *est sous-multiplicatif sur* H *, l'ensemble des éléments hermitiens dont le spectre est réel est fermé dans* H .

Le problème de savoir si la sous-multiplicativité de ρ sur H implique l'uniforme continuité de la fonction spectre sur l'ensemble des éléments normaux est toujours non résolu. Si $H(A)$ désigne l'ensemble des éléments hermitiens dont le spectre est réel, nous avons pu obtenir le:

THEOREME 2. *Soient* A *une algèbre de Banach involutive et* $c > 0$ *tels que* $\rho(hk) \le c\, \rho(h)\, \rho(k)$ *, quels que soient* h,k *hermitiens. Alors* $\Delta(\mathrm{Sp}\, h, \mathrm{Sp}\, k) \le \beta\, \rho(h-k)$ *, quels que soient* h,k *dans* $H(A)$ *, où* $\beta = c$ *si* A *a une unité, et* $\beta = 2c+1$ *sinon. En particulier la fonction spectre est uniformément continue sur* $H(A)$.

Démonstration.- Toujours d'après le même argument on peut supposer l'involution continue.

Premier cas. Si A a une unité et si $\lambda \in \mathrm{Sp}\, h \subset \mathbb{R}$, avec $d(\lambda, \mathrm{Sp}\, k) > c\, \rho(h-k)$, alors $\lambda \notin \mathrm{Sp}\, k$ et $1/\rho((\lambda-k)^{-1}) > c\, \rho(h-k)$, qui avec $\lambda - h = \lambda - k + k - h = (\lambda-k)[1 + (\lambda-k)^{-1}(h-k)]$, où $(\lambda-k)^{-1}$ est hermitien car $\lambda - k$ l'est, prouve que $\lambda - h$ est inversible, ce qui est absurde puisque $\rho((\lambda-k)^{-1}(h-k)) \le c\, \rho((\lambda-k)^{-1}) \times \rho(h-k) < 1$.

Deuxième cas. Supposons que $\lambda \in \mathrm{Sp}\, h \subset \mathbb{R}$, avec $d(\lambda, \mathrm{Sp}\, k) > (2c+1)\, \rho(h-k)$ alors

$\frac{1}{\rho((\lambda-k)^{-1})} > (2c+1)\ \rho(h-k)$. On écrit $(\lambda-k)^{-1}$ sous la forme $\frac{1}{\lambda}(1+u)$ où u est hermitien dans A et ainsi:

$$\lambda - h = (\lambda-k)\ [1 - \frac{h-k}{\lambda} - \frac{u}{\lambda}(h-k)]\ .$$

Mais l'algèbre étant sans unité, $0 \in Sp\ h$, donc $|\lambda| > (2c+1)\ \rho(h-k)$, soit $\rho(\frac{h-k}{\lambda}) < \frac{1}{2c+1} < 1$ ce qui implique que $1 - \frac{h-k}{\lambda}$ est inversible et alors:

$$\lambda - h = (\lambda-k)\ [1 - \frac{u}{\lambda}(h-k)(1 - \frac{h-k}{\lambda})^{-1}](1 - \frac{h-k}{\lambda})$$

mais $y = \frac{h-k}{\lambda}(1 - \frac{h-k}{\lambda})^{-1}$ est hermitien et $\rho(y) \leq \frac{t}{1-t}$, si $t = \rho(\frac{h-k}{\lambda})$. Si l'on remarque que $\rho(u) \leq 1 + |\lambda|\ \rho((\lambda-k)^{-1}) \leq 1 + \frac{|\lambda|}{(2c+1)\rho(h-k)} = 1 + \frac{1}{(2c+1)t}$, on déduit d'après la sous-multiplicativité:

$$\rho(\frac{u}{\lambda}(h-k)(1 - \frac{h-k}{\lambda})^{-1}) \leq c\ (1 + \frac{1}{(2c+1)t})\ \frac{t}{1-t} < 1$$

si $0 \leq t < \frac{1}{2c+1}$, c'est-à-dire que $\lambda - h$ est inversible, ce qui est absurde. □

En reprenant mot pour mot la démonstration précédente, avec la seule différence que $(\lambda-k)^{-1}$ est normal dans $\tilde{A}$, on obtient le:

THEOREME 3. *Soient* A *une algèbre de Banach involutive et* $c > 0$ *tels que* $\rho(xy) \leq c\ \rho(x)\rho(y)$, *quels que soient* x,y *normaux. Alors on a* $\Delta(Sp\ h, Sp\ k) \leq \beta\ \rho(h-k)$, *quels que soient* h,k *hermitiens, où* $\beta = c$ *si* A *a une unité et* $\beta = 2c + 1$ *sinon. En particulier la fonction spectre est uniformément continue sur* H .

Malheureusement cette démonstration ne peut être utilisée pour prouver l'uniforme continuité sur l'ensemble des éléments normaux, car en général x,y normaux n'implique pas x-y normal. Nous allons pouvoir nous en sortir, de façon assez compliquée, en prouvant l'existence d'une semi-norme sous-multiplicative $|\ |$ telle que pour tout x normal on ait $\rho(x) \leq |x| \leq 2c(1+\sqrt{2})\rho(x)$, si A a une unité. Auparavant prouvons quelques lemmes.

LEMME 1. *Soient* A *une algèbre de Banach involutive, sans unité, et* $c \geq 1$ *tels que* $\rho(xy) \leq c\ \rho(x)\rho(y)$, *quels que soient* x,y *normaux, alors* $\rho(x+y+xy) \leq \rho(x) + c\ \rho(y) + c\ \rho(x)\rho(y)$, *si* x,y *sont normaux.*

Démonstration.- Elle est identique à celle du lemme 2.1.5 où l'on fait la remarque que $(\lambda-x)^{-1}x$ et $y(1-\frac{y}{\lambda})^{-1}$ sont normaux dans A . □

LEMME 2. *Soient* A *une algèbre de Banach involutive, sans unité, et* $c \geq 1$ *tels que* $\rho(xy) \leq c\ \rho(x)\rho(y)$, *quels que soient* x,y *normaux, alors* $\rho(xy) \leq 9\ c\ \rho(x)\rho(y)$, *si* x,y *sont normaux dans* $\tilde{A}$.

Démonstration.- On écrit $x = \lambda(1+a)$, $y = \mu(1+b)$, où a,b sont normaux dans A et où λ,μ sont complexes puis on applique le lemme précédent ainsi que le lemme

1.1.4 pour obtenir:

$\rho(xy) = |\lambda\mu|\ \rho(1+a+b+ab) \leq |\lambda\mu|\ (1+\rho(a)+c\rho(b)+c\rho(a)\rho(b))$ soit $\rho(xy) \leq$ $|\lambda\mu|\ (1+\rho(a))\cdot(1+c\rho(b)) \leq 9\ |\lambda\mu|\ \rho(1+a)\rho(1+b)$. □

LEMME 3. *Soient* A *une algèbre de Banach involutive, avec unité, et* $c > 0$ *tels que* $\rho(xy) \leq c\ \rho(x)\rho(y)$, *quels que soient* x,y *normaux, alors* $\rho(x+y) \leq \rho(x) + c\ \rho(y)$, *si* x,y *sont normaux.*

Démonstration.- Supposons d'abord $\rho(x) + c\ \rho(y) < 1$ et soit $|\lambda| \geq 1$, alors $\lambda - x$ est inversible, ainsi $\lambda - (x+y) = (\lambda-x)\ [1 + (\lambda-x)^{-1}y]$, mais $(\lambda-x)^{-1}$ est normal donc $\rho((\lambda-x)^{-1}y) \leq c\ \frac{\rho(y)}{|\lambda|-\rho(x)} < 1$, d'où $\lambda - (x+y)$ est inversible, c'est-à-dire que $\rho(x+y) < 1$. Si x,y sont normaux quelconques, prenons $\varepsilon > 0$ et posons $x' = x/(\rho(x)+c\rho(y)+\varepsilon)$ $y' = y/(\rho(x)+c\rho(y)+\varepsilon)$, qui sont aussi normaux. Comme $\rho(x')+c\rho(y') < 1$ alors $\rho(x'+y') < 1$ donc $\rho(x+y) < \rho(x)+c\rho(y)+\varepsilon$, quel que soit $\varepsilon > 0$, d'où le résultat. □

D'après ce que nous avons vu au chapitre 4, si A a une unité, tout élément de A peut s'écrire sous la forme $\sum_{i=1}^{n} \lambda_i u_i$, où $\lambda_i \in \mathbb{C}$ et où les u_i sont unitaires. Aussi dans l'hypothèse supplémentaire que $\rho(xy) \leq c\ \rho(x)\rho(y)$, pour x,y normaux, nous pouvons définir:

$$|x| = c\ \mathrm{Inf} \sum_{i=1}^{n} |\lambda_i|\ \rho(u_i)$$

pour toutes les décompositions $x = \sum_{i=1}^{n} \lambda_i u_i$. Cette fonction ressemble beaucoup à la semi-norme de T.W. Palmer $p(x) = \mathrm{Inf} \sum_{i=1}^{n} |\lambda_i|$, introduite au chapitre 4, § 4. Si A est symétrique alors $p(u) = 1$ pour tout u unitaire et $c = 1$, donc $|x| = p(x)$. Dans le cas général où ρ est seulement sous-multiplicatif on a $|x| \geq c\ p(x)$.

LEMME 4. *Soient* A *une algèbre de Banach involutive et* $c \geq 1$ *tels que* $\rho(xy) \leq c\ \rho(x)\rho(y)$, *pour* x,y *normaux. Alors* $|\ |$ *possède les propriétés suivantes:*

-1° $|x+y| \leq |x| + |y|$, *quels que soient* $x,y \in A$.

-2° $|\lambda x| = |\lambda|\ |x|$, *quels que soient* $\lambda \in \mathbb{C}$ *et* $x \in A$.

-3° $|xy| \leq |x|\ |y|$, *quels que soient* $x,y \in A$.

-4° $\rho(h) \leq |h| \leq c(1+\sqrt{2})\rho(h)$, *quel que soit* $h \in H$.

-5° $\rho(x) \leq |x| \leq 2c(1+\sqrt{2})\rho(x)$, *quel que soit* x *normal.*

-6° $\rho(x) \leq |x| \leq c(1+\sqrt{2})(\|x\|+\|x^*\|)$, *quel que soit* $x \in A$.

Démonstration.- Soit $\varepsilon > 0$, il existe deux décompositions $x = \sum \lambda_i u_i$ et $y = \sum \mu_j v_j$ telles que $c \sum_i |\lambda_i|\ \rho(u_i) \leq |x| + \frac{\varepsilon}{2}$ et $c \sum_j |\mu_i|\ \rho(v_j) \leq |y| + \frac{\varepsilon}{2}$, alors $x + y = \sum_i \lambda_i u_i + \sum_j \mu_j v_j$ donc

$$|x+y| \le c(\sum_i |\lambda_i|\rho(u_i) + \sum_j |\mu_j|\rho(v_j)) \le |x|+|y| + \varepsilon ,$$

quel que soit $\varepsilon > 0$.

Pour 2° la démonstration est évidente.

Pour 3° il suffit d'écrire $xy = \sum_{i,j} \lambda_i\mu_j \; u_iv_j$ et de remarquer que u_iv_j est unitaire, donc que l'on a $\rho(u_iv_j) \le c\, \rho(u_i)\rho(v_j)$ soit

$$|xy| \le c \sum_{i,j} |\lambda_i||\mu_j| \rho(u_iv_j) \le c^2 (\sum_i |\lambda_i|\rho(u_i))(\sum_j |\mu_j|\rho(v_j)) \le$$

$$\le (|x| + \frac{\varepsilon}{2})(|y| + \frac{\varepsilon}{2}) ,$$ d'où le résultat.

Pour le 4° montrons d'abord que $|h| \le c(1 + \sqrt{2})\rho(h)$, si $h \in H$. Posons $k = \frac{h}{\rho(h)+\varepsilon}$, d'après le corollaire 4.1.1, il existe k_1 hermitien, commutant avec h tel que $k_1^2 = 1 - k^2$. Posons $u_1 = k + ik_1$ et $u_2 = k - ik_1$, on vérifie que u_1 et u_2 sont unitaires et que $k = \frac{u_1+u_2}{2}$. Mais d'après le calcul fonctionnel holomorphe $\rho(u_1) < 1 + \sqrt{2}$ et $\rho(u_2) < 1 + \sqrt{2}$, donc $|k| < c(1 + \sqrt{2})$, ce qui donne $|k| < c(1 + \sqrt{2})(\rho(k) + \varepsilon)$, quel que soit $\varepsilon > 0$. L'autre inégalité est plus difficile à démontrer. Pour cela introduisons sur H la nouvelle fonction

$$|h|' = c \operatorname{Inf} \sum_{i=1}^{n} \rho(h_i)$$

pour toutes les décompositions $h = \sum_{i=1}^{n} h_i$, avec $h_i \in H$. Prouvons d'abord que $|h|' \le |h|$. Soit $h = \sum_i \lambda_iu_i$ une décomposition de h , avec $\lambda_i \in \mathbb{C}$ et u_i unitaire telle que $c \sum_i |\lambda_i| \rho(u_i) < |h| + \varepsilon$. Alors $h = \sum_i h_i$ où $h_i = \frac{\lambda_iu_i + \bar{\lambda}_iu_i^*}{2}$, mais comme u_i et u_i^* commutent, on a $\rho(h_i) \le |\lambda_i| \rho(u_i)$ soit $|h'| \le |h| + \varepsilon$, pour $\varepsilon > 0$. Dans l'avant-dernière étape prouvons que $|h|' \ge \frac{1}{c} \rho(h)$. Supposons que $c\, |h|' < 1$, alors il existe $h_1,\ldots,h_n \in H$ tels que:

$$h = h_1+\ldots+h_n \quad \text{et} \quad c(\rho(h_1)+\ldots+\rho(h_n)) < 1 .$$

Posons $S_\ell = \sum_{i=1}^{\ell} h_i$, pour $1 \le \ell \le n$ et montrons par récurrence que

$$\rho(S_\ell) < 1 - c(\rho(h_{\ell+1})+\ldots+\rho(h_n)) . \tag{10}$$

Cette relation est évidemment vraie pour $\ell = 1$, puisque $c \ge 1$. Supposons la vraie pour ℓ et démontrons la pour $\ell + 1$. Supposons que:

$$|\lambda| \ge 1 - c(\rho(h_{\ell+2})+\ldots+\rho(h_n)) \tag{11}$$

alors

$$|\lambda| \ge 1 - c(\rho(h_{\ell+1})+\ldots+\rho(h_n)) > \rho(S_\ell) \tag{12}$$

donc $\lambda - S_\ell$ est inversible et ainsi $\lambda - S_{\ell+1} = (\lambda - S_\ell)\, [1 - (\lambda-S_\ell)^{-1}h_{\ell+1}]$ mais comme $(\lambda-S_\ell)^{-1}$ est normal et que $|\lambda| - \rho(S_\ell) - c\, \rho(h_{\ell+1}) > 0$ d'après (11) et

(12) on obtient:

$$\rho((\lambda-S_\ell)^{-1}h_{\ell+1}) \le \frac{c\ \rho(h_{\ell+1})}{|\lambda| - \rho(S_\ell)} < 1$$

c'est-à-dire que $\lambda - S_{\ell+1}$ est inversible, donc que la relation (10) est vraie au rang $\ell + 1$. En particulier, pour $\ell = n$, on obtient $\rho(h) < 1$. Pour $h \in H$ quelconque et $\varepsilon > 0$, $c\ |\frac{h}{c\ |h|' + \varepsilon}|' < 1$ donc $\rho(h) < c\ |h|' + \varepsilon$, quel que soit $\varepsilon > 0$. Maintenant pour n entier, $h^n \in H$ ainsi $\rho(h^n) = \rho(h)^n \le c\ |h^n|' \le c\ |h^n| \le c\ |h|^n$, soit $\rho(h) \le c^{1/n}\ |h|$, ce qui donne le résultat en faisant tendre n vers l'infini.

Pour le 5°, si x est normal on écrit $x = h + ik$, où $h = \frac{x+x^*}{2} \in H$ et $k = \frac{x-x^*}{2i} \in H$. Donc $|x| \le |h| + |k| \le c(1+\sqrt{2})(\rho(h)+\rho(k)) \le 2c(1+\sqrt{2})\rho(x)$, d'après 4° et le fait que x et x^* commutent. Dans l'autre sens $\rho(x) \le \rho(h) + \rho(k) \le |h| + |k| \le 2|x|$, car $|x| = |x^*|$, d'où en raisonnant avec x^n qui est normal, $\rho(x) \le |x|$.

Pour le 6°, si $x = h + ik \in A$, où $h,k \in H$, alors d'après le lemme 3, $\rho(x) \le \rho(h) + c\ \rho(k)$, puisque h et ik sont normaux, ainsi $\rho(x) \le |h| + c\ |k| \le (1+c)\ |x|$, et en raisonnant avec x^n, $\rho(x) \le |x|$. Dans l'autre sens $|x| \le |h| + |k| \le c(1+\sqrt{2})(\rho(h) + \rho(k)) \le c(1+\sqrt{2})(||h|| + ||k||) \le c(1+\sqrt{2})(||x|| + ||x^*||)$. □

THEOREME 4 ([20]). *Soient A une algèbre de Banach involutive et $c > 0$ tels que $\rho(xy) \le c\ \rho(x)\rho(y)$, pour x,y normaux. Alors il existe $\alpha > 0$ et $\beta > 0$ tels que:*

$$\Delta(Sp\ x, Sp\ y) \le \alpha|x-y| \le \beta||x-y||$$

si x,y sont normaux. Si A a une unité alors $\alpha \le 2\ Max(1,c)(1+\sqrt{2})$ et si l'involution est isométrique alors $\beta \le 4\ Max(1,c)^2(1+\sqrt{2})^2$. Si A n'a pas d'unité alors $\alpha \le 2\ Max(1,9c)(1+\sqrt{2})$ et si l'involution est isométrique alors $\beta \le 4\ Max(1,9c)^2(1+\sqrt{2})^2$. En particulier la fonction spectre est uniformément continue sur l'ensemble des éléments normaux.

Démonstration.- Posons $\gamma = Max(1,c)$. Supposons d'abord que A a une unité et supposons par exemple que $\lambda \in Sp\ y$ avec $d(\lambda, Sp\ x) > 2\gamma(1+\sqrt{2})|x-y|$. Alors en particulier $\lambda \in Sp\ x$ et

$$\frac{1}{\rho((\lambda-x)^{-1})} > 2\gamma(1+\sqrt{2})\,|x-y|\ . \tag{13}$$

Comme $\lambda - y = (\lambda-x)[1 + (\lambda-x)^{-1}(x-y)]$ et que:

$$|(\lambda-x)^{-1}(x-y)| \le |(\lambda-x)^{-1}|\,|x-y| \le 2\gamma(1+\sqrt{2})\rho((\lambda-x)^{-1})\,|x-y| < 1$$

d'après le lemme 4 et (13), on déduit que $\rho((\lambda-x)^{-1}(x-y)) < 1$ d'après le 6° du lemme 4, c'est-à-dire que $\lambda - y$ est inversible, d'où contradiction. Aussi $\Delta(Sp\ x, Sp\ y) \le 2\gamma(1+\sqrt{2})\,|x-y|$. Si l'involution est isométrique, d'après le 6° du lemme 4 on a $|x-y| \le 2\gamma(1+\sqrt{2})\,||x-y||$. Sinon on raisonne dans $A/Rad\ A$ où l'involution est continue, donc il existe $k \ge 1$ tel que $|||\dot{x}^*||| \le |||\dot{x}|||$, dans

ces conditions:
$\Delta(\mathrm{Sp}\ x,\mathrm{Sp}\ y) = \Delta(\mathrm{Sp}\ \dot{x},\mathrm{Sp}\ \dot{y}) \leq 4\gamma^2(1+\sqrt{2})^2(1+k)\,|||\dot{x}-\dot{y}||| \leq 4\gamma^2(1+\sqrt{2})^2(1+k)\,||x-y||$.
Si A n'a pas d'unité on la remplace par $\tilde{A}$ et on utilise le lemme 2 avec $\gamma' = \mathrm{Max}(1,9c)$. □

Après tous ces résultats il est naturel de se demander quelles sont les algèbres de Banach involutives pour lesquelles ρ est sous-multiplicatif sur l'ensemble des éléments normaux. Cette classe est évidemment plus vaste que celle des algèbres symétriques, puisqu'elle contient $\mathbb{C}^2$ muni de l'involution $(\lambda,\mu)^* = (\bar{\mu},\bar{\lambda})$, qui n'est pas symétrique. Elle contient aussi les algèbres de la forme $A\times B$, où A est symétrique et B commutative, avec l'involution $(a,b)^* = (a^*,b^*)$. Malheureusement ces exemples sont un peu trop simples; il serait intéressant d'en trouver de plus élaborés, non du type c) comme il est défini au § 2, qui ne sont pas "presque symétriques" ou "presque commutatifs". T.W. Palmer nous a suggéré la conjecture suivante, qui nous semble fausse: le rayon spectral est sous-multiplicatif sur l'ensemble des éléments normaux si et seulement si il existe un idéal bilatère, fermé, involutif I , tel qu'il soit symétrique en tant qu'algèbre et que A/I soit commutative. Dans le cas où $c = 1$, le seul résultat structurel que nous avons pu obtenir est le suivant:

THEOREME 5. *Soit A une algèbre de Banach involutive, avec unité, telle que $\rho(xy) \leq \rho(x)\rho(y)$, pour x,y normaux. Alors il existe une sous-algèbre B fermée et involutive, telle que pour h hermitien, $\mathrm{Sp}\ h$ réel équivaut à $h \in B$. En particulier B est la plus grande sous-algèbre symétrique de A et c'est en plus est un idéal de Lie de A .*

Démonstration.- a) Posons $\gamma(x) = \frac{1}{2}(\mathrm{Log}\ \rho(e^{ix}) + \mathrm{Log}\ \rho(e^{-ix})) \geq 0$. Comme $\rho(e^{ix}) \leq e^{\rho(x)}$ et $\rho(e^{-ix}) \leq e^{\rho(x)}$ on a $\gamma(x) \leq \rho(x)$. Pour p,q entiers positifs on a $\rho(e^{\pm ipx/q}) = \rho(e^{\pm ix})^{p/q}$ donc par continuité de ρ sur la sous-algèbre fermée engendrée par x on obtient $\gamma(\lambda x) = \lambda\ \gamma(x)$, pour λ réel positif. Comme $\gamma(x) = \gamma(-x)$, on a $\gamma(\lambda x) = |\lambda|\gamma(x)$ si $\lambda \in \mathbb{R}$. Soient a,b normaux, montrons que $\gamma(a+b) \leq \gamma(a) + \gamma(b)$. D'après le lemme 2.1.4, il existe une suite (λ_n) de réels strictement positifs tendant vers 0 tels que:

$$\rho(e^{i(a+b)}) = \lim \rho(e^{i\lambda_n a} \cdot e^{i\lambda_n b})^{1/\lambda_n}$$

mais les $e^{i\lambda_n a}$ et $e^{i\lambda_n b}$ sont normaux donc,

$$\mathrm{Log}\ \rho(e^{i(a+b)}) \leq \overline{\lim_{n\to\infty}}\ (\mathrm{Log}\ \rho(e^{i\lambda_n a})^{1/\lambda_n} + \mathrm{Log}\ \rho(e^{i\lambda_n b})^{1/\lambda_n}) ,$$

d'après la sous-multiplicativité. Par un raisonnement identique avec $\rho(e^{-i(a+b)})$ on obtient $\gamma(a+b) \leq \gamma(a) + \gamma(b)$. Si $H(A)$ dénote l'ensemble des éléments hermitiens dont le spectre est réel il est clair que $h \in H(A)$ équivaut à $h \in H$ et

$\gamma(h) = 0$. Aussi $H(A)$ est un sous-espace vectoriel réel de A . Posons $B = H(A) + i\,H(A)$, il est facile de voir que c'est un sous-espace vectoriel complexe de A .

b) B est fermé dans A . Soit $x_n = h_n + i\,k_n \in B$ tendant vers $x + iy$, où $x,y \in H$. L'involution est continue dans $A/\mathrm{Rad}\,A$ donc $(\dot{h}_n)$ tend vers $\dot{x}$ et $(\dot{k}_n)$ tend vers $\dot{y}$, ainsi, d'après le fait que $\dot{H}$ est fermé et que la fonction spectre est continue sur $\dot{H}$, on obtient que $x = h + u$, $y = k + v$, où $h,k \in H(A)$ et $u,v \in \mathrm{Rad}\,A$. Mais alors $x + iy = h_1 + ik_1$, où $h_1 = h + \frac{u+u^*}{2} - \frac{v-v^*}{2i}$ et $k_1 = k + \frac{u-u^*}{2i} + \frac{v+v^*}{2}$, donc h_1 , $k_1 \in H(A)$, soit $x + iy \in B$.

c) Il est clair que $h \in H(A)$ implique $h^2 \in H(A)$, donc $h,k \in H(A)$ implique $hk + kh \in H(A)$ car $hk + kh = \frac{(h+k)^2-(h-k)^2}{2}$.

d) Montrons maintenant que $h,k \in H(A)$ implique $i(hk-kh) \in H(A)$. Dans $A/\mathrm{Rad}\,A$, $e^{\pm i\dot{h}}$ et $e^{\pm i\dot{k}}$ sont unitaires et l'on a $\rho(e^{ih}) = \rho(e^{-ih}) = \rho(e^{ik}) = \rho(e^{-ik}) = 1$. Ainsi $e^{i\dot{h}}e^{i\dot{k}}$ et $e^{-i\dot{h}}e^{-i\dot{k}}$ sont unitaires, donc d'après la sous-multiplicativité et le lemme 1.1.2 , $\rho(e^{ih}e^{ik}e^{-ih}e^{-ik}) \le \rho(e^{ih}e^{ik})\rho(e^{-ih}e^{-ik}) \le 1$. De même en raisonnant avec l'inverse on obtient $\rho(e^{ik}e^{ih}e^{-ik}e^{-ih}) \le 1$, soit $\rho(e^{ih}e^{ik}e^{-ih}e^{-ik}) = 1$. Remplaçons h et k par λh et λk , où $\lambda > 0$ et développons les exponentielles, cela donne:

$$\rho(1-\lambda^2(kh-hk)-\lambda^3 x) = 1$$

où x dénote le reste de l'expression. Posons $x = a + ib$, avec $a,b \in H$ et $i(hk-kh) = u \in H$ alors $\rho(1 + i(\lambda^2 u+\lambda^3 b) + \lambda^3 a) = 1$. Mais $1 + i(\lambda^2 u+\lambda^3 b)$ et $\lambda^3 a$ sont normaux, donc, d'après le lemme 3 on a:

$$1 \le \rho(1+i(\lambda^2 u+\lambda^3 b)) + |\lambda|^3\rho(a)$$

en appliquant à nouveau ce lemme avec $1 + i\lambda^2 u$ et $\lambda^3 b$ on obtient:

$$1 \le \rho(1+i\lambda^2 u) + |\lambda|^3\rho(a) + |\lambda|^3\rho(b) \le \rho(1+i\lambda^2 u) + |\lambda|^3(||x||+||x^*||)$$

De l'autre côté, comme $1 + i(\lambda^2\dot{u}+\lambda^3\dot{b}) + \lambda^3\dot{a}$ et $-\lambda^3\dot{a}$ sont normaux on obtient $\rho(1+i(\lambda^2 u+\lambda^3 b)) \le 1 + |\lambda|^3\rho(a)$, d'où à nouveau puisque $1 + i(\lambda^2 u+\lambda^3 b)$ et $-\lambda^3 b$ sont normaux:

$$\rho(1+i\lambda^2 u) \le 1 + |\lambda|^3\rho(a) + |\lambda|^3\rho(b) \le 1 + |\lambda|^3(||x||+||x^*||)$$

En interchangeant h et k et en prenant μ réel on obtient donc:

$$\rho(1+i\mu u) = 1 + O(|\mu|^{3/2}) \text{ , quand } \mu \text{ tend vers } 0 .$$

D'après le théorème 4.2.1, cela implique que $\mathrm{Sp}\,u$ est réel.

e) B est une algèbre. Si $u = h + ik$, $v = p+iq$ avec $h,k,p,q \in H(A)$ alors:

$uv+v^*u^* = (hp+ph) - (kq+qk) + i(kp-pk) + i(hq-qh) \in H(A)$

$i(uv-v^*u^*) = i(hp-ph) - i(kq-qk) - (kp+pk) - (hq+qh) \in H(A)$ et

$uv = \frac{uv+v^*u^*}{2} + i\,\frac{uv-v^*u^*}{2i} \in B$.

Quant à l'involution sur B il suffit de prendre $(h+ik)^* = h - ik$ et elle est évidemment symétrique.

f) B est un idéal de Lie de A . Il suffit de prouver que si h,k sont hermitiens, avec $h \in H(A)$, alors $i[h,k] \in H(A)$, autrement dit que $\gamma(i[h,k]) = 0$. Pour λ réel, $e^{\lambda ik} h\, e^{-\lambda ik}$ est dans $H(A)$ donc, comme cet ensemble est stable par addition, on obtient que $\gamma(i[k,h] - \frac{\lambda}{2}[k,[k,h]] + \ldots) = 0$, pour λ réel différent de 0 . Il n'est pas difficile de prouver que le premier membre est sous-harmonique en λ et $\mathbb{R}$ étant non effilé en 0 on obtient $\gamma(i[k,h]) = 0$. □

APPENDICE I : THÉORIE DE LA REPRÉSENTATION

Dans cette liste de résultats, faite pour rapidement rafraîchir la mémoire du lecteur, nous ne démontrons que le théorème de densité de N. Jacobson et le théorème de B.E. Johnson qui sont utilisés de façon constante dans cet ouvrage. Quant aux autres démonstrations, pour la plupart assez simples si l'on excepte celle du théorème de I. Kaplansky, on les lira dans les textes classiques ([45], chapitre 3 et [177], chapitre 2). Au début de l'exposé on supposera que l'algèbre A est complexe, avec unité, le cas réel ou le cas sans unité se faisant avec des modifications minimes. Rappelons d'abord quelques définitions.

On appelle *représentation* de A sur un espace vectoriel X un morphisme d'algèbre de A dans l'algèbre des opérateurs linéaires de X . Cette représentation est dite *irréductible* si les seuls sous-espaces vectoriels invariants par cette représentation Π sont $\{0\}$ et X (autrement dit $\Pi(x)F \subset F$, pour tout x de A , implique $F = \{0\}$ ou $F = X$) . Cette représentation est dite *bornée* si X est un espace de Banach et si $\Pi(x)$ est dans l'algèbre des opérateurs bornés sur X , quel que soit x dans A . Elle est dite *continue* si en plus il existe $k > 0$ tel que $||\Pi(x)|| \leq k||x||$, quel que soit x dans A .

Un idéal à gauche I de A est toujours supposé différent de A , auquel cas, d'après le théorème de Krull, tout idéal à gauche est contenu dans un idéal à gauche maximal, qui est nécessairement fermé. Si L est un idéal à gauche maximal la représentation régulière à gauche Π sur l'espace de Banach $X = A/L$, définie par $\Pi(x)\bar{a} = \overline{ax}$ est continue et son noyau est le *transporteur* $(L:A) = \{ x \mid xA \subset L \}$ qui est un idéal bilatère fermé de A , de plus elle est irréductible puisque L est maximal. C'est pourquoi on est amené à définir un *idéal primitif* comme étant le transporteur d'un idéal à gauche maximal. Avec ces définitions on obtient l'important résultat qui suit.

THEOREME 1. *Soit* A *une algèbre de Banach complexe, avec unité.*

-1° *Un idéal de* A *est primitif si et seulement si c'est le noyau d'une représentation irréductible de* A .

-2° *Tout idéal bilatère maximal est primitif.*

-3° *Tout idéal bilatère est contenu dans un idéal primitif.*

-4° *Quel que soit* x *dans* A *on a* $Sp\ x$ *qui est réunion des* $Sp\ \Pi(x)$, *pour toutes les représentations irréductibles continues de* A .

Le 1° dit en fait que pour toute représentation irréductible il existe une représentation irréductible continue ayant le même noyau. Dans le cas des algèbres commutatives on voit sans difficultés qu'un idéal est primitif si et seulement si il est maximal, ce qui revient à dire que toute représentation irréductible est de dimension un, donc un caractère de A dans $\mathbb{C}$. Dans ce cas la théorie de la représentation marche de façon merveilleuse, c'est la *théorie de Gelfand.*

Le *radical de Jacobson* de A est par définition l'intersection des idéaux primitifs de A , on le note Rad A . Une algèbre est dite *sans radical* si Rad A = {0} , le plus bel exemple d'algèbre sans radical est A/Rad A .

THEOREME 2. *Soit* A *une algèbre de Banach complexe, avec unité.*

-1° *Le radical de* A *est l'intersection des noyaux des représentations irréductibles de* A .

-2° *Le radical de* A *est l'intersection des noyaux des représentations irréductibles continues de* A .

-3° *Le radical de* A *est l'intersection des idéaux maximaux à gauche de* A .

-4° *Le radical de* A *est l'intersection des idéaux maximaux à droite de* A .

-5° *Le radical de* A *est l'ensemble des* x *tels que* $1-xy$ *soit inversible, pour tout* y *de* A .

-6° *Le radical de* A *est l'ensemble des* x *tels que* $1-yx$ *soit inversible, pour tout* y *de* A .

-7° *Le radical de* A *est l'ensemble des* x *tels que* $\rho(xy) = 0$, *pour tout* y *de* A .

Dans le cas commutatif Rad A est égal à l'ensemble des éléments quasi-nilpotents, mais dans le cas non commutatif il y a, en général, seulement inclusion. Dans le cas des algèbres involutives il n'est pas évident d'après la définition que x dans Rad A implique x* dans Rad A , mais cela résulte des propriétés 5° et 6°.

LEMME 1 (Schur). *Si* Π *est une représentation irréductible d'une algèbre de Banach complexe* A *sur l'espace vectoriel complexe* X *de dimension supérieure ou égale à un, alors le commutateur de* $\Pi(A)$, *c'est-à-dire l'ensemble des opérateurs linéaires* T *sur* X *tels que* $T\Pi(x) = \Pi(x)T$, *pour tout* x *de* A , *est égal à* $\mathbb{C}.Id$.

Sommaire de démonstration.- On commence par montrer qu'il existe une norme $|\ |$ sur X qui en fait un espace de Banach et qui rend Π bornée (voir [167], théorème 2.2.6, page 52). Si $T \in \mathcal{L}(X)$, avec $T \neq 0$ et T commutant avec $\Pi(A)$, on a $T\Pi(a)(X) = \Pi(a)T(X) \subset T(X)$, donc $T(X)$ invariant, mais $T(X) \neq \{0\}$, donc $T(X) = X$. Si N est l'ensemble des $\xi \in X$ tels que $T\xi = 0$ on montre de même que N est invariant, mais le cas $N = X$ est impossible donc $N = \{0\}$, qui avec ce qui précède montre que T^{-1} existe, donc que le commutant de $\Pi(A)$ est un corps. On applique alors le théorème de Gelfand-Mazur. □

Si A est une algèbre de Banach réelle on obtient que le commutateur de $\Pi(A)$ est une algèbre de Banach réelle qui est aussi un corps. Donc d'après le théorème de Frobenius (voir [177], p.40) ce commutateur est isomorphe à $\mathbb{R}$, $\mathbb{C}$ ou $\mathbb{K}$.

Donnons quelques petits lemmes préliminaires au théorème de N. Jacobson.

LEMME 2. *Si* Π *est une représentation irréductible de l'algèbre de Banach complexe* A *sur l'espace vectoriel complexe* X *et si* ξ_1 , ξ_2 *sont linéairement indépendants dans* X , *il existe* a *dans* A *tel que* $\Pi(a)\xi_1 = 0$ *et* $\Pi(a)\xi_2 \neq 0$.

Démonstration.- Supposons que $\Pi(x)\xi_1 = 0$ implique $\Pi(x)\xi_2 = 0$. Comme le sous-espace des $\Pi(a)\xi_1$, pour a dans A , est invariant par Π et est différent de $\{0\}$, puisqu'il contient ξ_1 , il est égal à X . Donc quel que soit ξ dans X il existe b dans A tel que $\Pi(b)\xi_1 = \xi$. Remarquons que si $\Pi(b)\xi_1 = \Pi(b')\xi_1$, alors d'après l'hypothèse on a $\Pi(b)\xi_2 = \Pi(b')\xi_2$. On peut donc parfaitement définir l'opérateur linéaire D de X par $D\xi = \Pi(b)\xi_2$. Quel que soit a dans A on a $\Pi(a)D\xi = \Pi(a)\Pi(b)\xi_2$ et comme en plus $\Pi(a)\Pi(b)\xi_1 = \Pi(ab)\xi_1 = \Pi(a)\xi$, on a d'après la définition de D , $D(\Pi(a)\xi) = \Pi(ab)\xi_2 = \Pi(a)\Pi(b)\xi_2$, donc $\Pi(a)D = D\Pi(a)$. D'après le lemme de Schur, il existe λ dans $\mathbb{C}$ tel que $D = \lambda Id$, auquel cas $D(\Pi(a)\xi_1) = \lambda\Pi(a)\xi_1 = \Pi(a)\xi_2$, c'est-à-dire $\Pi(a)(\lambda\xi_1 - \xi_2) = 0$, quel que soit a dans A . En prenant $a = 1$ on obtient $\lambda\xi_1 = \xi_2$, ce qui est absurde. □

LEMME 3. *Si* Π *est une représentation irréductible de l'algèbre de Banach complexe* A *sur l'espace vectoriel complexe* X *et si* ξ_1 , $\xi_2,\dots,\xi_n$ *sont des vecteurs linéairement indépendants dans* X , *il existe* a *dans* A *tel que* $\Pi(a)\xi_i = 0$, *pour* $1 \leq i \leq n-1$ *et* $\Pi(a)\xi_n \neq 0$.

Démonstration.- Elle se fait par récurrence sur n , la propriété étant vraie pour $n = 2$. Supposons $n > 2$ et que la propriété est vraie pour $n - 1$ vecteurs indépendants. Alors il existe a_1 dans A tel que $\Pi(a_1)\xi_i = 0$, pour $1 \leq i \leq n-2$, et $\Pi(a_1)\xi_n \neq 0$. Si $\Pi(a_1)\xi_{n-1} = 0$ c'est terminé. Si les vecteurs $\Pi(a_1)\xi_{n-1}$ et $\Pi(a_1)\xi_n$ sont indépendants, d'après le lemme 2, il existe a_2 tel que $\Pi(a_2)\Pi(a_1)\xi_{n-1} = 0$ et $\Pi(a_2)\Pi(a_1)\xi_n \neq 0$, on prend alors $a = a_2a_1$. Supposons maintenant que $\lambda\Pi(a_1)\xi_{n-1} = \Pi(a_1)\xi_n$. Les vecteurs $\xi_1,\dots,\xi_{n-2}$, $\lambda\xi_{n-1} - \xi_n$ sont indépendants, donc il existe a_3 dans A tel que $\Pi(a_3)\xi_i = 0$, pour $1 \leq i \leq n - 2$, et $\Pi(a_3)(\lambda\xi_{n-1} - \xi_n) \neq 0$. Si $\Pi(a_3)\xi_{n-1}$ est nul, c'est terminé. Supposons donc ce vecteur non nul. Si $\Pi(a_3)\xi_{n-1}$ et $\Pi(a_3)\xi_n$ sont indépendants, il existe a_4 dans A tel que $\Pi(a_4)\Pi(a_3)\xi_{n-1} = 0$ et $\Pi(a_4)\Pi(a_3)\xi_n \neq 0$, on prend alors $a = a_4a_3$. Donc il existe μ tel que $\mu\Pi(a_3)\xi_{n-1} = \Pi(a_3)\xi_n$, ce qui, avec l'hypothèse $\lambda\Pi(a_3)\xi_{n-1} \neq \Pi(a_3)\xi_n$, implique $\lambda \neq \mu$. Mais $\Pi(a_3)\xi_{n-1}$ étant différent de 0 , il existe a_5 dans A tel que $\Pi(a_5)\Pi(a_3)\xi_{n-1} = \Pi(a_1)\xi_{n-1}$. Posons $a = a_1 - a_5a_3$, alors $\Pi(a)\xi_i = 0$, pour $1 \leq i \leq n - 1$ et $\Pi(a)\xi_n = \Pi(a_1)\xi_n - \Pi(a_5)\Pi(a_3)\xi_n = \lambda\Pi(a_1)\xi_{n-1} - \mu\Pi(a_5a_3)\xi_{n-1} = (\lambda - \mu)\Pi(a_1)\xi_{n-1} \neq 0$. □

THEOREME 3 (de densité de Jacobson). *Soit* Π *une représentation irréductible de l'algèbre de Banach complexe* A *sur un espace vectoriel complexe* X . *Si* $\xi_1,\dots,\xi_n$ *sont linéairement indépendants dans* X *et si* $\eta_1,\dots,\eta_n$ *appartiennent à* X , *il existe* a *dans* A *tel que* $\Pi(a)\xi_i = \eta_i$, *pour* $i = 1,\dots,n$.

Démonstration.- D'après le lemme 3 il existe b_k dans A tel que $\Pi(b_k)\xi_i = 0$, si $i \neq k$ et $\Pi(b_k)\xi_k \neq 0$. Mais alors il existe c_k dans A tel que $\Pi(c_k)\Pi(b_k)\xi_k = \eta_k$, on prend alors $a = c_1b_1 +\dots+ c_nb_n$. □

COROLLAIRE 1 (Sinclair [190], p. 36). *Supposons* A *avec unité, si en plus* $\eta_1,\dots,\eta_n$ *sont linéairement indépendants il existe* a *inversible dans* A *tel que* $\Pi(a)\xi_i = \eta_i$, *pour* $i = 1,\dots,n$.

Démonstration.- Soit F le sous-espace vectoriel de dimension finie de X engendré par $\xi_1,\dots,\xi_n$, $\eta_1,\dots,\eta_n$. D'après l'hypothèse il existe une application linéaire inversible de F dans F telle que $T\xi_i = \eta_i$, pour $i = 1,\dots,n$. En appliquant le calcul fonctionnel holomorphe à F dans l'algèbre $\mathcal{L}(F)$ et à une branche du logarithme qui est holomorphe sur Sp T on obtient que $T = e^R$, où R est un opérateur linéaire de T dans T . D'après le théorème 3 il existe b dans A tel que $\Pi(b)\xi_i = R\xi_i$, pour $i = 1,\dots,n$ donc $\Pi(e^b)\xi_i = e^R\xi_i = T\xi_i = \eta_i$, pour $i = 1,\dots,n$ et e^b est inversible. □

Dans le cas des algèbres de Banach réelles pour obtenir le théorème 3 il faut modifier légèrement l'hypothèse en supposant que $\xi_1,\dots,\xi_n$ sont linéairement indépendants sur le commutateur de $\Pi(A)$, ce qui est beaucoup plus fort que linéairement indépendants sur les réels (voir [103], p. 41). Le corollaire 1 n'a malheureusement plus d'analogue, mais il nous suffit d'avoir le résultat suivant:

COROLLAIRE 2 ([27]). *Soient* A *une algèbre de Banach réelle avec unité et* Π *une représentation irréductible de* A *sur l'espace vectoriel réel* X . *Supposons que* $\xi_1,\ldots,\xi_n$ *soient linéairement indépendants sur le commutateur de* $\Pi(A)$ *et qu'il existe une application linéaire inversible* T *du sous-espace vectoriel réel* Y *engendré par* $\xi_1,\ldots,\xi_n$, *dans lui-même, telle que* $T^2\xi_i = \eta_i$, *pour* $i = 1,\ldots,n$ *alors il existe* a *inversible dans* A *tel que* $\Pi(a)\xi_i = \eta_i$, *pour* $i = 1,\ldots,n$.

Démonstration.- En raisonnant dans l'algèbre complexifiée de l'algèbre réelle $\mathcal{L}(Y)$ on obtient que $T = e^{R+iS}$, où R,S commutent et sont dans $\mathcal{L}(Y)$, donc en prenant le symétrique, $T = e^{R-iS}$, d'où $T^2 = e^{2R}$ et on termine comme plus haut. □

Dans le cas des algèbres de Banach commutatives et sans radical, il est bien connu que toute autre norme $\|\ \|_1$, d'algèbre de Banach, est équivalente à la norme $\|\ \|$. La démonstration est extrêmement simple à l'aide du théorème du graphe fermé. En effet il suffit de montrer que s'il existe a dans A et une suite (a_n) d'éléments de A telle que $\|a_n\|$ tende vers 0 et $\|a - a_n\|_1$ tende vers 0 , alors $a = 0$. Cela résulte de façon évidente de la sous-additivité du rayon spectral car on a:

$$\rho(a) \le \rho(a_n) + \rho(a - a_n) \le \|a_n\| + \|a - a_n\|_1 .$$

J.D. Newburgh [150] a pu étendre ce résultat au cas des algèbres de Banach où le rayon spectral est continu. Mais c'est seulement en 1967 que B.E. Johnson [119] a pu démontrer le même résultat pour toutes les algèbres de Banach sans radical.

LEMME 4. *Si* F *et* G *sont deux sous-espaces vectoriels fermés d'un espace de Banach* E *tels que* $E = F + G$ *alors il existe* $c > 0$ *tel que pour* $x = f + g$, *avec* f *dans* F *et* g *dans* G , *on ait* $\|f\| \le c\|x\|$.

Démonstration.- L'application $(f,g) \to f + g$ est une application linéaire continue de $F \times G$ sur E , donc ouverte, autrement dit il existe $r > 0$ tel que $\|x\| < r$ implique $x = f + g$, avec f dans F et g dans G et $\|f\|,\|g\| \le 1$. Il suffit de prendre $c = 1/r$. □

THEOREME 4. *Si* Π *est une représentation irréductible bornée de l'algèbre de Banach* A *alors elle est continue.*

Démonstration.- Soit $P = \mathrm{Ker}\,\Pi$, c'est un idéal primitif, donc bilatère et fermé, alors $B = A/P$ est une algèbre de Banach où on peut définir l'application σ par $\sigma(\bar{a}) = \Pi(a)$, où $\bar{a}$ est la classe de a dans B . On vérifie assez facilement que σ est une représentation irréductible bornée de B , telle que $\mathrm{Ker}\,\sigma = \{0\}$. La continuité de σ entraîne celle de Π car si $\|\sigma(\bar{a})\| \le \alpha|||\bar{a}|||$, où $|||\ |||$ désigne la norme dans B , alors on a $\|\Pi(a)\| \le \alpha\|a\|$. On peut donc supposer dans la suite que $\mathrm{Ker}\,\Pi = \{0\}$. Pour ξ dans X soit $\tau(\xi)$ l'application linéaire de A dans X définie par $\tau(\xi)a = \Pi(a)\xi$, dénotons par Y le sous-espace vectoriel de X des ξ pour lesquels $\tau(\xi)$ est borné de A dans X . Si

$\eta \in Y$ et $b \in A$ alors $\tau(\Pi(b)\eta)a = \Pi(a)\Pi(b)\eta = \tau(\eta)(ab)$, d'où il résulte que $\tau(\Pi(b)\eta)$ est borné puisque $\tau(\eta)$ l'est, ce qui veut dire que Y est invariant par Π , donc que $Y = \{0\}$ ou $Y = X$. Si $Y = X$ alors, d'après le théorème de Banach-Steinhaus, Π est continue. Supposons donc que $Y = \{0\}$. Si X est de dimension finie alors $\mathcal{L}(X)$ est aussi de dimension finie et comme Π est injective alors A est de dimension finie, auquel cas Π est évidemment continue. Supposons donc que X contient une suite infinie (ξ_n) de vecteurs indépendants, tels que $||\xi_n|| = 1$. Posons $J_n = \{x | \Pi(x)\xi_n = 0\}$, c'est un idéal maximal à gauche, donc fermé, car si $J_n \subset J$, avec $J_n \neq J$, alors on a $\Pi(J)\xi_n$ invariant par Π et différent de $\{0\}$, donc égal à X , auquel cas il existe j dans J tel que $\Pi(j)\xi_n = \xi_n$ et alors $xj - x \in J_n \subset J$, pour tout x de A , ce qui exige $J = A$. D'après le théorème de densité de Jacobson il existe b dans A tel que $\Pi(b)\xi_i = 0$, pour $1 \leq i \leq m - 1$, et $\Pi(b)\xi_m = \xi_m \neq 0$, donc $b \in J_1 \cap \ldots \cap J_{m-1}$, avec $b \notin J_m$, auquel cas, d'après la maximalité de J_m , on a $A = (J_1 \cap \ldots \cap J_{m-1}) + J_m$. Comme Y est égal à $\{0\}$, $\tau(\xi_m)$ est non borné, donc il exsite x_0 dans A tel que $||x_0|| < \varepsilon/c$ et $||\Pi(x_0)\xi_m|| \geq C$, où ε et C sont positifs et donnés et c est comme dans lelemme 4. D'après ce lemme il existe $x \in J_1 \cap \ldots \cap J_{n-1}$, tel que $x_0 - x \in J_m$ et $||x|| \leq c||x_0|| < \varepsilon$. Ainsi, dans A , on peut construire par récurrence une suite (x_n) telle que $||x_n|| < 1/2^n$, x_n soit dans $J_1 \cap \ldots \cap J_{n-1}$, et $||\Pi(x_n)\xi_n|| \geq n + ||\Pi(x_1)\xi_n + \ldots + \Pi(x_{n-1})\xi_n||$. Posons $z_k = x_{k+1} + \ldots$, comme $x_n \in J_k$ pour $n > k$ et que J_k est fermé, on a $z_k \in J_k$, c'est-à-dire que $\Pi(z_k)\xi_k = 0$ et $z_0 = x_1 + \ldots + x_k + z_k$. Donc on a:

$$||\Pi(z_0)\xi_k|| = ||\Pi(x_1)\xi_k + \ldots + \Pi(x_k)\xi_k + \Pi(z_k)\xi_k||$$

$$\geq ||\Pi(x_k)\xi_k|| - ||\Pi(x_1)\xi_k + \ldots + \Pi(x_{k-1})\xi_k|| \geq k .$$

Mais cela contredit le fait que $\Pi(z_0)$ est un opérateur borné sur X . □

THEOREME 5 (Johnson). *Soit* A *une algèbre de Banach sans radical pour la norme* $||\ \ ||$ *et* $||\ \ ||'$ *une deuxième norme d'algèbre de Banach sur* A *, alors ces deux normes sont équivalentes.*

Démonstration.- Soit I un idéal maximal à gauche, dénotons par $|||\ \ |||$ et $|||\ \ |||'$ les normes induites sur A/I et par Π la représentation régulière à gauche, irréductible, de A muni de $||\ \ ||$ sur A/I muni de $|||\ \ |||'$. Cette représentation est bornée car:

$$|||\Pi(a)\bar{x}|||' = |||\bar{ax}|||' \leq |||\bar{a}|||'.|||\bar{x}|||' \leq ||a||'.|||\bar{x}|||' .$$

D'après le théorème précédent, elle est continue, donc il existe $k > 0$ tel que $|||\Pi(a)\bar{x}|||' \leq k.||a||.|||\bar{x}|||'$. Comme $\bar{a} = \Pi(a)\bar{1}$ on obtient que $|||\bar{a}|||' \leq k.||a||.|||\bar{1}|||'$, quel que soit a dans A donc $|||\bar{a}|||' \leq k.|||\bar{a}|||.|||\bar{1}|||$

En échangeant le rôle des deux normes on voit qu'elles sont équivalentes sur A/I

Pour montrer qu'elles sont équivalentes sur A il suffit, d'après le théorème du graphe fermé, de montrer que si $||a_n||$ et $||a - a_n||$ tendent vers 0 , avec a et a_n dans A , alors a = 0 . Avec ces hypothèses $|||\bar{a}_n|||$ et $|||\bar{a} - \bar{a}_n|||$ tendent vers 0 , donc d'après ce qui précède on a $\bar{a} = 0$, c'est-à-dire $a \in I$, quel que soit l'idéal maximal à gauche I , ainsi $a \in$ Rad A , d'où a = 0 . □

Nous admettrons la démonstration purement algèbrique du remarquable résultat qui suit ([134], p. 41):

THEOREME 6 (Kaplansky). *Soit* T *une application linéaire d'un espace vectoriel réel* X *. Supposons qu'il existe un entier* m *tel que pour tout* ξ de X les vecteurs ξ , $T\xi,\dots,T^m\xi$ *soient linéairement dépendants, alors* T *est algèbrique sur* $\mathbb{R}$.

Ce théorème nous sera utile dans le chapitre 3 pour caractériser les algèbres de Banach réelles commutatives.

Si X est un espace de Banach complexe alors T est algébrique sur $\mathbb{C}$ et son degré est majoré par mp où p est le nombre de points du spectre de T relativement à $\mathcal{L}(X)$. En effet si E désigne le sous-espace vectoriel de dimension $\leq m$ engendré par $\xi ,\dots, T^{m-1}\xi$, il est clair que E est invariant par T , dénotons par S sa restriction à E , on a $Sp_{\mathcal{L}(E)}\, S \subset Sp\, T$ car toute valeur propre de S est une valeur spectrale pour T , ainsi, d'après le théorème de Cayley-Hamilton appliqué à $\mathcal{L}(E)$, on a $(S-\alpha_1)^m \dots (S-\alpha_p)^m = 0$, où $\alpha_1,\dots, \alpha_p$ désignent les valeurs spectrales de T , autrement dit, quel que soit ξ de X on a $((T-\alpha_1)\dots(T-\alpha_p))^m\xi = 0$, d'où le résultat. Nous utiliserons cette remarque à la fin du chapitre 3, § 4.

APPENDICE II : FONCTIONS SOUS-HARMONIQUES ET CAPACITÉ

Les résultats les plus importants sur les fonctions sous-harmoniques sont dispersés dans la plupart des textes de référence sur la théorie du potentiel classique et sur les fonctions analytiques [50,102,157,210,215]. Bien souvent, malgré leur étonnante beauté, ils sont mal connus, sinon méconnus. C'est pourquoi nous donnons toutes les propriétés qui nous serons utiles, renvoyant le lecteur aux références citées pour de plus amples informations.

Soit D un domaine de $\mathbb{C}$, une fonction ϕ de D dans $\mathbb{R} \cup \{-\infty\}$ est dite *sous-harmonique* sur D si :

a) ϕ est semi-continue supérieurement, ce qui revient à dire que quel que soit λ_0 dans D on a $\overline{\lim}\ \phi(\lambda) \leq \phi(\lambda_0)$, quand $\lambda \to \lambda_0$, avec $\lambda \neq \lambda_0$.

b) ϕ vérifie l'inégalité de la moyenne, c'est-à-dire que pour tout λ_0 de D et tout $r > 0$ tel que $\overline{B}(\lambda_0,r) \subset D$, on a $\phi(\lambda_0) \leq (1/2\pi)\int_0^{2\pi}\phi(\lambda_0+re^{i\theta})d\theta$.

Une fonction ϕ de D dans $\mathbb{R}$ est dite *harmonique* si elle est continue et si elle vérifie la propriété de moyenne, autrement dit si ϕ et $-\phi$ sont sous-harmoniques. Cela équivaut à la définition classique par $\Delta\phi = 0$.

THEOREME 1.

-1° *Si* ϕ_1 *et* ϕ_2 *sont sous-harmoniques alors* $\phi_1 + \phi_2$ *est sous-harmonique.*

-2° *Si* ϕ *est sous-harmonique et si* $\lambda \geq 0$ *alors* $\lambda.\phi$ *est sous-harmonique.*

-3° *Si* (ϕ_n) *est une suite décroissante de fonctions sous-harmoniques alors* $\phi = \lim \phi_n$, *quand* n *tend vers l'infini, est sous-harmonique.*

-4° *Si* ϕ_1 *et* ϕ_2 *sont sous-harmoniques alors* $Sup(\phi_1,\phi_2)$ *est sous-harmonique.*

-5° *Si* ϕ *est sous-harmonique et si* f *est une fonction convexe et croissante de* $\mathbb{R}$ *dans* $\mathbb{R}$ *alors* $f\circ\phi$ *est sous-harmonique.*

-6° *Si* $(\phi_t)_{t\in X}$ *est une famille de fonctions sous-harmoniques, intégrables en* t *pour une mesure positive et finie* μ *sur* X *alors* $\phi(\lambda) = \int \phi_t(\lambda)d\mu(t)$ *est sous-harmonique.*

Démonstration.- Tous ces résultats sont immédiats, sauf 5° qui résulte de l'inégalité de Jensen $f(\int\phi d\mu) \leq \int f\circ\phi\, d\mu$, où μ est une mesure de probabilité. □

Comme exemples de fonctions sous-harmoniques il y a $\mathrm{Log}|f|$ et $|f|^p$ avec $p > 0$, pour f analytique, et tous ceux rencontrés dans les chapitres 1,2 et 3 .

Posons $N(\lambda_0,r,\phi) = (1/2\pi)\int_0^{2\pi}\phi(\lambda_0+re^{i\theta})d\theta$ et $M(\lambda_0,r,\phi) = \mathrm{Max}\ \phi(\lambda)$ pour $\lambda = \lambda_0 + re^{i\theta}$, avec $0 \leq \theta \leq 2\pi$.

THEOREME 2 (Principe du maximum pour les fonctions sous-harmoniques). *Si* ϕ *est une fonction sous-harmonique sur un domaine* D *et si* $\lambda_0 \in D$ *est tel que* $\phi(\lambda) \leq \phi(\lambda_0)$, *pour tout* λ *de* D *, alors* $\phi(\lambda) = \phi(\lambda_0)$ *, pour tout* λ *de* D .

Démonstration.- Si $\phi(\lambda_1) < \phi(\lambda_0)$ avec $\overline{B}(\lambda_0,|\lambda_0-\lambda_1|) \subset D$, soit α tel que l'on ait $\phi(\lambda_1) < \alpha < \phi(\lambda_0)$, alors d'après la semi-continuité supérieure il existe ε strictement positif tel que $\phi(\lambda_0+r_1e^{i\theta}) < \alpha$ si $\theta_1-\varepsilon \leq \theta \leq \theta_1+\varepsilon$, où θ_1 est défini par $\lambda_1 = \lambda_0 + r_1e^{i\theta_1}$. Alors on a donc :

$$\phi(\lambda_0) \leq (1/2\pi)\left(\int_{-\pi}^{\theta_1-\varepsilon}\phi(\lambda_0+r_1e^{i\theta})d\theta + \int_{\theta_1-\varepsilon}^{\theta_1+\varepsilon}\phi(\lambda_0+r_1e^{i\theta})d\theta + \int_{\theta_1+\varepsilon}^{\pi}\phi(\lambda_0+r_1e^{i\theta})d\theta\right)$$

qui donne donc $\phi(\lambda_0) \leq (1/2\pi)((\pi+\theta_1-\varepsilon)\phi(\lambda_0)+2\varepsilon\alpha+(\pi-\theta_1-\varepsilon)\phi(\lambda_0)) < \phi(\lambda_0)$, ce qui est absurde. Si maintenant $\phi(\lambda) < \phi(\lambda_0)$, pour un certain λ de D alors, d'après la connexité, on construit une suite $\lambda_0, \lambda_1,\ldots, \lambda_n$ telle que $\lambda_n = \lambda$ et que $\overline{B}(\lambda_k,|\lambda_k-\lambda_{k+1}|) \subset D$, pour $k = 0,\ldots,n-1$, et on raisonne comme plus haut, d'où absurdité. □

COROLLAIRE 1. *Si* ϕ *est sous-harmonique sur* D *et si* $\lambda_0 \in D$ *alors on a* $\phi(\lambda_0) = \overline{\lim_{\substack{\lambda\to\lambda_0\\ \lambda\neq\lambda_0}}}\ \phi(\lambda) = \lim_{\substack{r\to 0\\ r>0}} (1/2\pi)\int_0^{2\pi}\phi(\lambda_0+re^{i\theta})d\theta$.

Démonstration.- D'après le principe du maximum on a $\phi(\lambda_0) \leq N(\lambda_0,r,\phi) \leq M(\lambda_0,r,\phi)$ donc $\phi(\lambda_0) \leq \underline{\lim}\, N(\lambda_0,r,\phi) \leq \underline{\lim}\, M(\lambda_0,r,\phi)$, quand $r \to 0$, avec $r > 0$ et avec la semi-continuité supérieure on a dans les mêmes conditions $\overline{\lim}\, N(\lambda_0,r,\phi) \leq \overline{\lim}\, M(\lambda_0,r,\phi) \leq \phi(\lambda_0)$, d'où $\phi(\lambda_0) = \lim N(\lambda_0,r,\phi) = \lim M(\lambda_0,r,\phi)$, quand $r \to 0$ avec $r > 0$. Comme pour chaque entier $n \geq 1$ il existe λ_n tel que $|\lambda_0-\lambda_n| = 1/n$ et $\phi(\lambda_n) = M(\lambda_0,1/n,\phi)$ on conclut que $\phi(\lambda_0) \leq \overline{\lim}\, \phi(\lambda)$, quand $\lambda \to \lambda_0$, avec $\lambda \neq \lambda_0$, ce qui, avec l'inégalité inverse, donne le résultat. □

D'après le principe du maximum, si ϕ est sous-harmonique sur D et si f est une fonction analytique sur D alors $\phi - \mathrm{Re}\, f$ est sous-harmonique, en conséquence si $\phi(\lambda) \leq \mathrm{Re}\, f(\lambda)$ sur le bord d'un disque fermé contenu dans D alors la même inégalité a lieu sur tout le disque. Cette propriété caractérise curieusement les fonctions sous-harmoniques.

THEOREME 3. *Soient* D *un domaine de* $\mathbb{C}$ *et* ϕ *une fonction semi-continue supérieurement sur* D *à valeurs dans* $\mathbb{R} \cup \{-\infty\}$ *, alors* ϕ *est sous-harmonique sur* D *si et seulement si pour tout disque fermé contenu dans* D *et tout polynôme* p *,* $\phi(\lambda) \le \mathrm{Re}\, p(\lambda)$ *sur le bord du disque implique la même inégalité sur tout le disque.*

Démonstration.- La condition nécessaire résulte de la remarque précédente. Soit $\bar{B}(\lambda_0,r) \subset D$, montrons que $\phi(\lambda_0) \le (1/2\pi)\int_0^{2\pi} \phi(\lambda_0+re^{i\theta})d\theta$. Soit $p(\theta) = \sum_{k=-n}^{n} a_k e^{ik\theta}$ un polynôme trigonométrique tel que l'on ait $\phi(\lambda_0+re^{i\theta}) \le p(\theta)$, quel que soit θ . En particulier, le polynôme étant réel on a $a_k = a_{-k}$. Définissons $q(\lambda)$ par $a_0 + 2\sum_{k=0}^{n} a_k(\lambda-\lambda_0)^k/r^k$. C'est un polynôme tel que $\phi(\lambda) \le \mathrm{Re}\, q(\lambda)$, pour $|\lambda-\lambda_0| = r$, donc la même inégalité a lieu pour $|\lambda-\lambda_0| \le r$. Aussi en particulier on obtient

$$(*) \qquad \phi(\lambda_0) \le \mathrm{Re}\, q(\lambda_0) = a_0 = (1/2\pi)\int_0^{2\pi} p(\theta)d\theta \; .$$

Si u est une fonction continue sur $[0,2\pi]$ telle que $\phi(\lambda_0+re^{i\theta}) \le u(\theta)$, pour $0 \le \theta \le 2\pi$, alors pour $\varepsilon > 0$ donné, d'après le théorème de Weierstrass, il existe un polynôme trigonométrique p tel que $u(\theta) \le p(\theta) \le u(\theta)+\varepsilon$, pour $0 \le \theta \le 2\pi$, donc la relation $(*)$ est aussi vraie avec p remplacé par u . Par définition de l'intégration des fonctions semi-continues supérieurement, $(*)$ est aussi vraie en remplaçant p par ϕ . □

THEOREME 4 (Théorème des trois cercles de Hadamard). *Si* ϕ *est sous-harmonique sur un domaine* D *alors, pour* $\lambda_0 \in D$ *fixé,* $M(\lambda_0,r,\phi)$ *est une fonction convexe et croissante de* $\mathrm{Log}\, r$ *.*

Démonstration.- On peut supposer que $\lambda_0 = 0$. Comme $M(0,r,\phi) = \mathrm{Max}\, \phi(z)$, pour $|z| \le r$, d'après le principe du maximum il est clair que c'est une fonction croissante de r . Soient $0 < r_1 < r < r_2$ et posons $M_i = M(0,r_i,\phi)$, pour $i = 1,2$. La fonction $h(z) = \frac{\mathrm{Log}|z| - \mathrm{Log}\, r_1}{\mathrm{Log}\, r_2 - \mathrm{Log}\, r_1} M_2 + \frac{\mathrm{Log}\, r_2 - \mathrm{Log}|z|}{\mathrm{Log}\, r_2 - \mathrm{Log}\, r_1} M_1$ est harmonique dans la couronne $\{\lambda |\; r_1 < |\lambda| < r_2\}$ et vaut M_i pour $|\lambda| = r_i$. D'après le principe du maximum appliqué à $\phi-h$, on déduit que $M(0,r,\phi) \le h(r)$, donc si on pose $g(t) = M(0,e^t,\phi)$ alors $g(t) \le g(t_1)\frac{t_2-t}{t_2-t_1} + g(t_2)\frac{t-t_1}{t_2-t_1}$. Comme $\alpha = \frac{t_2-t}{t_2-t_1} \in [0,1]$ et $1-\alpha = \frac{t-t_1}{t_2-t_1} \in [0,1]$, avec $t = \alpha t_1 + (1-\alpha)t_2$, alors on obtient donc $g(\alpha t_1+(1-\alpha)t_2) \le \alpha\, g(t_1) + (1-\alpha)g(t_2)$, d'où le résultat. □

THEOREME 5 (Théorème de Liouville pour les fonctions sous-harmoniques). *Si* ϕ *est une fonction sous-harmonique sur* $\mathbb{C}$ *telle que* $\lim_{r\to\infty} \frac{M(0,r,\phi)}{\mathrm{Log}\, r} = 0$ *, alors* ϕ *est constante.*

Démonstration.- Si ϕ n'est pas identique à $-\infty$, il existe t_0 tel que $g(t_0) > -\infty$. Comme g est convexe et croissante en t , la fonction $t \to \frac{g(t)-g(t_0)}{t-t_0}$ est croissante, donc $0 \leq \frac{g(t)-g(t_0)}{t-t_0} \leq \lim_{\overline{t\to\infty}} \frac{g(t)-g(t_0)}{t-t_0} = \lim_{\overline{t\to\infty}} \frac{g(t)}{t} = 0$. D'où $g(t) = g(t_0)$ pour $t \geq t_0$. Si t_1 est la borne inférieure des t tels que $g(t) > -\infty$, alors, d'après le corollaire 1, $t_1 = -\infty$, ainsi $M(0,0,\phi) = M(0,r,\phi)$, quel que soit $r > 0$, d'où, d'après le principe du maximum, ϕ est constante. □

COROLLAIRE 2. *Si ϕ est une fonction sous-harmonique sur $\mathbb{C}$ qui tend vers 0 à l'infini alors ϕ est identique à 0 .*

De ce résultat on déduit en particulier le théorème de Liouville pour les fonctions entières f en posant $\phi(\lambda) = \text{Log}|f(\lambda)|$. Nous allons donner maintenant une amélioration du théorème de Liouville pour les fonctions entières, dont nous avons besoin au chapitre 1 (voir [51], p.51-52).

THEOREME 6 (Théorème de la partie réelle de Liouville). *Si f est une fonction entière et s'il existe des constantes C,n telles que $\text{Re}\, f(\lambda) \leq C\,|\lambda|^n$, pour $|\lambda|$ assez grand, alors f est un polynôme de degré inférieur ou égal à n .*

Démonstration.- On peut supposer que $f(0) = 0$, soit $f(\lambda) = \sum_{k=1}^{\infty} a_k\lambda^k$ son développement en série entière. Pour $r > 0$ donné on a :

$$\text{Re}\, f(re^{i\theta}) = \sum^{\infty} r^k(\text{Re}\, a_k.\cos k\theta - \text{Im}\, a_k.\sin k\theta) \text{ , donc}$$

$$\int_0^{2\pi} \text{Re}\, f(re^{i\theta})\cos k\theta d\theta = \pi r^k \text{Re}\, a_k \text{ , } \int_0^{2\pi} \text{Re}\, f(re^{i\theta})\sin k\theta d\theta = \pi r^k \text{Im}\, a_k$$

quels que soient $k = 1,2,\ldots$, alors que pour $k = 0$ ces deux intégrales sont nulles. D'après l'hypothèse, on déduit que :

$$\pm\text{Re}\, a_k = \frac{1}{\pi r^k}\int_0^{2\pi} \text{Re}\, f(re^{i\theta})(1\pm\cos k\theta)d\theta \leq 4Cr^{n-k}$$

$$\pm\text{Im}\, a_k = \frac{1}{\pi r^k}\int_0^{2\pi} \text{Re}\, f(re^{i\theta})(1\pm\sin k\theta)d\theta \leq 4Cr^{n-k}$$

En faisant tendre r vers l'infini on voit que $\text{Re}\, a_k = \text{Im}\, a_k = 0$, si $k > n$, d'où le résultat. □

THEOREME 7. *Soient D un domaine de $\mathbb{C}$ et ϕ de classe C^2 sur D , alors ϕ est sous-harmonique sur D si et seulement si $\Delta\phi(\lambda) \geq 0$, quel que soit $\lambda \in D$.*

Démonstration.- Soit $r > 0$ tel que $\overline{B}(\lambda_0,r) \subset D$, prenons $0 < \rho < r$ et $C_\rho = \{\lambda \mid \rho < |\lambda-\lambda_0| < r\}$. La fonction $h(\lambda) = \text{Log}|\lambda-\lambda_0|-\text{Log}\, r$ est sous-harmonique sur $\overline{B}(\lambda_0,r)$ et harmonique sur $\overline{B}(\lambda_0,r)\setminus\{\lambda_0\}$. D'après la formule de Green on a :

$$\int_{\partial C_\rho} (\phi\,\frac{\partial h}{\partial n} - h\,\frac{\partial \phi}{\partial n})\, ds = \iint_{C_\rho} (\phi\Delta h - h\Delta\phi)dxdy$$

ce qui donne

$$\int_0^{2\pi} \phi(\lambda_0+re^{i\theta})\frac{1}{r}.rd\theta - \int_0^{2\pi} \phi(\lambda_0+\rho e^{i\theta})\frac{1}{\rho}.\rho d\theta + \rho(\text{Log}\,\rho - \text{Log}\, r)\int_0^{2\pi}\frac{\partial\phi}{\partial n}d\theta = -\iint_{C_\rho} h\Delta\phi dxdy \text{ .}$$

Ainsi $N(\lambda_0,r,\phi) = N(\lambda_0,\rho,\phi) - \frac{1}{2\pi}\iint_{C_\rho} h\Delta\phi dxdy - \frac{1}{2\pi}\rho(\text{Log}\,\rho - \text{Log}\, r)\int_0^{2\pi}\frac{\partial\phi}{\partial n}d\theta$. Quand

ρ tend vers 0, le dernier terme tend vers 0 et $N(\lambda_0,\rho,\phi)$ tend vers $\phi(\lambda_0)$, d'après le corollaire 1, ainsi :

$$N(\lambda_0,r,\phi) = \phi(\lambda_0) - \frac{1}{2\pi}\iint_{0<|\lambda-\lambda_0|<r} h\Delta\phi dxdy .$$

Si $\Delta\phi(\lambda)\geq 0$, quel que soit λ de D, alors comme h^0 est négative sur $\overline{B}(\lambda_0,r)$ on obtient $N(\lambda_0,r,\phi) \geq \phi(\lambda_0)$. Réciproquement supposons qu'il existe $\lambda_0 \in D$ tel que $\Delta\phi(\lambda_0) < 0$. Alors par continuité de $\Delta\phi$, il existe $r > 0$ tel que $\overline{B}(\lambda_0,r) \subset D$ et $\Delta\phi(\lambda) < 0$ sur ce disque fermé. D'après la formule précédente on a ainsi $N(\lambda_0,r,\phi) < \phi(\lambda_0)$, ce qui prouve que ϕ n'est pas sous-harmonique. □

LEMME 1. *Si ϕ est une fonction sous-harmonique sur un domaine D, non identique à $-\infty$, alors pour tout sous-domaine compact D' de D on a $\iint_{D'} \phi dxdy > -\infty$.*

Démonstration.- Dans le cas contraire il existe $\lambda_0 \in D$ et $r_0 > 0$ tels que l'on ait $\iint_{\overline{B}(\lambda_0,r_0)} \phi dxdy = -\infty$. Mais alors, d'après le théorème de Fubini, on a :

$$-\infty = \frac{1}{2\pi}\iint \phi dxdy = \frac{1}{2\pi}\int_0^{r_0} rdr \int_0^{2\pi} \phi(\lambda_0+re^{i\theta})d\theta \geq r_0^2\ \phi(\lambda_0)/2 ,$$

ce qui donne $\phi(\lambda_0) = -\infty$. Quitte à remplacer $\overline{B}(\lambda_0,r_0)$ par une boule d'un de ses recouvrements, on peut toujours supposer que $\overline{B}(\lambda_0,3r_0) \subset D$, auquel cas $\overline{B}(\lambda_0,r_0) \subset \overline{B}(\xi,2r_0) \subset \overline{B}(\lambda_0,3r_0)$, si $\xi \in \overline{B}(\lambda_0,r_0)$, donc l'intégrale de ϕ sur $\overline{B}(\xi,2r_0)$ vaut $-\infty$, ce qui implique que $\phi(\xi) = -\infty$ sur ce dernier disque. Soit U l'ensemble des λ de D tels que ϕ vaut $-\infty$ dans un voisinage de λ, d'après ce qui précède U est non vide. Comme D est connexe, si $U \neq D$, U admet un point frontière λ_1 relativement à D, alors pour r assez petit $B(\lambda_1,r) \subset D$ et $B(\lambda_1,r)$ contient une boule sur laquelle ϕ vaut $-\infty$, donc, d'après ce qui précède, on a $\lambda_1 \in U$, ce qui est absurde. □

Comme corollaire de ce résultat on déduit que l'ensemble des λ où $\phi(\lambda) = -\infty$ est de mesure planaire nulle, si ϕ n'est pas identique à $-\infty$. Mais dans le théorème 14 nous améliorerons fortement cela.

THEOREME 8. *Si ϕ est une fonction sous-harmonique sur un domaine D, il existe une suite croissante de domaines D_n, dont la réunion est D et une suite décroissante de fonctions ϕ_n, sous-harmoniques sur D_n, qui convergent simplement vers ϕ, avec en plus $\phi_n \in C^\infty(D_n)$.*

Démonstration.- Si ϕ est identique à $-\infty$, on pose $\phi_n(\lambda) = -n$. Supposons donc ϕ non identique à $-\infty$ et posons :

$$\omega(r) = \begin{cases} C\exp(-1/1-r^2) & , \text{ si } 0 \leq r \leq 1 \\ 0 & , \text{ si } r \geq 1 \end{cases}$$

avec C tel que $2\pi\int_0^1 \omega(r)dr = 1$. Nous définissons la suite (ϕ_n) par :

$$\phi_n(\lambda) = 2\pi\int_0^1 N(\lambda,\frac{r}{n},\phi)r\omega(r)dr \ , \text{ si } n = 1,2,\ldots$$

Comme d'après le 6° du théorème 1, les fonctions $N(\lambda,\frac{r}{n},\phi)$ sont sous-harmoniques sur $D_n = \{\lambda|\ d(\lambda,\partial D) > 1/n\}$, toujours d'après le même résultat et le fait que ω est indéfiniment dérivable, on obtient que ϕ_n est sous-harmonique sur D_n et indéfiniment dérivable. Il est évident que D_n est inclus dans D_{n+1} et que D est réunion des D_n . Si $r < r'$, $N(\lambda_0,r,\phi) \leq N(\lambda_0,r',\phi)$, car sur le cercle $\Gamma_{r'} = \partial B(\lambda_0,r')$, ϕ est limite d'une suite décroissante de fonctions continues ϕ_n , donc d'après le principe de Dirichlet il existe une suite de fonctions h_n telles que h_n soit harmonique sur $B(\lambda_0,r')$ et égale à ϕ_n sur $\Gamma_{r'}$, mais d'après le principe du maximum appliqué à $\phi-h_n$ et h_n-h_{n+1} on déduit que $\phi(\lambda) \leq h_{n+1}(\lambda) \leq h_n(\lambda)$, pour $|\lambda-\lambda_0| \leq r'$, donc d'après le théorème de Harnack la suite (h_n) converge vers h , harmonique sur $B(\lambda_0,r')$, semi-continue supérieurement sur $\overline{B}(\lambda_0,r')$ et vérifiant $\phi(\lambda) \leq h(\lambda)$, $h_{|\Gamma_{r'}} = \phi_{|\Gamma_{r'}}$, d'où $N(\lambda_0,r,\phi) \leq N(\lambda_0,r,h) = N(\lambda_0,r',h) = N(\lambda_0,r',\phi)$. Ainsi $\phi_{n+1}(\lambda) \leq \phi_n(\lambda)$, pour $\lambda \in D_n$. Il reste à appliquer le corollaire 1 pour déduire que $\phi(\lambda) = \lim_n \phi_n(\lambda)$. □

THEOREME 9 (Radó). *Pour que* $\phi \geq 0$ *ait son logarithme sous-harmonique sur le domaine* D *, il faut et il suffit que les fonctions* $\lambda \to |e^{\alpha\lambda}|\phi(\lambda)$ *soient sous-harmoniques sur* D *, quel que soit* α *complexe.*

Démonstration.- Si $\text{Log}\,\phi$ est sous-harmonique, comme $\text{Re}(\alpha\lambda)$ est harmonique alors $\text{Log}\,|e^{\alpha\lambda}|\phi(\lambda) = \text{Log}\,\phi(\lambda)+ \text{Re}(\alpha\lambda)$ est sous-harmonique, donc, d'après le 5° du théorème 1 , $|e^{\alpha\lambda}|\phi(\lambda)$ est sous-harmonique. Réciproquement supposons $|e^{\alpha\lambda}|\phi(\lambda)$ sous-harmonique pour tout α complexe. D'après le théorème précédent ϕ est limite de la suite décroissante des ϕ_n . Posons $\psi_n(\lambda) = \phi_n(\lambda)+ \frac{1}{n}$, on a :

$$|e^{\alpha\lambda}|\psi_n(\lambda) = \int_{|z|<1} \phi(\lambda+ \tfrac{z}{n})|e^{\alpha(\lambda+ \frac{z}{n})}|\omega(|z|)e^{-\text{Re}(\alpha z/n)}dxdy + \frac{1}{n}\,|e^{\alpha\lambda}|$$

, donc, d'après le 6° du théorème 1 et l'hypothèse, elle est sous-harmonique. Ainsi, d'après le théorème 7, $\Delta(|e^{\alpha\lambda}|\psi_n(\lambda)) \geq 0$, quel que soit α complexe, c'est-à-dire que l'on a $|e^{\alpha\lambda}|(\Delta\psi_n+ 2b\,\frac{\partial\psi_n}{\partial x} - 2c\,\frac{\partial\psi_n}{\partial y} + (b^2+c^2)\psi_n) \geq 0$, quels que soient b,c avec $\alpha = b + ic$. Comme $\psi_n(\lambda) \geq 1/n$ est positive, on a $\psi_n\Delta\psi_n - (\frac{\partial\psi_n}{\partial x})^2 - (\frac{\partial\psi_n}{\partial y})^2 \geq 0$. Mais on a également $\Delta\,\text{Log}\,\psi_n = \frac{1}{\psi_n^2}\,[\psi_n\Delta\psi_n - (\frac{\partial\psi_n}{\partial x})^2 - (\frac{\partial\psi_n}{\partial y})^2] \geq 0$ donc, d'après le théorème 7, $\text{Log}\,\psi_n$ est sous-harmonique. On conclut que $\text{Log}\,\psi$ est sous-harmonique en appliquant le 3° du théorème 1. □

Comme on s'en aperçoit le théorème de Radó est assez difficile à démontrer. B. Cole nous a signalé que, pour tous les cas où il est utilisé dans ce travail, une forme beaucoup plus faible, et extrêmement facile à démontrer, est suffisante.

THEOREME 10 (B. Cole). *Pour que* $\phi \geq 0$ *ait son logarithme sous-harmonique sur le domaine* D *, il faut et il suffit que les fonctions* $\lambda \to |e^{p(\lambda)}|\phi(\lambda)$ *soient sous-harmoniques sur* D *, quel que soit le polynôme* p .

Démonstration.- La condition nécessaire se fait comme au début de la démonstration du théorème de Radó, en remarquant que Re $p(\lambda)$ est harmonique. Réciproquement en prenant $p = 0$, on voit déjà que ϕ est sous-harmonique donc que ϕ et $\text{Log}\ \phi$ sont semi-continues supérieurement sur D . Soit $\overline{B}(\lambda_0,r) \subset D$ et q un polynôme tel que $\text{Log}\ \phi(\lambda) \leq \text{Re}\ q(\lambda)$, pour $|\lambda-\lambda_0| = r$, alors $\phi(\lambda)|e^{-q(\lambda)}| \leq 1$ sur ce cercle, mais par hypothèse $\lambda \to \phi(\lambda)|e^{-q(\lambda)}|$ est sous-harmonique donc, d'après le principe du maximum (théorème 2), on a la même inégalité sur tout le disque $\overline{B}(\lambda_0,r)$ soit $\text{Log}\ \phi(\lambda) \leq \text{Re}\ q(\lambda)$, pour $|\lambda-\lambda_0| \leq r$. On applique alors le théorème 3. □

Un sous-ensemble E de $\mathbb{C}$ est dit *non effilé* en λ_0 , si $\lambda_0 \in \overline{E}$ et si pour toute fonction ϕ sous-harmonique dans un voisinage de λ_0 on a $\phi(\lambda_0) = \overline{\lim}\ \phi(\lambda)$, pour $\lambda \to \lambda_0$, $\lambda \neq \lambda_0$ et $\lambda \in E$. Un critère plus commode d'effilement est le suivant : E est effilé en $\lambda_0 \in \overline{E}$, avec $\lambda_0 \notin E$, si et seulement si il existe une fonction sous-harmonique ϕ finie en λ_0 telle que $\lim\limits_{\substack{\lambda\to\lambda_0\\ \lambda\in E}} \phi(\lambda) = -\infty$ (voir [50], p.82-83).

Donnons d'abord quelques propriétés élémentaires :

a) si E est non effilé en λ_0 et si F contient E alors F est non effilé en λ_0 .

b) si ϕ est une fonction sous-harmonique, non identique à $-\infty$, alors l'ensemble des λ tels que $\phi(\lambda) = -\infty$ est effilé en chacun de ses points.

c) si E est effilé en λ_0 et si f est une application borélienne de E dans $\mathbb{C}$ telle que $|f(\lambda)-f(\lambda_0)| = |\lambda-\lambda_0|$, pour tout λ de E , alors $f(E)$ est effilé en $f(\lambda_0)$.

THEOREME 11 (Oka-Rothstein). *Dans $\mathbb{C}$ un segment de droite ouvert est non effilé en chacun de ses points frontières.*

Démonstration.- D'après a) et c) il suffit de supposer que le segment est réel de la forme $]0,1[$ et que le point frontière est 0 . Soit ϕ sous-harmonique sur le disque $B(0,r)$, avec $0 < r < 1$, il suffit de montrer que $\overline{\lim}\ \phi(\lambda) = \phi(0)$, pour $\lambda \to 0$ avec $0 < \lambda < r$. Posons $\varepsilon = \frac{1}{2}(\phi(0)-\overline{\lim}\phi(\lambda))$, d'après la semi-continuité supérieure il existe r_1 tel que $\phi(\lambda) \leq \phi(0)-\varepsilon$, pour $0 < \lambda \leq r_1$, mais quitte à restreindre $B(0,r)$ on peut évidemment supposer que $r = r_1$. Pour $0 < \rho < r$, dénotons par I_ρ le segment $[\rho,r]$ et par B_ρ l'ensemble $B(0,r)\setminus I_\rho$. Il existe une transformation conforme $\omega_\rho(z)$ qui envoie $B(0,1)$ sur B_ρ de telle façon que $\omega_\rho(0) = 0$, $\omega_\rho'(0) > 0$ et $\Gamma = \{z|\ |z| = 1\}$ s'envoie bijectivement sur ∂B_ρ . La fonction $\omega_\rho(z)/z$ est holomorphe sur $B(0,1)$ et est continue et non nulle sur Γ , donc $\text{Log}\ |\omega_\rho(z)/z|$ est harmonique sur $B(0,1)$ et continue sur $\overline{B}(0,1)$. Ainsi on obtient :
$$\text{Log}\ |\omega_\rho'(0)| = \frac{1}{2\pi}\int_0^{2\pi} \text{Log}|\omega_\rho(e^{i\theta})/e^{i\theta}|d\theta = \frac{1}{2\pi}\int_0^{2\pi} \text{Log}|\omega_\rho(e^{i\theta})|d\theta .$$
Soit ℓ_ρ l'image réciproque de I_ρ par ω_ρ et dénotons par $2\pi a_\rho$ la mesure de ℓ_ρ sur Γ . Il est évident que $|\omega_\rho(z)| \geq \rho$, pour $z \in \ell_\rho$ et que $|\omega_\rho(z)| = r$, pour $z \in \Gamma \setminus \ell_\rho$, donc $\text{Log}|\omega_\rho'(0)| \geq a_\rho \text{Log}\ \rho + (1-a_\rho)\text{Log}\ r \geq a_\rho \text{Log}\ \rho + \text{Log}\ r$, car

$0 \leq a_\rho \leq 1$ et $\operatorname{Log} r < 0$. Comme ω_ρ ne prend pas la valeur ρ sur $B(0,1)$, d'après le théorème de la constante de Koebe, on a $|\omega_\rho'(0)| \leq 4\rho$, soit $(1-a_\rho)\operatorname{Log} \rho \geq \operatorname{Log}(r/4)$, ce qui exige que a_ρ tende vers 1 quand ρ tend vers 0 . La fonction $\phi(\omega_\rho(z))$ est semi-continue supérieurement sur $\overline{B}(0,1)$ et sous-harmonique sur $B(0,1)$, donc :

$$\phi(0) = \phi(\omega_\rho(0)) \leq \frac{1}{2\pi}\int_0^{2\pi} \phi(\omega_\rho(e^{i\theta}))d\theta .$$

Mais ϕ est bornée par M , pour $|\lambda| \leq r$, donc $\phi(0) \leq (\phi(0)-\varepsilon)a_\rho + M(1-a_\rho)$, ce qui est impossible quand r tend vers 0 , puisque a_ρ tend vers 1 . □

COROLLAIRE 3. *Si un sous-ensemble E de $\mathbb{C}$ est effilé en λ_0, il existe une suite de cercles centrés en λ_0, de rayon tendant vers 0 , ne rencontrant pas E .*

Démonstration.- Soit f le rabattement de E sur une demi-droite passant par λ_0 , alors d'après la propriété c) , $f(E)$ est effilé en λ_0 , ce qui, d'après le théorème précédent et la propriété a),implique que $f(E)$ ne peut contenir un intervalle ouvert d'extrémité λ_0 , porté par la demi-droite. Donc il existe une suite (λ_n) tendant vers λ_0 , appartenant à la demi-droite et n'appartenant pas à $f(E)$, il suffit alors de prendre les cercles de centre λ_0 de rayons $|\lambda_0-\lambda_n|$. □

COROLLAIRE 4. *Un sous-ensemble ouvert connexe de $\mathbb{C}$ est non effilé en chacun de ses points frontières.*

Démonstration.- Soit λ_0 un point frontière de U et supposons U effilé en λ_0 . Il existe $\lambda_1 \in U$ tel que $|\lambda_0-\lambda_1| < 1$, d'après le corollaire précédent il existe un cercle de rayon r , avec $0 < r < |\lambda_1-\lambda_0|$, ne rencontrant pas U . Mais le disque $B(\lambda_0,r)$ contient $\lambda_2 \in U$, lequel peut être joint à λ_1 par un arc continu, contenu dans U , qui rencontre le cercle de rayon r , d'où contradiction. □

COROLLAIRE 5. *Si Γ est un arc de Jordan de $\mathbb{C}$ alors il est non effilé en chacun de ses points.*

Démonstration.- Il suffit d'appliquer le corollaire 3. □

Les démonstrations des trois résultats qui suivent sont longues et techniques, aussi nous ne les donnerons pas, renvoyant le lecteur principalement à [210], chapitre 3, à [50] pour le théorème 14, ou bien encore à [102].

Si K est un compact de $\mathbb{C}$ on définit la *capacité* de K comme étant $c(K) = e^V$, où $V = \operatorname{Sup}_\mu \iint \operatorname{Log}|\lambda_1-\lambda_2|.d\mu(\lambda_1)d\mu(\lambda_2)$, pour toutes les mesures de probabilités μ portées par K .

THEOREME 12. *Soit K un compact de $\mathbb{C}$, alors on a les propriétés suivantes :*

-1° la suite $\delta_n(K)$, où δ_n désigne le n-ième diamètre, est décroissante et converge vers $c(K)$

-2° *si* $c_n(K) = \text{Inf}\ ||p||_K$ *, pour* $p \in \mathcal{P}_n^1$ *, où* $\mathcal{P}_n^1$ *désigne l'ensemble des polynômes de degré* n *, de coefficient dominant* 1 *et où* $||p||_K$ *désigne* $\max_{z\in K} |p(z)|$ *, alors* $c(K) = \lim_{n\to\infty} c_n(K)^{1/n}$.

Ce résultat explique pourquoi, dans le cas de $\mathbb{C} = \mathbb{R}^2$, la capacité est parfois appelée *diamètre transfini*. A l'aide de 1°, il montre également que $c(K) = c(\partial_e K)$, où $\partial_e K$ est la frontière extérieure de K .

On définit la *capacité intérieure* d'un ensemble E de $\mathbb{C}$, par $c^-(E) = \text{Sup}\ c(K)$, pour tous les compacts contenus de E et on définit la *capacité extérieure* par $c^+(E) = \text{Inf}\ c^-(U)$, pour tous les ouverts contenant E .

Voici quelques propriétés assez faciles à démontrer:

a) si $E \subset F$ alors $c^+(E) \leq c^+(F)$.

b) si $c^+(E_n) = 0$ alors $c^+(\bigcup_{n=1}^{\infty} E_n) = 0$.

c) si K est compact alors $c(K) = c^+(K) = c^-(K)$ . .

d) si U est un ouvert alors $c^+(U) = c^-(U)$.

Si K est un compact et $\alpha > 0$, on appelle *α-mesure de Hausdorff* de K la quantité $\lim_{\substack{\varepsilon > 0\\ \varepsilon\to 0}} \text{Inf} \sum r_i^\alpha$, pour tous les recouvrements finis de K par des boules $B(z_i, r_i)$, avec $r_i \leq \varepsilon$. Pour $\alpha = 2$, c'est la mesure de Lebesgue du plan, pour $\alpha = 1$, c'est la mesure linéaire. On peut évidemment étendre cette définition aux fermés du plan, en acceptant éventuellement que cette mesure vaille $+\infty$. Si F est un fermé tel que $c^+(F) = 0$ on peut montrer que F est de α-mesure nulle quel que soit $\alpha > 0$. La réciproque est fausse.

THEOREME 13. *Si* K *est un compact de capacité nulle dans* $\mathbb{C}$ *, il est totalement discontinu et son complémentaire est connexe.*

Sommaire de démonstration.- Il suffit de prouver ce résultat pour un compact de mesure linéaire de Hausdorff nulle. Si C est une composante connexe de K , donc compacte, ayant plusieurs points, il existe z_1, $z_2 \in C$ tels que $\delta(C) = |z_1 - z_2|$. C est aussi de mesure linéaire nulle, donc il est recouvert par des boules $B(\lambda_1, r_1)$ ..., $B(\lambda_n, r_n)$, avec $2(r_1 + \ldots + r_n) < |z_1 - z_2|$, mais cela est absurde car cela implique que la réunion de ces boules est disconnexe, donc que C est aussi disconnexe. En conclusion C est réduite à un seul point donc K est totalement discontinu. Supposons que K admette un trou T de diamètre d , alors K admet un recouvrement $B(\alpha_1, r_1), \ldots B(\alpha_m, r_m)$ par des boules, tel que $2(r_1 + \ldots + r_m) < d$. En raisonnant avec les boules qui recouvrent ∂T et qui se rencontrent une à une on obtient une contradiction. □

En particulier on en déduit qu'un segment, qu'un disque, ne sont pas de capacité nulle. En fait pour un segment sa capacité est égale au quart de sa longueur, pour un disque elle est égale à son rayon.

THEOREME 14 (H. Cartan). *Si* ϕ *est une fonction sous-harmonique sur un domaine* D *de* $\mathbb{C}$ *, non identique à* $-\infty$ *, alors l'ensemble des* λ *tels que* $\phi(\lambda) = -\infty$ *est un* G_δ *de capacité extérieure nulle. Réciproquement si* G *est un ensemble de capacité extérieure nulle dans* $\mathbb{C}$ *il existe* ϕ *sous-harmonique sur* $\mathbb{C}$ *, non identique à* $-\infty$ *, telle que* $\phi(\lambda) = -\infty$ *sur* G *.*

Voir [102], p.274-276.

Donnons maintenant le théorème d'extension analytique de T. Radó qui nous est utile dans le chapitre 3.

THEOREME 15 (Radó). *Si* h *est une fonction continue sur le disque unité fermé* $\bar{\Delta}$ *, holomorphe sur* $\Delta \setminus h^{-1}(\{0\})$ *, alors* h *est holomorphe sur tout* Δ *.*

On peut trouver dans [219], chapitre 10, une démonstration due à I. Glicksberg du théorème de Radó, à l'aide du théorème de maximalité de J. Wermer. I. Glicksberg a aussi étendu ce résultat en supposant seulement h holomorphe sur $\Delta \setminus h^{-1}(E)$, où E est dénombrable et E. L. Stout, de façon très compliquée, au cas où E est de capacité nulle. Dans ce qui suit nous allons donner notre démonstration très simple de ce dernier point (voir [23], par la suite, dans une conversation, E.L. Stout nous a signalé que N. Boboc avait eu la même idée sans la publier).

THEOREME 16 (Stout). *Si* h *est une fonction continue sur le disque unité fermé* $\bar{\Delta}$ *, holomorphe sur* $\Delta \setminus h^{-1}(E)$ *, où* E *est un compact de capacité nulle, alors* h *est holomorphe sur* Δ *.*

Démonstration.- Posons $F = h^{-1}(E)$, c'est un compact de $\bar{\Delta}$. D'après le théorème de Cartan, il existe une fonction sous-harmonique ϕ sur $\mathbb{C}$ qui vaut $-\infty$ sur E , ainsi $\phi \circ h$ est semi-continue supérieurement. Si $\lambda_0 \in \Delta \setminus F$, $\phi \circ h$ est sous-harmonique dans un voisinage de λ_0 , car ϕ est sous-harmonique et h est holomorphe dans un voisinage de λ_0 - pour s'en convaincre on peut appliquer le théorème 8 et vérifier que $\Delta(\phi_n \circ h) \geq 0$ - et trivialement sous-harmonique sur F car elle vaut $-\infty$ sur cet ensemble, donc $\phi \circ h$ est sous-harmonique sur Δ . D'après la première partie du théorème de Cartan, $F \cap \Delta$ est un fermé de Δ de capacité extérieure nulle, donc de mesure linéaire nulle. Soit T un triangle contenu dans Δ , pour $\varepsilon > 0$ il existe des disques $D_1, \dots, D_k$ qui recouvrent $F \cap T$, de rayons $r_1, \dots, r_k$, avec $r_1 + \dots + r_k < \varepsilon$. Soit ∂T_ε le nouveau chemin orienté obtenu en supprimant les segments de ∂T contenus dans les D_i et en ajoutant les bords orientés des D_i contenus dans l'intérieur de T . D'après le théorème de Cauchy $\int_{\partial T_\varepsilon} h(\lambda)d\lambda = 0$, mais $\left|\int_{\partial T} h(\lambda)d\lambda - \int_{\partial T_\varepsilon} h(\lambda)d\lambda\right| \leq \operatorname{Sup}_{\bar{\Delta}} |h(\lambda)| . 2\pi \sum_{i=1}^{k} r_i \leq 2\pi\varepsilon \times$ $\operatorname{Sup} |h(\lambda)|$. Comme cela est vrai quel que soit $\varepsilon > 0$ cela implique que l'intégrale

$\int_{\partial T} h(\lambda)d\lambda$ est nulle, ce qui, d'après le théorème de Morera, implique que h est holomorphe sur Δ . □

Au lieu de terminer en utilisant le théorème de Morera on aurait pu procéder comme dans [157], p. 54.

Le théorème qui suit, obtenu par nous-mêmes et John Wermer, est une jolie caractérisation des fonctions holomorphes à l'aide des fonctions sous-harmoniques. Il généralise le lemme 3, p.59-60, de [157] dû à Hartogs. C'est ce résultat qui sert pour prouver, dans le chapitre 1, la variation holomorphe des points isolés du spectre.

THEOREME 17. *Soit* ϕ *une fonction bornée sur un domaine* D *de* $\mathbb{C}$ *. Pour que* ϕ *ou* $\overline{\phi}$ *soit holomorphe sur* D *il faut et il suffit que* $\lambda \to \text{Log}\,|\phi(\lambda)-\alpha|$ *soit sous-harmonique sur* D *quel que soit* α *assez grand dans* $\mathbb{C}$ *. En particulier* ϕ *est holomorphe si et seulement si* $\lambda \to \text{Log}\,|\phi(\lambda)-\alpha\lambda-\beta|$ *est sous-harmonique, quels que soient* α,β *assez grands de* $\mathbb{C}$ *.*

Démonstration.- a) Supposons que $|\phi(\lambda)| \le M$, pour $\lambda \in D$ et montrons que les fonctions $\lambda \to -\text{Log}\,|\phi(\lambda)-\alpha|$ sont sous-harmoniques pour $|\alpha| > M$. Fixons α et, d'après le théorème de Runge, choisissons une suite de polynômes $p_n(\lambda)$ qui convergent uniformément vers $\frac{1}{\lambda-\alpha}$ pour $|\lambda| \le M$. Pour n assez grand les $p_n(\lambda)$ ne s'annulent pas pour $|\lambda| \le M$, donc $p_n(\lambda)$ se factorise sous la forme $C\prod(\lambda-\alpha_i)$, pour $i = 1,\dots,N$, où l'on a $|\alpha_i| > M$, pour $i = 1,\dots,N$. Ainsi on obtient donc $\text{Log}\,|p_n(\phi(\lambda))| = \text{Log}\,|C| + \sum \text{Log}\,|\phi(\lambda)-\alpha_i|$. D'après l'hypothèse, il résulte que $\lambda \to \text{Log}\,|p_n(\phi(\lambda))|$ est sous-harmonique sur D , pour n assez grand, et comme $\text{Log}\,|p_n(\phi(\lambda))|$ converge uniformément vers $-\text{Log}\,|\phi(\lambda)-\alpha|$, on déduit donc que $-\text{Log}\,|\phi(\lambda)-\alpha|$ est sous-harmonique, c'est-à-dire que $\lambda \to \text{Log}\,|\phi(\lambda)-\alpha|$ est harmonique pour $|\alpha| > M$.

b) Prenons α réel avec $\alpha > M$. D'après ce qui précède $\lambda \to \text{Log}\,|\phi(\lambda)\pm\alpha|$ sont harmoniques donc C^∞ . Ainsi $\phi\overline{\phi} \pm \alpha(\phi+\overline{\phi}) - \alpha^2$ est dans C^∞ , ce qui par soustraction donne $\text{Re}\,\phi$ dans C^∞ . En raisonnant avec $i\phi$ on obtient $\text{Im}\,\phi$ dans C^∞ , donc $\phi \in C^\infty$. Nous allons maintenant montrer que $\frac{\partial\phi}{\partial\overline{\lambda}} = 0$ sur D ou $\frac{\partial\phi}{\partial\lambda} = 0$ sur D . D'après a), pour $|\alpha| > M$, on a :

$$0 = \frac{\partial^2}{\partial\lambda\partial\overline{\lambda}} \text{Log}(\phi(\lambda)-\alpha)(\overline{\phi(\lambda)}-\overline{\alpha}) = \frac{1}{\phi(\lambda)-\alpha}\frac{\partial^2\phi}{\partial\lambda\partial\overline{\lambda}} - \frac{1}{(\phi(\lambda)-\alpha)^2}\frac{\partial\phi}{\partial\lambda}\frac{\partial\phi}{\partial\overline{\lambda}} + \frac{1}{\overline{\phi(\lambda)}-\overline{\alpha}}\frac{\partial^2\overline{\phi}}{\partial\lambda\partial\overline{\lambda}} - \frac{1}{(\overline{\phi(\lambda)}-\overline{\alpha})^2}\frac{\partial\overline{\phi}}{\partial\lambda}\frac{\partial\overline{\phi}}{\partial\overline{\lambda}}$$

. En multipliant par $(\phi(\lambda)-\alpha)^2(\overline{\phi}(\lambda)-\overline{\alpha})^2$ on obtient une relation qui est vraie pour tout $|\alpha| > M$, donc en égalisant les coefficients de α et $\overline{\alpha}$ on obtient $\frac{\partial^2\phi}{\partial\lambda\partial\overline{\lambda}} = \frac{\partial\phi}{\partial\lambda}\frac{\partial\phi}{\partial\overline{\lambda}} = 0$. La première relation implique que ϕ est harmonique, donc la partie réelle d'une fonction holomorphe sur D . La seconde que $\frac{\partial\phi}{\partial\lambda}$ ou $\frac{\partial\phi}{\partial\overline{\lambda}}$ s'annulent sur un ouvert non vide donc, d'après le principe du prolongement analytique, que $\frac{\partial\phi}{\partial\lambda} = 0$ sur D , auquel cas $\overline{\phi}$ est holomorphe, ou que $\frac{\partial\phi}{\partial\overline{\lambda}} =$

0 sur D , autrement dit que ϕ est holomorphe.

c) On suppose que $\lambda \to \mathrm{Log}\,|\phi(\lambda)-\alpha\lambda-\beta|$ est sous-harmonique pour tous α,β assez grands. Choisissons $\alpha_1 \neq \alpha_2$, assez grands de façon que $\mathrm{Log}\,|\phi(\lambda)-\alpha_i\lambda-\beta|$ soient sous-harmoniques pour β assez grand et $i = 1,2$. D'après ce qui précède ou bien $\phi(\lambda)-\alpha_i\lambda$ est holomorphe pour un certain i , auquel cas ϕ l'est, ou bien pour $i = 1,2$, $\overline{\phi(\lambda)}-\overline{\alpha}_i\overline{\lambda}$ est holomorphe sur D , mais alors par différence $(\overline{\alpha}_1-\overline{\alpha}_2)\overline{\lambda}$ est holomorphe sur D , ce qui est absurde. □

BIBLIOGRAPHIE

1. Aarnes, J.F., Kadison, R.V.: Pure states and approximate identities. *Proc. Amer. Math. Soc.* 21 (1969), 749-752. MR 39 # 1980.
2. Ackermans, S.T.M.: A case of strong spectral continuity. *Indag. Math.* 30 (1968), 455-459. MR 40 # 739.
3. Alexander, J.C.: Compact Banach algebras. *Proc. London Math. Soc.* (3) 18 (1968), 1-18. MR 37 # 4618.
4. Al-Moajil, A.H.: The spectrum of some special elements in the free Banach algebra. *Proc. Amer. Math. Soc.* 50 (1975), 218-222. MR 51 # 6420.
5. Anusiak, Z.: On generalized Beurling's theorem and symmetry of L_1-group algebras. *Colloq. Math.* 23 (1971), 287-297. MR 49 # 11147.
6. Apostol, C.: On the norm-closure of nilpotents. *Rev. Roumaine Math. Pures Appl.* 19 (1974), 277-282. MR 50 # 14317.
7. Apostol, C.: The spectrum and the spectral radius as functions in Banach algebras. A paraître.
8. Arens, R.: On a theorem of Gelfand and Neumark. *Proc. Nat. Acad. Sci. U.S.A.* 32 (1946), 237-239. MR 8, 279.
9. Arens, R.: Representation of * -algebras. *Duke Math. J.* 14 (1947), 269-282. MR 9, 44.
10. Araki, H.,Eliott, G.A.: On the definition of C*-algebras. *Publ. Res. Inst. Math. Sci.* 9 (1973/74), 93-112. MR 50 # 8084.
11. Aumann, R.J.: Integrals of set-valued functions. *J. Math. Anal. Appl.* 12 (1965), 1-12. MR 32 # 2543.
12. Aupetit, B.: Remarques sur les commutateurs généralisés. *Rev. Roumaine Math. Pures Appl.* 19 (1974), 1091-1092. MR 53 # 3781.
13. Aupetit, B.: Caractérisation des éléments quasi-nilpotents dans les algèbres de Banach. *Atti Accad. Naz. Lincei* 56 (1974), 672-674. MR 52 # 8939.
14. Aupetit, B.: Continuité du spectre dans les algèbres de Banach avec involution. *Pacific J. Math.* 56 (1975), 321-324. MR 51 # 11117.
15. Aupetit, B.: On scarcity of operators with finite spectrum. *Bull. Amer. Math. Soc.* 82 (1976), 485-486. MR 53 # 3699.
16. Aupetit, B.: Caractérisation spectrale des algèbres de Banach commutatives. *Pacific J. Math.* 63 (1976), 23-35. MR 54 # 3409.

17. Aupetit, B.: Sur les conjectures de Hirschfeld et Żelazko dans les algèbres de Banach. *Bull. Soc. Math. France* 104 (1976), 185-193. MR 54 # 8290.

18. Aupetit, B.: Continuité et uniforme continuité du spectre dans les algèbres de Banach. *Studia Math.* 61 (1977), 99-114.

19. Aupetit, B.: Caractérisation spectrale des algèbres de Banach de dimension finie. *J. Functional Analysis* 26 (1977), 232-250.

20. Aupetit, B.: Continuité uniforme du spectre dans les algèbres de Banach avec involution. *C. R. Acad. Sci. Paris, Sér. A-B.* 284 (1977), 1125-1127.

21. Aupetit, B.: Le théorème de Russo-Dye pour les algèbres de Banach involutives. *C. R. Acad. Paris, Sér. A-B.* 284 (1977), 151-153.

22. Aupetit, B.: La deuxième conjecture de Hirschfeld-Żelazko pour les algèbres de Banach est fausse. *Proc. Amer. Math. Soc.* 70 (1978), 161-162.

23. Aupetit, B.: Une généralisation du théorème d'extension de Radó. *Manuscripta Math.* 23 (1978), 319-323.

24. Aupetit, B.: Une généralisation du théorème de Gleason-Kahane-Żelazko dans les algèbres de Banach. A paraître.

25. Aupetit, B., Wermer, J.: Fonctions sous-harmoniques et structure analytique du spectre des algèbres uniformes. *C. R. Acad. Sci. Paris, Sér. A-B.* 284 (1977), 1203-1205. MR 55 # 11048.

26. Aupetit, B., Wermer, J.: Capacity and uniform algebras. *J. Functional Analysis* 28 (1978), 386-400.

27. Aupetit, B., Zemánek, J.: On spectral radius in real Banach algebras. *Bull. Acad. Polon. Sci. Sér. Sci. Math. Astronom. Phys.*, à paraître.

28. Bailey, D.W.: On symmetry in certain group algebras. *Pacific J. Math.* 24 (1968), 413-419. MR 39 # 6085.

29. Baker, J.W., Pym, J.S.: A remark on continuous bilinear mappings. *Proc. Edinburgh Math. Soc.* (2) 17 (1971), 245-248. MR 46 # 2429.

30. Barnes, B.A.: On the existence of minimal ideals in a Banach algebra. *Trans. Amer. Math. Soc.* 133 (1968), 511-517. MR 37 # 2008.

31. Barnes, B.A.: A generalized Fredholm theory for certain maps in the regular representations of an algebra. *Canad. J. Math.* 20 (1968), 495-504. MR 38 # 534.

32. Barnes, B.A.: Examples of modular annihilator algebras. *Rocky Mountain J. Math.* 1 (1971), 657-665. MR 44 # 5777.

33. Barnes, B.A.: Locally B^*-equivalent algebras. *Trans. Amer. Math. Soc.* 167 (1972), 435-442. MR 45 # 5763.

34. Barnes B.A.: Locally B^*-equivalent algebras II. *Trans. Amer. Math. Soc.* 176 (1973), 297-303. MR 47 # 9296.

35. Barnes, B.A., Duncan, J.: The Banach algebra $\ell^1(S)$. *J. Functional Analysis* 18 (1975), 96-113. MR 51 # 13587.

36. Basener, R.F.: A condition for analytic structure. *Proc. Amer. Math. Soc.* 36 (1972), 156-160. MR 46 # 7903.

37. Basener, R.: A generalized Shilov boundary and analytic structure. *Proc. Amer. Math. Soc.* 47 (1975), 98-104.

38. Bauer, F.L., Fike, C.T.: Norms and exclusions theorems. *Num. Math.* 2 (1960), 137-141. MR 22 # 9500.

39. Behncke, H.: A note on the Gelfand-Naĭmark conjecture. *Comm. Pure Appl. Math.* 23 (1970), 189-200. MR 41 # 2404.

40. Behncke, H.: Nilpotent elements in group algebras. *Bull. Acad. Polon. Sci. Sér. Sci. Math. Astronom. Phy.* 19 (1971), 197-198. MR 44 # 813.

41. Behncke, H.: Nilpotent elements in Banach algebras. *Proc. Amer. Math. Soc.* 37 (1973), 137-141. MR 47 # 4006.

42. Berberian, S.K.: Some conditions on an operator implying normality. *Math. Ann.* 184 (1969/70), 188-192. MR 41 # 862.

43. Berkson, E.: Some characterizations of C*-algebras. *Illinois J. Math.* 10 (1966), 1-8. MR 32 # 2922.

44. Bonic, R.A.: Symmetry in group algebras of discrete groups. *Pacific J. Math.* 11 (1961), 73-94. MR 22 # 11281.

45. Bonsall, F.F., Duncan, J.: *Complete normed algebras.* Springer-Verlag, New York, 1973.

46. Bonsall, F.F., Duncan, J.: *Numerical ranges of operators on normed spaces and of elements of normed algebras.* London Math. Soc. Lecture Note Series 2, Cambridge, 1971. MR 44 # 5779.

47. Bonsall, F.F., Duncan, J.: *Numerical ranges II.* London Math. Soc. Lecture Note Series 10, Cambridge, 1973. MR 56 # 1063.

48. Bourbaki, N.: *Eléments de mathématique. Théories spectrales. Chapitres 1 et 2.* Hermann, Paris, 1967. MR 35 # 4725.

49. Boyadžiev, H.: Commutativity in Banach algebras and elements with real spectra. *C.R. Acad. Bulgare Sci.* 29 (1976), 1401-1403. MR 55 # 8802.

50. Brelot, M.: *Eléments de la théorie classique du potentiel.* Troisième édition. Centre de documentation universitaire, Paris, 1965. MR 21 # 5099.

51. Browder, A.: *Introduction to function algebras.* W.A. Benjamin, New York, 1969. MR 39 # 7431.

52. Brown, A., Douglas, R.G.: On maximum theorems for analytic operator functions. *Acta Sci. Math. Szeged* 26 (1966), 325-327. MR 35 # 4766.

53. Brown, A., Pearcy, C., Salinas, N.: Perturbations by nilpotent operators on Hilbert spaces. *Proc. Amer. Math. Soc.* 41 (1973), 530-534. MR 51 # 11151.

54. Burckel, R.B.: A simpler proof of the commutative Glickfeld-Berkson theorem. *J. London Math. Soc.* (2) 2 (1970), 403-404. MR 42 # 2303.

55. Burckel, R.B.: *Characterizations of C(X) among its subalgebras.* Marcel Dekker, New York, 1972. MR 56 # 1068.

56. Caradus, S.R., Pfaffenberger, W.E., Yood, B.: *Calkin algebras and algebras of operators on Banach spaces.* Marcel Dekker, New York, 1974. MR 54 # 3434.

57. Conway, J.B.: On the Calkin algebra and the covering homotopy property. *Trans. Amer. Math. Soc.* 211 (1975), 135-142. MR 53 # 3717.

58. Cuntz, J.: Locally C*-equivalent algebras. *J. Functional Analysis* 23 (1976), 95-106.

59. Dales, H.G.: The uniqueness of the functional calculus. *Proc. London Math. Soc.* (3) 27 (1973), 638-648. MR 48 # 12062.

60. Dales, H.G.: Exponentiation in Banach star algebras. *Proc. Edinburgh Math. Soc.* 20 (1976), 163-165. MR 54 # 5840.

61. Dales, H.G.; A discontinuous homomorphism from C(X) . *Amer. J. Math.*, à paraître.

62. Dales, H.G.: Discontinuous homomorphisms from topological algebras. *Amer. J. Math.*, à paraître.

63. Dales, H.G.: Automatic continuity: a survey. *Bull. London Math. Soc.* 10(1978), [129-183.

64. Dales, H.G., Esterle, J.: Discontinuous homomorphisms from C(X) . *Bull. Amer. Math. Soc.* 83 (1977), 257-259.

65. De Bruijn, N.G.: Function theory in Banach algebras. *Ann. Acad. Sci. Fenn.*

Ser A I 250/5 (1958). MR 20 # 3463.

66. Dixmier, J.: *Les C*-algèbres et leurs représentations*. Deuxième édition. Gauthier-Villars, Paris, 1969. MR 39 # 7442.

67. Dixon, P.G.: Locally finite Banach algebras. *J. London Math. Soc.* (2) 8 (1974), 325-328. MR 50 # 996.

68. Dixon, P.G.: A Jacobson-semi-simple Banach algebra with dense nil sub-algebra. *Colloq. Math.* 37 (1977), 81-82.

69. Dixon, P.G.: A symmetric normed * - algebra whose completion is not symmetric. A paraître.

70. Doran, D.S., Wichmann, J.: The Gelfand-Naĭmark theorems for C*-algebras. *Ens. Math.* 23 (1977), 153-180.

71. Douglas, R.G., Rosenthal, P.: A necessary and sufficient condition that an operator be normal. *J. Math. Anal. Appl.* 22 (1968), 10-11. MR 36 # 5740.

72. Duncan, J.: The continuity of the involution on Banach * -algebras. *J. London Math. Soc.* 41 (1966), 701-706. MR 34 # 3351.

73. Duncan, J., Tullo, A.W.: Finite dimensionality, nilpotents and quasi-nilpotens in Banach algebras. *Proc. Edinburgh Math. Soc.* (2) 19 (1974/75), 45-49. MR 49 # 9631.

74. Dyer, J.A., Porcelli, P., Rosenfeld, M.: Spectral characterization of two-sided ideals in B(H) . *Israel J. Math.* 10 (1971), 26-31. MR 46 # 682.

75. Edwards, R.E.: Multiplicative norms on Banach algebras. *Proc. Cambridge Phil. Soc.* 47 (1951), 473-474. MR 13, 256.

76. Elliott, G.A.: A weakening of the axioms for a C*-algebra. *Math. Ann.* 189 (1970), 257-260. MR 43 # 2521.

77. Esterle, J.: Homomorphismes discontinus des algèbres de Banach commutatives. Thèse de doctorat d'Etat, Bordeaux, 1977.

78. Feldman, C.: The Wedderburn principal theorem in Banach algebras. *Proc. Amer. Math. Soc.* 2 (1951), 771-777. MR 13, 361.

79. Fiedler, M.: Additive compound matrices and an inequality for eigenvalues of symmetric stochastic matrices. *Czech. Math. J.* 24 (1974), 392-402. MR 50 # 359.

80. Ford, J.W.M.: A square root lemma for Banach (*)-algebras. *J. London Math. Soc.* 42 (1967), 521-522. MR 35 # 5950.

81. Fountain, J.B., Ramsay, R.W. Williamson, J.H.: Functions of measures on compact groups. A paraître.

82. Gamelin, T.W.: *Uniform algebras*. Prentice-Hall, Englewood Cliffs, 1969, MR 53 # 14137.

83. Gangolli, R.: On the symmetry of L_1 algebras of locally compact motion groups and the Wiener Tauberian theorem. *J. Functional Analysis* 25 (1977), 413-425.

84. Gelfand, I.M., Naĭmark, M.A.: *Unitare Darstellungen der klassischen Gruppen*. Akademie-Verlag, Berlin, 1957, MR 19, 13.

85. Gelfand, I.M., Raĭkov, D.A., Chilov, G.E.: *Les anneaux normés commutatifs*. Gauthier-Villars, Paris, 1964. MR 23 # A 1242.

86. Glaser, W.: Symmetrie von verallgemeinerten L^1-algebren. *Arch. Math.* 20 (1969), 656-660. MR 41 # 7448.

87. Glickfeld, B.W.: A metric characterization of C(X) and its generalizations to C*-algebras. *Illinois J. Math.* 10 (1966), 547-556. MR 34 # 1865.

88. Glimm, J.G., Kadison, R.V.: Unitary operators in C*-algebras. *Pacific J. Math.* 10 (1960), 547-556. MR 22 # 5906.

89. Globevnik, J.: Schwarz's lemma for the spectral radius. *Rev. Roumaine Math. Pures Appl.* 19 (1974), 1009-1012. MR 50 # 5470.

90. Grabiner, S.: The nilpotency of Banach nil algebras. *Proc. Amer. Math. Soc.* 21 (1969), 510. MR 38 # 4995.

91. Grabiner, S.: Nilpotents in Banach algebras. *J. London Math. Soc.* (3) 14 (1976), 7-12. MR 56 # 1064.

92. Grabiner, S.: Finitely generated Noetherian and Artinian Banach algebras. *Indiana Univ. Math. J.* 26 (1977), 413-425.

93. Grothendieck, A.: Produits tensoriels topologiques et espaces nucléaires. *Memoirs of the American Math. Soc. n° 16.* Providence, 1955. MR 17, 763.

94. Gustafson, K.: Weyl's theorems, linear operators and approximation. *Proc. Conf. Oberwolfach*, pp. 80-93, Birkhäuser-Verlag, Basel, 1972, MR 51 # 11131.

95. Gustafson, K., Weidmann, J.: On the essential spectrum. *J. Math. Anal. Appl.* 25 (1969), 121-127. MR 39 # 3339.

96. Halmos, P.R.: *A Hilbert space problem book.* D. Van Nostrand, Princeton, 1967. MR 34 # 8178.

97. Halmos, P.R.: Capacity in Banach algebras. *Indiana Univ. Math. J.* 20 (1971), 855-863. MR 42 # 3569.

98. Harris, L.A.: Schwarz's lemma and the maximum principle in infinite dimensional spaces. *Thèse de doctorat, Université Cornell.* Ithaca, 1969.

99. Harris, L.A.: Schwarz's lemma in normed linear spaces. *Proc. Nat. Acad. Sci. U.S.A.* 62 (1969),1014-1017. MR 43 # 936.

100. Harris, L.A.: Banach algebras with involution and Möbius transformations. *J. Functional Analysis* 11 (1972), 1-16. MR 50 # 5480.

101. Harte, R.: The exponential spectrum in Banach algebras. *Proc. Amer. Math. Soc.* 58 (1976), 114-118. MR 53 # 11375.

102. Hayman, W.K., Kennedy, P.B.: *Subharmonic functions I.* Academic Press, London, 1976.

103. Herstein, I.N.: *Noncommutative rings.* Carus Math. Monographs n° 15. Math. Assoc. America, 1968. MR 37 # 2790.

104. Herstein, I.N.: *Topics in ring theory.* Univ. Chicago Press, Chicago, 1969. MR 42 # 6018.

105. Hille, E.: On roots and logarithms of elements of a complex Banach algebra. *Math. Ann.* 136 (1958), 46-57. MR 20 # 2632.

106. Hirschfeld, R.A., Johnson, B.E.: Spectral characterization of finite-dimensional algebras. *Indag. Math.* 34 (1972), 19-23. MR 46 # 666.

107. Hirschfeld, R.A., Rolewicz, S.: A class of non-commutative Banach algebras. *Bull. Acad. Polon. Sci. Sér. Sci. Math. Astronom. Phys.* 17 (1969), 751-753. MR 40 # 7802.

108. Hirschfeld, R.A., Żelazko, W.: On spectral norm Banach algebras. *Bull. Acad. Polon. Sci. Sér. Sci. Math. Astronom. Phys.* 16 (1968), 195-199. MR 37 # 4621.

109. Hulanicki, A.: On the spectral radius of hermitian elements in group algebras *Pacific J. Math.* 18 (1966), 277-287. MR 33 # 6426.

110. Hulanicki, A.: On symmetry of group algebras of discrete nilpotent groups. *Studia Math.* 35 (1970), 207-219. MR 43 # 3814.

111. Hulanicki, A.: On the spectral radius in group algebras. *Studia Math.* 34 (1970), 209-214. MR 41 # 5984.

112. Hulanicki, A.: On the spectrum of convolution operators on groups with polynomial growth. *Inventiones Math.* 17 (1972), 135-142. MR 48 # 2304.

113. Hulanicki, A.: Spectra of convolution operators on groups. Summary of some results. *Notes pour circulation interne.*

114. Hulanicki, A., Jenkins, J.W., Leptin, H., Pytlik, T.: Remarks on Wiener's Tauberian theorems for groups with polynomial growth. *Colloq. Math.* 35 (1976), 293-304. MR 53 # 13469.

115. Istrăţescu, V.: On maximum theorems for operator functions. *Rev. Roumaine Math. Pures Appl.* 14 (1969), 1025-1029. MR 40 # 4761.

116. Istrăţescu, V.: On subharmonicity theorem for operator functions. *Boll. Un. Mat. Ital.* (4) 2 (1969), 365-366. MR 40 # 4762.

117. Istrăţescu, V.I.: *Introducere în teoria operatorilor liniari.* Bucureşti, 1975.

118. Jacobs, M.Q.: Measurable multivalued mappings and Lusin's theorem. *Trans. Amer. Math. Soc.* 134 (1968), 471-481. MR 38 # 5162.

119. Jacobson, N.: Structure theory for algebraic algebras of bounded degree. *Ann. of Math.* 46 (1945), 695-707. MR 7 , 238.

120. Jacobson, N.: *Structure of rings.* American Math. Soc. Colloq. Publ. 37, Providence, 1956. MR 18 , 373.

121. Janas, J.: Note on the spectrum and joint spectrum of hyponormal and Toeplitz operators. *Bull. Acad. Polon. Sci. Sér. Sci. Math. Astronom. Phys.* 23 (1975), 957-961.

122. Jenkins, J.W.: On the spectral radius of elements in a group algebra. *Illinois J. Math.* 15 (1971), 551-554. MR 44 # 4538.

123. Jenkins, J.W.: A characterization of growth in locally compact groups. *Bull. Amer. Math. Soc.* 79 (1973), 103-106. MR 47 # 5172.

124. Johnson, B.E.: The uniqueness of the (complete) norm topology. *Bull. Amer. Math. Soc.* 73 (1967), 407-409. MR 35 # 2142.

125. Johnson, B.E.: Continuity of homomorphisms of algebras of operators. *J. London Math. Soc.* 42 (1967), 537-541. MR 35 # 5953.

126. Johnson, B.E.: Continuity of homomorphisms of algebras of operators (II). *J. London Math. Soc.* (2) 1 (1969),81-84. MR 40 # 753.

127. Kadison, R.V.: Isometries of operator algebras. *Ann. of Math.* 54 (1951), 325-338. MR 13, 256.

128. Kaplansky, I.: Normed algebras. *Duke Math. J.* 16 (1949), 399-418. MR 11, 115.

129. Kaplansky, I.: Ring isomorphisms of Banach algebras. *Canad. J. Math.* 6 (1954), 374-381. MR 16 , 49.

130. Kaplansky, I.: *Some aspects of analysis and probability. Functional analysis, pp. 1-34.* Surveys in applied mathematics n° 4, John Wiley & Sons, New York, 1958. MR 21 # 286.

131. Kaplansky, I.: *Rings of operators.* W.A. Benjamin, New York, 1968. MR 39 # 6092.

132. Kaplansky, I.: *Fields and rings.* Univ. Chicago Press, Chicago, 1969. MR 42 # 4345.

133. Kaplansky, I.: *Algebraic and analytic aspects of operator algebras.* Regional Conference Series in Math., Amer. Math. Soc., Providence, 1970. MR 47 # 845.

134. Kaplansky, I.: *Infinite abelian groups.* The University of Michigan Press, Ann Arbor, 1969. MR 38 # 2208.

135. Kato, T.: *Perturbation theory for linear operators.* Springer-Verlag, New York, 1966. MR 34 # 3324.

136. Kowalski, S., Słodkowski, Z.: A characterization of multiplicative linear functionals in Banach algebras. *Institute of Mathematics, Polish Academy of Sciences*, preprint 117, 1977.

137. Kraljević, H., Veselić, K.: On algebraic and spectrally finite Banach algebras. *Glasnik Matematicki* 11 (1976), 291-318. MR 55 # 8796.

138. Kumagai, D.: A unified proof for subharmonicity of functions associated with certain uniform algebras. *Notices Amer. Math. Soc.* 24 (1977), 615.

139. Kuzmin, E.N.: Un estimé dans la théorie des algèbres de Banach (en russe). *Sibirsk Mat. Z.* 9 (1968), 727-728. MR 37 # 1994.

140. Laffey, T.J.: Idempotents in algebras and algebraic Banach algebras. *Proc. Roy. Irish Acad. Sect. A* 75 (1975), 303-306. MR 53 # 1268.

141. Laursen, K.B.: Continuity of linear maps from C*-algebras. *Pacific J. Math.* 61 (1975), 483-492. MR 53 # 3718.

142. Laursen, K.B., Sinclair, A.M.: Lifting matrix units in C*-algebras II. *Math. Scand.* 37 (1975), 167-172. MR 53 # 1281.

143. Le Page, C.: Sur quelques conditions entraînant la commutativité dans les algèbres de Banach. *C.R. Acad. Sci. Paris, Sér. A-B* 265 (1967), 235-237. MR 37 # 1999.

144. Leptin, H.: On symmetry of some Banach algebras. *Pacific J. Math.* 53 (1974), 203-206. MR 51 # 6432.

145. Leptin, H.: Ideal theory in group algebras of locally compact groups. *Inventiones Math.* 31 (1976), 259-278. MR 53 # 3189.

146. Leptin, H.: Symmetrie in Banachschen Algebren. *Arch. Math.* 27 (1976), 394-400. MR 54 # 5841.

147. Leptin, H.: Lokal kompakte Gruppen mit symmetrischen Algebren. *Symposia Math.* 22, à paraître.

148. Leptin, H., Poguntke, D.: Symmetry and nonsymmetry for locally compact groups. A paraître.

149. Loomis, L.H.: *An introduction to abstract harmonic analysis.* D. Van Nostrand, Princeton, 1953. MR 14 , 883.

150. Loy, R.J.: Commutative Banach algebras with non-unique complete norm topology. *Bull. Austral. Math. Soc.* 10 (1974), 409-420. MR 50 # 2918.

151. Ludwig, J.: A class of symmetric and a class of Wiener group algebras. A paraître.

152. Martínez-Moreno, J.: Sobre álgebras de Jordan normadas completas. *Thèse de doctorat, Université de Grenade.* Grenade, 1977.

153. Mocanu, Gh.: A remark on a commutativity criterion in Banach algebra. *Stud. Cerc. Mat.* 21 (1969), 947-952. MR 43 # 5311.

154. Mocanu, Gh.: On the numerical radius of an element of a normed algebra. *Glasgow Math. J.* 15 (1974), 90-92. MR 50 # 10818.

155. Müller, V.: On discontinuity of spectral radius in Banach algebras. *Comment. Math. Univ. Carolinae* 17 (1976), 591-598.

156. Naǐmark, M.A.: *Normed rings.* P. Noordhoff, Groningen, 1964. MR 22 # 1824.

157. Narasimhan, R.: *Several complex variables.* Univ. Chicago Press, Chicago, 1971. MR 49 # 7470.

158. Nemirovskiǐ, A.S.: Sur le rapport entre la non commutativité et la présence d'éléments quasi-nilpotents pour quelques classes d'algèbres de Banach (en russe). *Vestnik Moskov Univ. Ser. I, Math. Meh.* 26 (1971), 3-7. MR 50 # 14064.

159. Newburgh, J.D.: The variation of spectra. *Duke Math. J.* 18 (1951), 165-176.

MR 14 , 481.

160. Noble, B.: *Applied linear algebra*. Prentice-Hall, Englewood Cliffs, 1969. MR 40 # 153.

161. Ogasawara, T.: Finite-dimensionality of certain Banach algebras. *J. Sci. Hiroshima Univ. Ser. A* 17 (1951), 359-364. MR 16, 598.

162. Ono, T.: Note on a B*-algebra. *J. Math. Soc. Japan* 11 (1959), 146-158. MR 22 # 5905.

163. Osborn, J.M.: Representation and radicals of Jordan algebras. *Scripta Math.* 29 (1973), 297-329.

164. Palmer, T.W.: Characterizations of C*-algebras. *Bull. Amer. Math. Soc.* 74 (1968), 538-540. MR 36 # 5709.

165. Palmer, T.W.: Characterizations of C*-algebras II. *Trans. Amer. Math. Soc.* 148 (1970), 577-588. MR 41 # 7447.

166. Palmer, T.W.: The Gelfand-Naĭmark pseudo-norm on Banach *-algebras. *J. London Math. Soc.* (2) 3 (1971), 59-66. MR 43 # 7932.

167. Pedersen, G.K.: Spectral formulas in quotient C*-algebras. *Math. Z.* 148 (1976), 299-300. MR 53 # 14151.

168. Perlis, S.: A characterization of the radical of an algebra. *Bull. Amer. Math. Soc.* 48 (1942), 128-132. MR 42 , 264.

169. Poguntke, D.: Nilpotente Liesche Gruppen haben symmetrische Gruppenalgebren. *Math. Ann.* 227 (1977), 51-59.

170. Porada, E.: On the spectral radius in $L^1(G)$. *Colloq. Math.* 23 (1971), 279-285. MR 48 # 4651.

171. Pták, V.: On the spectral radius in Banach algebras with involution. *Bull. London Math. Soc.* 2 (1970), 327-334. MR 43 # 932.

172. Pták, V.: Banach algebras with involution. *Manuscripta Math.* 6 (1972), 245-290. MR 45 # 5764.

173. Pták, V.: An inclusion theorem for normal operators. *Acta Sci. Math. Szeged* 38 (1976), 149-152. MR 53 # 14196.

174. Pták, V.: Derivations, commutations and the radical. *Manuscripta Math.* 23 (1978), 355-362.

175. Pták, V., Zemánek, J.: Continuité lipschitzienne du spectre comme fonction d'un opérateur normal. *Comment. Math. Univ. Carolinae* 17 (1976), 507-512.

176. Pták, V., Zemánek, J.: On uniform continuity of the spectral radius in Banach algebras. *Manuscripta Math.* 20 (1977), 177-189.

177. Rickart, C.E.: *General theory of Banach algebras*. D. Van Nostrand, Princeton, 1960. MR 22 # 5903.

178. Robertson, A.G.: A note on the unit ball in C*-algebras. *Bull. London Math. Soc.* 6 (1974), 333-335. MR 49 # 8095.

179. Russo, B., Dye, H.A.: A note on unitary operators in C*-algebras. *Duke Math. J.* 33 (1966), 413-416. MR 33 # 1750.

180. Schmidt, B.: Spektrum, numerischer Wertebereich und ihre Maximum-prinzipien in Banachalgebren. *Manuscripta Math.* 2 (1970), 191-202. MR 41 # 5971.

181. Sebestyén, Z.: A weakening of the definition of C*-algebras. *Acta Sci. Math. Szeged* 35 (1973), 17-20. MR 48 # 12070.

182. Sebestyén, Z.: Some local characterizations of boundedness and of C*-equivalent algebras. *Ann. Univ. Budapest Eötvös Sect. Math.* 18 (1975), 197-207. MR 54 # 11070.

183. Sebestyén, Z.: On a problem of Araki and Elliott. *Ann. Univ. Budapest Eötvös*

Sect. Math. 18 (1975), 209-211. MR 54 # 13578.

184. Shirali, S.: Symmetry in complex involutary Banach algebras. *Duke Math. J.* 34 (1967), 741-745. MR 36 # 1988.

185. Shirali, S., Ford, J.W.M.: Symmetry in complex involutary Banach algebras II. *Duke Math. J.* 37 (1970), 275-280. MR 41 # 5977.

186. Sibony, N.: Mutli-dimensional analytic structure in the spectrum of a uniform algebra. Lecture Notes in Mathematics n° 512, Springer-Verlag, 1976, pp. 139-165.

187. Sinclair, A.M.: Jordan homomorphisms and derivations on semisimple Banach algebras. *Proc. Amer. Math. Soc.* 24 (1970), 209-214. MR 40 # 3310.

188. Sinclair, A.M.: Homomorphisms from C*-algebras. *Proc. London Math. Soc.* (3) 29 (1974), 435-452. MR 50 # 10834.

189. Sinclair, A.M.: Homomorphisms from C*-algebras, corrigendum. *Proc. London Math. Soc.* (3) 32 (1976), 322. MR 52 # 11612.

190. Sinclair, A.M.: *Automatic continuity of linear operators.* London Math. Soc. Lecture Note, Series 21, Cambridge, 1976.

191. Sinclair, A.M., Tullo, A.W.: Noetherian Banach algebras are finite dimensional. *Math. Ann.* 211 (1974), 151-153. MR 50 # 8081.

192. Słodkowski, Z., Wojtyński, W., Zemánek, J.: A note on quasi-nilpotent elements of a Banach algebra. *Bull. Acad. Polon. Sci. Sér. Sci. Math. Astronom. Phys.* 25 (1977), 131-134.

193. Smyth, M.R.F.: Riesz theory in Banach algebras. *Math. Z.* 145 (1975), 145-155. MR 52 # 15013.

194. Smyth, M.R.F., West, T.T.: The spectral radius formula in quotient algebras. *Math. Z.* 145 (1975), 157-161. MR 52 # 6429.

195. Smyth, M.R.F.: Fredholm theory in Banach algebras. *Trinity College of Dublin preprint,* 1975. [MR 55 # 6189.

196. Smyth, M.R.F.: Riesz algebras. *Proc. Roy. Irish Acad.* 77 (1976), 327-333.

197. Sołtysiak, A.: O elementach algebraicznych i quasialgebraicznych i o pojemności widm lacznych w algebrach Banacha. *Thèse de doctorat, Université de Poznań,* Poznań, 1976.

198. Sołtysiak, A.: Capacity of finite systems of elements in Banach algebras. *Ann. Soc. Math. Polon. Ser. I.: Comment. Math.* 19 (1977), 381-387.

199. Sołtysiak, A.: Some remarks on the joint capacities in Banach algebras. *Ann. Soc. Math. Polon. Ser. I : Comment. Math.* 20 (1977), 197-204.

200. Spicer, D.Z.: A commutativity theorem for Banach algebras. *Colloq. Math.* 27 (1973), 107-108. MR 48 # 9402.

201. Srinivasacharyulu, K.: Remarks on Banach algebras. *Bull. Soc. Roy. Sci. Liège* 43 (1974), 523-525. MR 51 # 11114.

202. Stein Jr, J.D.: Continuity of homomorphisms of von Neumann algebras. *Amer. J. Math.* 91 (1969), 153-159. MR 39 # 6095.

203. Stirling, D.S.G.: The joint capacity of elements of Banach algebras. *J. London Math. Soc.* (2) 10 (1975), 212-218. MR 51 # 6424.

204. Stoer, J., Bulirsch, R.: *Einführung in die Numerische Mathematik II.* Berlin, 1973. MR 53 # 4448.

205. Stout, E.L.: A generalization of a theorem of Radó. *Math. Ann.* 177 (1968), 339-340. MR 37 # 6447.

206. Stout, E.L.: *The theory of uniform algebras.* Bogden and Quigley, Tarrytown-on-Hudson, 1971. MR 54 # 11066.

207. Suzuki, N.: Every C-symmetric Banach *-algebra is symmetric. *Proc. Japan Acad.* 46 (1970), 98-102. MR 43 # 2519.

208. Tiller, W.: P-commutative Banach *-algebras. *Trans. Amer. Math. Soc.* 180 (1973), 327-336. MR 48 # 877.

209. Tullo, A.W.: Conditions on Banach algebras which imply finite dimensionality. *Proc. Edinburgh Math. Soc.* (2) 20 (1976), 1-6. MR 54 # 3407.

210. Tsuji, M.: *Potential theory in modern function theory.* Maruzen, Tokyo, 1959. Second edition corrected, Chelsea, New York, 1975. MR 22 # 5712.

211. Vesentini, E.: On the subharmonicity of the spectral radius. *Boll. Un. Mat. Ital.* 4 (1968), 427-429. MR 39 # 6080.

212. Vesentini, E.: Maximum theorems for spectra, in *Essays on topology and related topics (Mémoires dédiés à Georges de Rham)*, pp. 111-117. Springer-Verlag, New York, 1970. MR 42 # 6612.

213. Vesentini, E.: On Banach algebras satisfying a spectral maximum principle. *Ann. Scuola Norm. Sup. Pisa* (3) 26 (1972), 933-943. MR 50 # 14228.

214. Vesentini, E.: Variations on a theme of Carathéodory. A paraître.

215. Vladimirov, V.S.: *Methods of the theory of functions of many complex variables.* M.I.T. Press, Cambridge, Mass., 1966. MR 34 # 1551.

216. Vowden, B.J.: On the Gelfand-Naĭmark theorem. *J. London Math. Soc.* 42 (1967), 725-731. MR 36 # 702.

217. Vrbová, P.: On local spectral properties of operators in Banach spaces. *Czech. Math. J.* 23 (1973), 483-492. MR 48 # 898.

218. Wermer, J.: Subharmonicity and hulls. *Pacific J. Math.* 58 (1975), 283-290. MR 52 # 15021.

219. Wermer, J.: *Banach algebras and several complex variables.* Second edition. Springer-Verlag, New York, 1976. MR 52 # 15021.

220. West, T.T.: Riesz operators in Banach spaces. *Proc. London Math. Soc.* (3) 16 (1966), 131-140. MR 33 # 1742.

221. West, T.T.: The decomposition of Riesz operators. *Proc. London Math. Soc.* (3) 16 (1966), 737-752. MR 33 # 6417.

222. Wichmann, J.: On the symmetry of matrix algebras. *Proc. Amer. Math. Soc.* 54 (1976), 237-240. MR 52 # 8947.

223. Wichmann, J.: On commutative B*-equivalent algebras. *Note informelle annoncée dans Notices Amer. Math. Soc.* (1975), abstract 720-46-19.

224. Wong, P.K.: *-actions in A*-algebras. *Pacific J. Math.* 44 (1973), 775-779. MR 48 # 878.

225. Yood, B.: Faithful *-representations of normed algebras. *Pacific J. Math.* 10 (1960), 345-363. MR 22 # 1826.

226. Yood, B.: Ideals in topological rings. *Canad. Math. J.* 16 (1964), 28-45. MR 28 # 1505.

227. Yood, B.: On axioms for B*-algebras. *Bull. Amer. Math. Soc.* 76 (1970), 80-82. MR 40 # 6273.

228. Zalcman, L.: *Analytic capacity and rational approximation.* Lecture notes in mathematics n° 50, Springer-Verlag, Berlin, 1968. MR 37 # 3018.

229. Żelazko, W.: On the divisors of zero of the group algebra. *Fund. Math.* 45 (1957), 99-102. MR 19, 1003.

230. Żelazko, W.: A characterization of multiplicative functionals in complex Banach algebras. *Studia Math.* 30 (1968), 83-85. MR 37 # 4620.

231. Żelazko, W.: *Banach algebras.* Elsevier, Amsterdam, 1973.

232. Zemánek, J.: Concerning spectral characterizations of the radical in Banach algebras. *Comment. Math. Univ. Carolinae* 17 (1976), 689-691. MR 55 # 1070.

233. Zemánek, J.: A note on the radical of a Banach algebra. *Manuscripta Math.* 20 (1977), 191-1976. MR 55 # 8799.

234. Zemánek, J.: Spectral radius characterizations of commutativity in Banach algebras. *Studia Math.* 61 (1977), 257-268.

235. Zemánek, J.: Spectral characterization of two-sided ideals in Banach algebras. *Studia Math.* 67 (1978), à paraître.

236. Zemánek, J.: Properties of the spectral radius in Banach algebras. *Thèse de doctorat, Académie polonaise des Sciences*, Varsovie, 1977.

237. Zygmund, A.: *Trigonometric series.* Cambridge Univ. Press, Cambridge, 1959. MR 21 # 6498.

238. Laffey, T.J.: On the structure of algebraic algebras. *Pacific J. Math.* 62 (1976), 461-471.

REMARQUES ADDITIONNELLES

p.12-L'exemple de la fin de cette page peut être remplacé par $A = \mathcal{C}(K_1 \cup K_2)$, avec $K_1 = \{z \mid |z| \le 1\}$, $K_2 = \{z \mid 2 \le |z| \le 3\}$, $f(\lambda)$ égale à l'identité sur K_2 et λ fois l'identité sur K_1 et $D = \{\lambda \mid |\lambda| < 3\}$. Pour $\lambda \in D$, $\sigma(f(\lambda)) = \text{co}\, K_2 = \bar{D}$, pour $|\lambda| < 2$, Sp $f(\lambda)$ a un trou et pour $|\lambda| \ge 2$ il n'en a pas.

p.15-Comme nous nous posons la question à la fin de la page 14, d'après une remarque de J.-P. Kahane, une telle γ n'existe pas. Supposons que $\gamma(K) = 0$, avec K contenant au moins deux points, alors K contient un segment S et K+iK contient un carré S+iS, mais $\gamma(K+iK) \le 2\gamma(K) = 0$, donc $\gamma(S+iS) = 0$, d'où par homogénéité γ est nul sur tout carré et par croissance γ est nul sur tout convexe compact.

Les considérations posées au début de la remarque 4 sont trivialement vraies, puisque pour l'intégrale de Aumann $\int K(t)dt = \int \text{co}\, K(t)dt$, en conséquence dans la deuxième exemple du §4, p.35, on a bien que $\text{Sp}a \subset (1/2\pi) \int_0^{2\pi} \text{Sp}(a+e^{i\theta}b)d\theta$, contrairement à ce que nous disions et ce qui est d'ailleurs facile à vérifier. Tout cela prouve que l'intégrale définie page 14 est en fait mauvaise, sauf pour les ensembles convexes compacts.

p.20-Comme J.-P. Kahane nous l'a également mentionné la question indiquée à la fin du §2 a une réponse négative. En conséquence la notion d'opérateur quasi-algébrique semble peu satisfaisante. Commençons par montrer qu'il existe deux compacts K_1, K_2 de façon que $c(K_1) = c(K_2) = 0$ et $K_1 + K_2 = [0,1]$. On définit les deux ensembles cantoriens K_1 et K_2 par

$$K_1 = \{\sum_{n \in E_1} \varepsilon_n 2^{-n} \mid \varepsilon_n = 0,1\} \text{ , } K_2 = \{\sum_{n \in E_2} \varepsilon_n 2^{-n} \mid \varepsilon_n = 0,1\}$$

où E_1 et E_2 dont deux sous-ensembles complémentaires de $\mathbb{N}$ définis par:

$$E_1 = \bigcup_j [n_{2j}, n_{2j+1}[\text{ , } E_2 = \bigcup_j [n_{2j+1}, n_{2j+2}[$$

où (n_j) est une suite construite de la façon suivante: si $n_1, n_2, \ldots, n_{2k}$ sont déterminés, on choisit n_{2k+1} assez grand de façon que l'on ait

$$c(\{ \sum \varepsilon_n 2^{-n} \mid n \in \bigcup_{j=1}^{k-1} [n_{2j+1}, n_{2j+2} [, \varepsilon_n = 0,1\} + [0, 2^{-n_{2k+1}+1}]) < \frac{1}{k}$$

auquel car on aura $c(K_2) < \frac{1}{k}$, de même si $n_1, n_2, \ldots, n_{2k+1}$ sont déterminés on choisit n_{2K+2} assez grand pour que quel que soit le choix ultérieur des n_j on ait $c(K_1) < \frac{1}{k}$.

Pour construire des opérateurs de $\mathcal{L}(H)$ dont les spectres respectifs sont K_1 et K_2 et qui commutent il suffit de prendre une base orthonormale $(e_{m,n})$ et les opérateurs diagonaux définis par $a\, e_{n,m} = \lambda_n e_{n,m}$, $b\, e_{n,m} = \lambda_m e_{n,m}$ où $\{\lambda_n\}$ est dense dans K_1 et $\{\lambda_m\}$ dense dans K_2.

p.21-A propos du corrollaire 2 le résultat est aussi, vrai si 0 appartient à la frontière de l'un des trous du spectre de a . D'une façon générale, en raisonnant avec le principe de Dirichlet appliqué à un domaine régulier voisin du spectre de a et en utilisant une estimation de la fonction de Green en 0 , on peut obtenir que:

$$\rho([a,b]) \leq k\ \delta(b)\ \mathrm{dist}(0, \partial Spa) ,$$

où k est une constante universelle.

p.35-Voir deuxième remarque de la page 15.

INDEX DES SUJETS